国家出版基金项目
NATIONAL PUBLICATION FOUNDATION

“十二五”国家重点图书出版规划项目

CHINA WETLANDS RESOURCES
Shanxi Volume

中国湿地资源

山西卷

◎ 国家林业局组织编写

中国林业出版社

图书在版编目（CIP）数据

中国湿地资源·山西卷／国家林业局组织编写；宋伯为分册主编．－北京：中国林业出版社，2015.12

“十二五”国家重点图书出版规划项目

ISBN 978-7-5038-8277-7

Ⅰ.①中… Ⅱ.①国… ②宋… Ⅲ.①湿地资源－研究－山西省 Ⅳ.① P942.078

中国版本图书馆 CIP 数据核字（2015）第 288774 号

总 策 划：金 旻

策划编辑：徐小英

主要编辑：徐小英 刘香瑞 李 伟

何 鹏 于界芬

美术编辑：赵 芳

出版发行 中国林业出版社（100009 北京西城区刘海胡同 7 号）

http://lycb.forestry.gov.cn

E-mail:forestbook@163.com 电话：(010)83143515、83143543

设计制作 北京天放自动化技术开发公司

北京捷艺轩彩印制版有限公司

印刷装订 北京中科印刷有限公司

版 次 2015 年 12 月第 1 版

印 次 2015 年 12 月第 1 次

开 本 787mm × 1092mm 1/16

字 数 472 千字

印 张 18.5

定 价 120.00 元

中国湿地资源系列图书
编撰工作领导小组

顾　问： 陈宜瑜　李文华　刘兴土

组　长： 张永利

副组长： 马广仁

成　员：（按姓氏笔画排序）

王文宇　王忠武　王海洋　韦纯良　邓乃平　邓三龙
兰宏良　刘建武　刘艳玲　刘新池　李　兴　李三原
李永林　来景刚　吴　亚　张宗启　陆月星　陈则生
陈传进　陈俊光　林云举　呼　群　金　旻　金小麒
周光辉　降　初　孟　沙　侯新华　夏春胜　党晓勇
徐济德　奚克路　阎钢军　程中才　雷桂龙　蔡炳华
樊　辉

中国湿地资源系列图书
编撰工作领导小组办公室

主　任： 马广仁

副主任： 鲍达明　唐小平　熊智平　马洪兵

成　员： 王福田　姬文元　刘　平　闫宏伟　李　忠　田亚玲
王志臣　张阳武　但新球　刘世好　王　侠　徐小英

《中国湿地资源·山西卷》
编辑委员会

主　任：李永林

副主任：姚文达　任建中　尹福建　张云龙

成　员：（按姓氏笔画排序）

上官铁梁　马洪兵　冯建成　任小顺　朱世忠　李振龙
李翠平　宋伯为　杨凤英　杨俊志　张福计　阎维刚
原荣立　崔本义

《中国湿地资源·山西卷》
编写组

主　编：宋伯为

副主编：赵树楷　白景萍

编著者：（按姓氏笔画排序）

马　丽　马俏飞　王　侠　王　艳　王　琮　仝　英
白景萍　刘兴旺　刘建林　李树伟　刘　培　李新平
杨凤英　张尹盛　张龙胜　张　军　宋伯为　杜志斌
赵亚飞　赵　君　赵树楷　赵　蓉　郝少英　郭　平
郭东龙　候志宏　高　澜　谢　磊

主　审：张明祥

地图绘制：赵树楷

插图编绘：赵树楷　赵亚飞　刘兴旺

照片摄影：宋伯为　周哲峰　白景萍

总　序

湿地是地球表层系统的重要组成部分，是自然界最具生产力的生态系统和人类文明的发祥地之一。在联合国环境规划署（UNEP）委托世界自然保护联盟（IUCN）编制的《世界自然资源保护大纲》中，湿地与森林和海洋一起并称为全球三大生态系统。湿地具有类型多样、分布广泛的特点；湿地更重要的是还具有多种供给、调节、支持与文化服务功能，是人类重要的生存环境和资源资本。湿地与人类生产生活和社会经济发展息息相关。湿地的重要性受到世界各国和国际社会的普遍关注。早在1971 年，国际社会就建立了全球第一个政府间多边环境公约，即《关于特别是作为水禽栖息地的国际重要湿地公约》（简称《湿地公约》）。同时，该公约也是全球最早针对单一生态系统保护的国际公约。1992 年中国加入《湿地公约》，自此我国湿地保护事业进入了新的发展时期。

我国加入《湿地公约》后，在国家林业局设立了专门的湿地保护和履约机构，对内负责组织、协调、指导和监督全国湿地保护工作，对外负责《湿地公约》的履约工作。近年来，中国各级政府在湿地保护方面开展了大量卓有成效的工作，采取了一系列保护和合理利用湿地资源的措施，在湿地保护规划和重点工程建设、财政补贴政策制定实施、法规制度建设、保护体系建设、科研监测、宣传教育和国际合作等方面取得了长足进步。但我国湿地生态系统仍然面临着盲目围垦与改造、污染、水土流失、泥沙淤积、生物资源过度利用等多种因素的破坏和威胁，导致面积减少，生态功能下降，生物多样性丧失。因此，切实保护和合理利用湿地资源，既是保障生态安全和国土安全的当务之急，更是中国实施可持续发展战略势在必行的要务。

开展湿地资源调查，摸清湿地资源家底，把握湿地资源动态，是所有湿地保护工作的基础，也是履行《湿地公约》各项工作的根基。2009 ～ 2013 年，在中央财政的支持下，国家林业局组织开展了第二次全国湿地资源调查工作。在此期间，我有幸作为第二次全国湿地资源调查专家技术委员会的主任委员，和其他专家一起全程参与了此次湿地资源调查的主要技术环节和成果鉴定。

我认为此次调查具有以下几个特点：一是，此次调查的湿地分类、界定标准、调查方法基本与《湿地公约》规定相接轨，使得调查数据符合《湿地公约》的要求，调查成果易于被国际认可，便于国际间的对比和交流。二是，制定了内容全面、方法科学、符合国际标准的统一技术规程《全国湿地资源调查技术规程（试行）》，进行了同标准、同口径的分期分批调查。三是，本次调查利用“3S”技术与现地验证相结合的技术方法，查清了全国范围内（未包括香港、澳门、台湾）8 公顷以上的湿地资源基本情况。四是，湿地调查分为一般调查和重点调查。重点调查包括，国际重要湿地、国家重要湿地、自然保护区（含自然保护小区）和湿地公园内的湿地以及其他特有、分布濒危物种和红树林等具有特殊保护价值的湿地。五是，组织保障有力。国家层面上，成立了第二次全国湿地资源调查领导小组、专家技术委员会、中央技术支撑单位和国家质量检查组；省级层面上，分别成立了湿地调查专职机构，组建了省级专业调查队伍。

需要指出的是，第二次全国湿地资源调查期间，我国湿地保护事业发展迅速。2009 年，中央启动了“湿地生态效益补偿试点”工作；2010 年开始，中央财政设立了湿地保护补助专项资金；2012 年，党的十八大将建设生态文明纳入中国特色社会主义事业“五位一体”总体布局，提出要“扩大森林、湖泊、湿地面积，保护生物多样性”。期间，国家林业局会同相关部门认真实施了《全国湿地保护工程实施规划 (2005 ～ 2010 年)》和《全国湿地保护工程“十二五”实施规划》。2013 年，国家林业局出台的《推进生态文明建设规划纲要》划定了湿地保护红线，到 2020 年中国湿地面积不少于 8 亿亩。2013 年，国家林业局出台了第一部国家层面的湿地保护部门规章《湿地保护管理规定》。应该说，历时 5 年的湿地资源调查与同期湿地保护事业的发展，是休戚相关，相互促进的。

第二次全国湿地资源调查取得了丰硕成果。在全球范围内，我国率先完成了《湿地公约》倡导的国家湿地资源调查，首次科学、系统地查明了《湿地公约》所定义的我国湿地资源情况。建立了完整的全国湿地资源空间数据库和属性数据库，掌握了近 10 年来湿地资源动态变化情况，建立了稳定的湿地资源调查专业队伍和专家团队，形成了较为完整的湿地资源调查监测技术规范，完成了全国湿地资源总报告、分省报告和多个专题报告，编制了系列成果图。调查成果达到国际先进水平。

党的十八大对建设生态文明作出了全面部署，强调把生态文明建设放在突出地位，融入经济建设、政治建设、文化建设、社会建设各方面和全过程。在全国第二次湿地资源调查成果的基础上，系统编著形成了中国湿地资源系列图书，为新时期我国湿地保护事业奠定了坚实基础。希望本系列图书能够为我国湿地工作者在开展湿地研究、保护与合理利用工作时提供参考和借鉴。

中国科学院院士

2015 年 9 月

前　言

山西省地处黄土高原东部、华北平原西侧，东和东南倚太行山与河北、河南两省相邻，西和西南隔黄河与陕西、河南两省相望，北以长城与内蒙古自治区接壤，总面积 15.66 万平方公里。属于黄河中游，也是海河水系的源头。是一个被黄土广泛覆盖的山地型高原，属中国黄土高原的一部分。历史上山西的自然条件曾非常优越，气候湿润宜人，森林覆盖率高，山清水秀，素有“表里山河”之称。这里是中华民族古老文明的发祥地，华夏儿女的祖先在这里创造了灿烂的黄河文化。远古大禹治水的传说就发生在这里。《孟子·滕文公下》记有“当尧之时，天下犹未平，洪水横流，泛滥于天下”。汉武帝《秋风辞》中对汾河有“泛楼船兮济汾河，横中流兮扬素波”的记载。唐代诗人王之涣著名的《登鹳雀楼》所描述的就是黄河在山西段的壮美景观。秦汉及唐代修建长安，北魏修建洛阳，宋朝修建汴京，明朝修建北京，所用的木材大多是从山西采伐，然后经由黄河和汾河水运出晋。随着气候、地质环境变化，人口增加，生产力水平的提高，开发范围的扩大，人类对大自然影响的强度增强，破坏了自然状况原有的平衡，黄河、海河流域地质侵蚀、搬运和沉积运动加速，生态环境发生了很大的变化。

山西境内大部分地区为半干旱气候，全省多年平均年降水量为 500 毫米左右，湿地仅占全省国土面积的 0.97%，是湿地资源最贫乏的省份。全省共有河流湿地、湖泊湿地、沼泽湿地、人工湿地 4 大湿地类 12 种湿地型，湿地总面积 15.19 万公顷。其中天然湿地面积占全省湿地总面积的 71.22%；在天然湿地中，河流湿地是山西湿地的主要组成部分，全省流域面积在 100 平方公里以上的河流就有 450 多条，占湿地总面积的 63.79%。山西省的河流分属于黄河、海河两大流域，黄河流域面积 967 万公顷，占全省面积的 61.7%；海河流域面积 599 万公顷，占全省面积的 38.3%。湖泊湿地占湿地总面积的 2.06%；沼泽湿地占湿地总面积的 5.37%；人工湿地面积占全省湿地总面积的 28.78%。山西地处内陆腹地，是全国重要的煤炭能源基地，也是我国水资源与人口、耕地组合极不平衡的地区。全省湿地面积虽然不大，但在调节气候、保持水土、保护生物多样性以及支撑经济社会可持续发展方面起着独特而重大的作用。

近年来，随着山西省“生态兴省”战略的推进，山西省委、省政府对湿地保护工作十分重视。为加强湿地保护，2006 年山西省人民政府批准了由山西省林业厅、发改委、财政厅、水利厅、农业厅、环保局、建设厅、国土资源厅等 8 个部门共同编制的《山西省湿地保护工程规划（2005～2030）》。2008～2010年，按照山西省人民政府《汾河流域生态环境治理修复与保护工程方案》，启动了“汾河流域湿地保护项目”，沿汾河沿岸开展了11处自然保护区、5处湿地公园建设项目。通过项目的实施，改善了汾河流域湿地生态环境，自然保护区和湿地公园的基础设施建设得到加强，湿地保护管理能力建设得到提升。截至2015年，全省建立省级湿地类型自然保护区3处、湿地公园48处。其中被国家林业局批准为国家湿地公园（试点）12处、省级湿地公园36处，保护的湿地面积为5万多公顷，全省湿地保护率达到40.53%。

按照国家林业局的统一部署，山西省作为全国第二次湿地资源调查最后一批启动的省份，于2011～2013年，完成了全省湿地资源调查。通过本次调查，基本摸清了山西省湿地资源的分布、类型、数量以及主要生态特征，湿地植物资源、湿地动物资源、湿地自然保护区、湿地公园及其他重点湿地保护与利用情况，建立了全省湿地资源信息库，为加强湿地资源管理利用、自然保护区建设、湿地公园建设、野生动植物资源保护提供了科学依据。调查中采用了“3S”等新技术、新方法，培养了一大批湿地资源保护管理人员与专业技术人才，锻炼了湿地资源保护管理队伍，对今后山西省湿地保护工作的开展具有极其重要的意义。

党的十八大提出“扩大湿地面积”，作为建设生态文明、美丽中国的重要举措。为了让社会各界了解我国湿地保护、发展状况，进一步展现湿地生态系统在维护国家生态安全、促进经济社会可持续发展、保护生物多样性等方面的重要作用，为湿地保护管理提供有力的科学依据，2014年国家林业局启动了《中国湿地资源》系列图书编写工作，本卷为该系列丛书的组成部分。

本卷以山西省第二次全国湿地资源调查报告数据为基础，采用地图、文字、图表和图片等多种表现形式，共制作图件17幅、统计图31幅、统计表78块、图片17幅，力求全面、系统、客观地反映山西湿地资源分布规律、分类、湿地野生动植物资源、湿地保护、管理和利用状况，并对第一次、第二次湿地资源调查结果进行了比较分析。本卷的编写是集全省湿地资源调查成果之荟萃，信息丰富，内容全面，图文并重，简明易懂，为各级政府部门、科研教育等单位科学决策、开展湿地研究提供了支撑工具。

本卷所采用的行政区划和经济、社会统计资料为2012年年底的数据。

湿地资源调查是一项艰巨的任务，各类数据的收集、统计仍存在一些问题和不尽人意的地方。本卷虽经多次核实、修改、删减、补充和完善，仍难免有不妥、疏漏之处，恳切希望读者谅解和批评指正。

《中国湿地资源·山西卷》编辑委员会

2014年10月

目　录

第一章 基本情况

第一节 自然概况

1 地理位置和行政区划

山西简称晋，地处黄河中游、海河上游，位于黄土高原东部、华北平原西侧，介于太行山与黄河中游峡谷之间，是一个被黄土广泛覆盖的山地型高原，属中国黄土高原的一部分。四周山河环绕，东和东南倚太行山与河北、河南两省相邻，西和西南隔黄河与陕西、河南两省相望，北以长城为界与内蒙古自治区接壤，疆界轮廓大致呈由东北向西南延伸的平行四边形。地理坐标介于东经110°13′55.2″~114°37′21.5″、北纬34°34′55.7″~40°43′49.0″之间，东西宽376.5公里，南北长688.4公里，总面积15.66万平方公里。

据《山西统计年鉴(2013)》，2012年，山西辖11个地级市、119个县(23个市辖区、11个县级市、85个县)、1196个乡镇(632个乡、564个镇)、28222个村民委员会，省会太原市，见表1-1。

表1-1 山西省行政区划表

11个市	119个县(市、区)(政府所在地)
太原市	杏花岭区(巨轮街道)、小店区(小店街道)、迎泽区(柳巷街道)、尖草坪区(柴村街道)、万柏林区(千峰街道)、晋源区(晋源街道)、古交市(东曲街道)、阳曲县(黄寨镇)、清徐县(清源镇)、娄烦县(娄烦镇)
大同市	城区(向阳里街道)、矿区(新胜街道)、南郊区(口泉乡)、新荣区(新荣镇)、大同县(西坪镇)、天镇县(玉泉镇)、灵丘县(武灵镇)、阳高县(龙泉镇)、左云县(云兴镇)、广灵县(壶泉镇)、浑源县(永安镇)
朔州市	朔城区(北城街道)、平鲁区(井坪镇)、山阴县(岱岳镇)、右玉县(新城镇)、应县(金城镇)、怀仁县(云中镇)
忻州市	忻府区(南城街道)、原平市(北城街道)、代县(上馆镇)、神池县(龙泉镇)、五寨县(砚城镇)、五台县(台城镇)、偏关县(新关镇)、宁武县(凤凰镇)、静乐县(鹅城镇)、繁峙县(繁城镇)、河曲县(文笔镇)、保德县(东关镇)、定襄县(晋昌镇)、岢岚县(岚漪镇)

（续）

11 个市	119 个县(市、区)(政府所在地)
吕梁市	离石区(凤山街道)、孝义市(新义街道)、汾阳市(太和桥街道)、文水县(凤城镇)、中阳县(宁乡镇)、兴县(蔚汾镇)、临县(临泉镇)、方山县(圪洞镇)、柳林县(柳林镇)、岚县(东村镇)、交口县(水头镇)、交城县(天宁镇)、石楼县(灵泉镇)
阳泉市	城区(义井街道)、矿区(平潭街街道)、郊区(荫营镇)、平定县(冠山镇)、盂县(秀水镇)
晋中市	榆次区(新建街道)、介休市(北关街道)、昔阳县(乐平镇)、灵石县(翠峰镇)、祁县(昭余镇)、左权县(辽阳镇)、寿阳县(朝阳镇)、太谷县(明星镇)、和顺县(义兴镇)、平遥县(古陶镇)、榆社县(箕城镇)
长治市	城区(太行东街街道)、郊区(紫金街道)、潞城市(潞华街道)、长治县(韩店镇)、长子县(丹朱镇)、平顺县(青羊镇)、襄垣县(古韩镇)、沁源县(沁河镇)、屯留县(麟绛镇)、黎城县(黎侯镇)、武乡县(丰州镇)、沁县(定昌镇)、壶关县(龙泉镇)
晋城市	城区(东街街道)、高平市(北城街道)、泽州县(南村镇)、陵川县(崇文镇)、阳城县(凤城镇)、沁水县(龙港镇)
临汾市	尧都区(路东街道)、侯马市(路东街道)、霍州市(开元街道)、汾西县(永安镇)、吉县(吉昌镇)、安泽县(府城镇)、大宁县(昕水镇)、浮山县(天坛镇)、古县(岳阳镇)、隰县(龙泉镇)、襄汾县(城关镇)、翼城县(唐兴镇)、永和县(芝河镇)、乡宁县(昌宁镇)、曲沃县(乐昌镇)、洪洞县(大槐树镇)、蒲县(蒲城镇)
运城市	盐湖区(中城街道)、河津市(城区街道)、永济市(城西街道)、闻喜县(桐城镇)、新绛县(龙兴镇)、平陆县(圣人涧镇)、垣曲县(新城镇)、绛县(古绛镇)、稷山县(稷峰镇)、芮城县(古魏镇)、夏县(瑶峰镇)、万荣县(解店镇)、临猗县(猗氏镇)

2 地质地貌

2.1 地 质

山西地质发展历史悠久。在漫长的地质历史中，呈现出褶皱隆起、断裂陷落、剥蚀沉积等不同特点，有时互相交叉。在大地构造上，属于华北台块内中朝准地台的一个隆起区，主要为山西中台隆所控制。

在太古代，山西长期处于海槽，被海洋所淹没，堆积了丰厚的沉积物质。中末期发生了“阜平运动”“五台运动”，五台山、吕梁山、中条山等山地大面积隆起，地表裸露。元古代末期又发生了强烈的“吕梁运动”，山西整体隆起，结束海槽浸没的历史，而上升为陆地，山西地台基底形成。古生代时期，山西地台海水先后两次侵入，时进时退，形成了海陆交替环境，植物繁茂，是山西主要的成煤时期。中生代又发生了“海西运动”“印支运动”和“燕山运动”，形成了山西台背斜地质盖层，背斜成山，向斜成谷。之后新构造运动不断出现，山地盆地整体上升，隆起和断裂时有发生，老断层继承性复活，构造运动活跃、气候巨变，哺乳动物、被子植物繁盛。

总之，由于地壳构造活动强烈，形成了以断块垂直差异升降为特征的地质构造轮廓——山西台背斜，属华北地台中部的二级构造单元，与山西省范围大体一致，构造界线比较明显。

2.2 地 貌

地貌格局是地壳运动的地球内营力和外营力(风力、水流等)共同作用的结果，构造运动决定和控制着地貌轮廓的形式和类型。由于多次造山运动，确定了山西地貌的格局。

山西表里山河，东界太行山，西有吕梁山，北亘恒山、五台山，南耸中条山，中立太岳山，山地多、平川少，地貌类型复杂；山地、丘陵、高原、台地、盆地、平原等均有分布，山地、丘陵、盆地平原三者面积之比约为4∶4∶2，山区、丘陵占总面积的2/3以上。整个地势东北高、西南低，两侧高山隆起，中部断陷为多字形盆地，起伏不平，高低悬殊，最高五台山北台顶(叶斗峰)海拔3061.1米，最低垣曲县黄河谷地海拔245米，相对高差2816.1米，除中南部各盆地海拔较低外，大部分地区海拔在1000~2000米之间(表1-2、图1-1)。

根据地貌特点和组合情况，山西地貌从宏观看可分为东部山地、中部盆地、西部山地和晋西黄土高原四部分。

2.2.1 东部山地

省境东部除高山出露古老变质岩外，大部分地区以古生代沉积岩为主。山地以太行山脉为主体，占据山西的半壁河山。太行山脉北起北京市西部燕山，经河北省延伸到山西省东北，向南直到省境东南部再转向西南，在山西境内长400余公里，宽40~50公里。海拔多在1800米以上，是山西与河北、河南三省的天然界山，也是华北平原与黄土高原两个地理区域的分界线。除此之外，还是东南暖气流进入黄土高原的天然屏障，因而山西降水少于华北平原。

表1-2 山西省各山地面积及主峰海拔高度表

山系名称	面积(公顷)	主峰及海拔高度(米)
太行山	13558	左权观音垴2180
吕梁山	15000	孝文山2830
管涔山	6520	芦芽山2772
太岳山	6300	石膏山2532
恒山	5850	馒头山2426
五台山	5470	叶斗峰3061.1
中条山	4030	舜王坪2358
云中山	2760	老军洞2393
其他小山	3000	
合　计	62488	

太行山脉的两翼极不对称。东翼以大断层急剧下降与华北平原相接，山势巍峨陡峭。西翼坡度较缓多为山地。向西侧呈梳状延伸出多个支脉，大多为北东—南西向，到省境南端呈弧形转向东西向，平行呈“多”字形排列成一系列支脉，主要有六棱山、恒山、五台山、系舟山、太岳山和中条山等。山与山之间构成多个山间盆地，由北向南依次有广灵、灵丘、五台、盂县、寿阳、黎城等以及晋东南潞城、长治、高平盆地型高原。

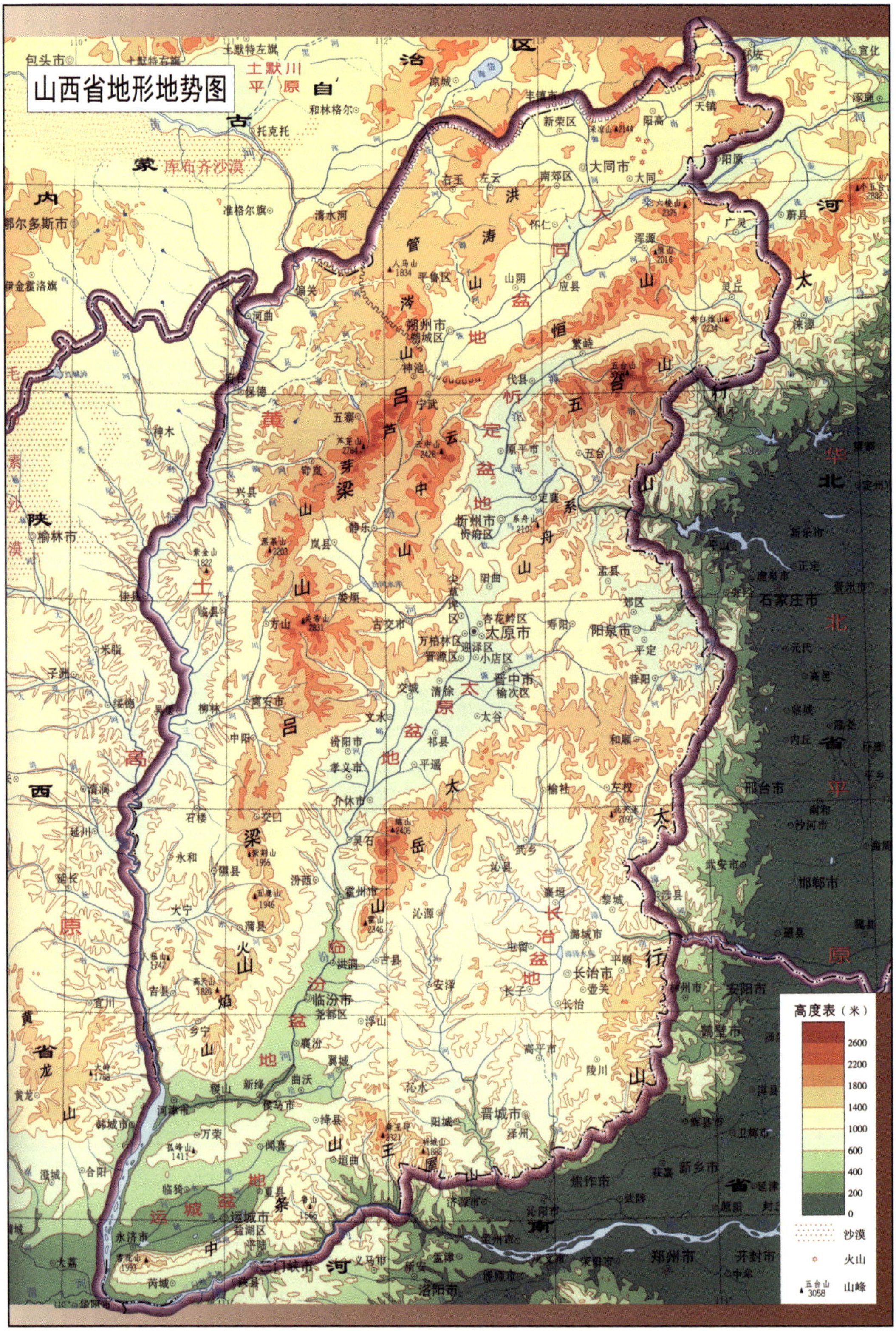

图 1-1 山西省地形地势图（来源：《山西省地图集》）

2.2.2 中部盆地

省境中部有一串从东北向西南伸展的雁行排列的断陷盆地，是整体隆起山西高原上的一条大的断陷沉降带。在沉降带中又有东西向的横向隆起，分别是恒山、石岭关、韩侯岭和峨嵋台地，从北向南把盆地分割成大同、忻定、太原、临汾和运城五个盆地。各盆地的基面海拔从南300米到北渐次抬升为1200米。盆地中分别有桑干河、滹沱河、汾河和涑水河。盆地周边与山体相连处是洪积台地、洪积扇，或被切割的梁状台丘，见表1-3。

表1-3 山西省盆地(平原)面积表

盆地名称	面积(公顷)	盆地名称	面积(公顷)
大同盆地	5084	寿阳盆地	230
太原盆地	5016	神池五寨盆地	200
临汾盆地	5000	岚县盆地	190
运城盆地	3000	灵丘盆地	170
忻定盆地	2157	晋城盆地	140
潞安盆地	1000	广灵盆地	130
阳高天镇盆地	737	阳城盆地	120
黎城盆地	360	其他山间盆地及河谷平川	6921
高平盆地	360	合 计	30815

2.2.3 西部山地

省境西部山地位于中部断陷盆地与晋西黄土丘陵之间，中心以老变质岩和中生代的岩浆岩为主，其他大部分以古生代的沉积岩为主。山地以吕梁山脉为主脊，包括晋北地区的洪涛山、黑驼山以及晋西北缓坡丘陵，向南直抵黄河的禹门口，长约400公里。山脉东侧较为陡峻，西侧较斜缓。其走向北、中部为北东，南部为南北。内长城以北为洪涛山脉；以南北起管涔山，南至龙门山，统称为吕梁山脉。

吕梁山山势北高南低，两翼极不对称，东坡陡峭，西坡平缓，南北跨度较大，包括芦芽山、云中山、管涔山、石楼山、五鹿山、高天山、龙门山和静乐盆地。

2.2.4 晋西黄土高原

在吕梁山西侧，黄河以东，北起内长城，南至禹门口的长约300公里的狭长地带内，除临县的紫金山(1822米)、吉县的人祖山(1742米)等孤立岛状山外，整个地面覆盖着厚达50~100米(个别地区可达100~150米)的黄土。海拔800~1600米，北高南低，东部高于西部，并向西倾斜。黄土质地疏松，流水的切割侵蚀和坡面剥蚀的程度不同，地面形成塬、梁、峁等黄土地貌形态类型。侵蚀强烈地区，地面十分破碎，沟壑纵横，水土流失极为严重。在黄河峡谷沿岸，垂直于黄河大小支流发育，深切下伏岩层，大片基岩裸露。

山西多种多样的地形地貌，为发展林牧和多种经营、因地制宜地发挥自身优势创造了优良的条件。

3 气候特点

山西地处中纬度欧亚大陆的东岸，属温带大陆性季风气候。按照全国气候区划，本省分属温带、暖温带气候区。内长城、恒山以北属温带半干旱气候；以南属暖温带。暖温带又可分为两个气候区，内长城、恒山以南与昔阳—太岳山—河津一线之间属暖温带半干旱气候区；此线以南为暖温带半湿润气候区。

因山峦起伏，地形复杂，致使气温、降水等主要气候要素时空变化很大。总的特征是：四季分明，冬季寒冷干燥，夏季温热多雨，春秋较为短促；时空温差悬殊，气温年、日较差大；降水集中在夏季，降水量的年际变化大；总趋势是十年九旱，春旱较甚；季风气候特征比较明显。受地形影响，风向多变，盛行风不稳定。农业气候的基本特点是：光热资源丰富，多数地区水资源不足，气象灾害较多。

山西的光能资源十分丰富，年总辐射量为483~600千焦/平方厘米，分布态势是：北部和西北部阴天较少，日照时数多，总辐射量较多，最北部的右玉县最大；南部和东南部阴天较多，日照少，总辐射量较少。年日照时数为2200~3000小时，年日照百分率为50%~67%。分布特点是：南部少于北部，盆地少于山区。

全省平均气温差别很大，除五台山较高山地外，绝大部分地区介于4~14℃之间。≥10℃积温大都在2250~4460℃之间，无霜期多介于103~208天之间。就全省来说，北部和山区常遭霜冻之害，而南部又受干热风侵袭，常使小麦减产。

全省年平均降水量一般为400~650毫米，其特点是：夏季多雨，山地多雨，每年6~8月降水占全年的50%~65%，所以平均每十年中约有6~9年发生春旱。全省以东南部降水量较大，为600~650毫米，北部仅350~450毫米，主要山区降水量多为500~600毫米，盆地农业中心区降水量比周围山区低50~100毫米。由于森林覆盖少，涵养水源能力差，山区降水多变为径流，造成严重的水土流失。所以增加森林覆盖、涵养水源、减轻水土流失、蓄山区水解盆地渴是促进农业丰收的根本措施之一。

全省年相对湿度为50%~65%，分布趋势是：由东南部向西北部逐渐递减，与年降水量分布一致。

根据干燥的程度，山西可分为三种干湿类型：五台山、太行山、太岳山和晋东南地区，以及吕梁山北部的关帝山、管涔山、芦芽山地区为半湿润地区；临汾盆地、运城盆地、吕梁山以南山区和黄河沿岸属半干旱地区；大同盆地、晋北、晋西北以及忻定盆地属重半干旱区。山西干季时间长，湿季时间短，从地域分布看，从东南向西北，由山地向丘陵、盆地愈加突出，其中晋南盆地尤为严重；从季节分配上看，以春夏干旱为主，约占75%，尤以春旱较多，故山西有十年九春旱之说。干旱是山西植物生长和农业生产发展的重大障碍，也是影响本省农、林、牧业突出的自然灾害，防旱抗旱极为重要。

自然灾害除干热风外，还有沙暴大风和冰雹等。太原以北地区，每年6级以上大风达30~70天，雁北一带春季沙随风起形成沙尘暴，常使农田沙化，幼苗沙埋或吹走，严重危害着农业生产。雹灾亦以北部为多，大同、朔州和忻州市北部，每年平均发生1~3次不等。

4 水文条件

4.1 河流水系

山西省四周都为山河所环绕，有“表里山河”之称。崇山峻岭、千沟万壑的地形条件，使得山西拥有众多的河流，承东启西的地理位置使山西成为黄河与海河两大流域的分水岭，山西省的河流也自然而然分属了黄河、海河两大流域。

境内黄河流域面积 9.71 万平方公里，约占全省面积的 62%；海河流域面积为 5.95 万平方公里，约占全省面积的 38%(图 1-2)。

受地理环境和气候条件所制约，省内河流兼具山地型和夏雨型的双重特征，多发源于太行、吕梁山区。

在河流形态和河道特征方面表现为：沟壑密度大，水系发育；河流坡陡流急，侵蚀切割严重。

在径流和泥沙方面的特点是：洪水暴涨暴落，含沙量大；年径流集中于汛期，枯水径流小而不稳。河道切割到灰岩地层，特别是跨越构造破碎带的河段，枯水年区间径流量常出现负值，相反，有岩溶水补给的河流，在主要岩溶泉泉水出露点以下，基流骤然增大，又呈现出泉水补给型河流的明显特征。

山西河流大部分属于自产外流型水系，不论黄河流域还是海河流域，最终注入渤海。绝大部分河流源自境内，呈辐射状向东、南、西三个方向发散，汇入省外河流(也有极个别河道向北流出省境)。大体上向西、向南流的属黄河水系，汇入黄河干流中游河段；向东流的属海河水系，是海河流域永定河、大清河、子牙河、漳河、卫河等主要河流的发源地。唯有省境北侧部分河流源自内蒙古自治区，如饮马河、西洋河等。另外，省境西南部东起运城市盐湖区与夏县的边界、西至永济市虞乡、北起姚暹渠南堤、南至中条山的涑水河流域范围，有一片大致以 350 米等高线为边界的闭流区，面积约 700 公顷，其间自东向西形成汤里滩、鸭子池、盐池、硝池等一系列咸水湖泊，其中以盐池为最大，面积约 60 公顷。

被称为中华民族文化摇篮的黄河，北自偏关县老牛湾入境，飞流直下，一泻千里，抵芮城县风陵渡而东折，南至垣曲县马蹄窝出境，流经省境西部和西南部边界，途经 19 个县 560 个村庄，流程 965 公里，是山西省与陕西省、河南省的边界河流。

境内有大小河流 1000 多条，除黄河外，集水面积大于 100 公顷的河流有 240 多条；流域面积大于 10000 公顷的河流有 5 条，分别为黄河流域的汾河、沁河及海河流域的桑干河、滹沱河和漳河(清漳河、浊漳河)；流域面积在 3000 ~ 10000 公顷的河流有 4 条(黄河流域的涑水河、三川河、昕水河、丹河)。流域面积在 1000 ~ 3000 公顷的河流有 40 多条，有黄河流域的苍头河、偏关河、县川河、朱家川河、岚漪河、蔚汾河、湫水河、北川河、屈产河、蒲县昕水、潇河、白马河、乌马河、磁窑河、文峪河、段纯河、洪安涧河、浍河、姚暹渠、亳清河，海河流域的南洋河、白登河、恢河、源子河、黄水河、浑河、御河、十里河、壶流河、唐河、沙河、牧马河、清水河、乌河、绵河、桃河、温河、松溪河等。流域面积在 100 ~ 1000 公顷的河流有 397 条。

从河流长度而言，除黄河干流外，省内最长的河流当属发源于管涔山、穿越云中山和吕梁山

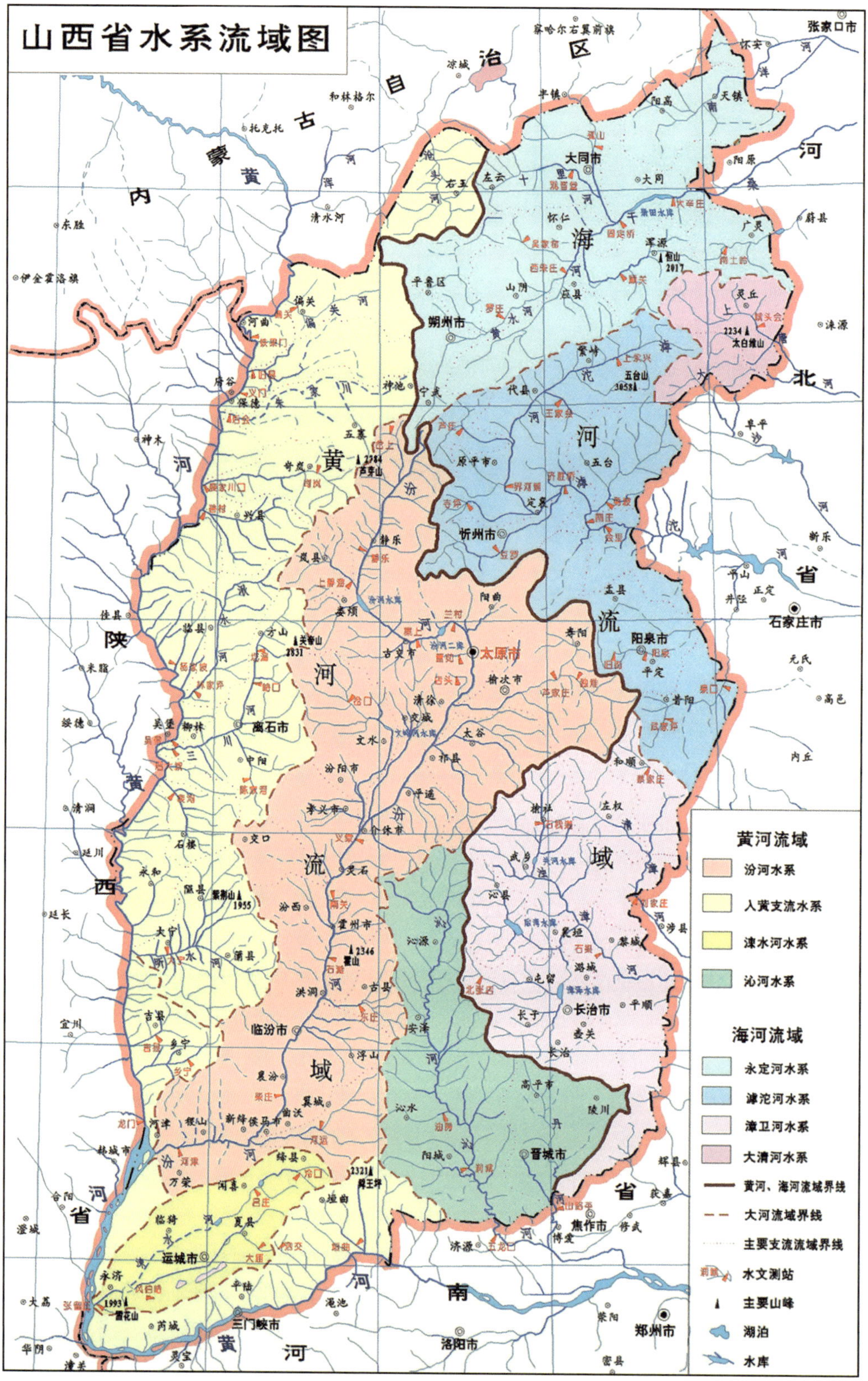

图 1-2　山西省水系流域图(来源：山西省水资源管理中心网站)

之间的峡谷、中下游纵贯省境中部、于万荣县庙前村附近汇入黄河、占全省总面积四分之一以上的汾河，干流全长695公里，集水面积39471公顷，流经省内的6个市、45个县(市、区)。其次为发源于沁源县霍山南麓二郎神沟、向南流经沁源、安泽、沁水、阳城等县在河南省境内汇入黄河的沁河，在省内干流长363公里，流域面积9151公顷。

在海河流域：永定河的主要支流、发源于宁武县管涔山北麓庙儿沟的桑干河在省内流长260.6公里，省内流域面积15464公顷；子牙河上游的主要支流、发源于繁峙县东北泰戏山的滹沱河在省内流长319公里，流域面积14284公顷；清漳河省内河长146公里、流域面积3752公顷，浊漳河省内河长206公里、流域面积11206公顷。

全省河长150公里以上的河流仅有8条，河道纵坡一般在3‰以上。

4.2 水资源量

4.2.1 降水量

山西水资源的主要补给来源为当地降水。

1956~2000年全省平均降水量为795亿立方米，折合雨深508.8毫米。

1980~2000年全省平均降水总量为755亿立方米，折合雨深483.2毫米。20世纪五六十年代是全省降水量的丰水期，自70年代开始全省大部分地区降水量偏枯。

4.2.2 河川径流量

由于人类活动对下垫面条件的不断改变，山西省大部分地区地表水资源量呈逐渐减少的态势。

1956~2000年山西省河川径流水资源量为86.8亿立方米。

1980~2000年河川径流量多年平均为72.89亿立方米。

河川径流的特点：一是地区分布极不平衡，阳泉、晋城两市较为丰富，而太原、朔州、大同等市则相对较少；二是年际间丰枯悬殊，全省河川径流极值比为3.90，除大同和朔州外，都在4倍以上，其中太原高达22.8倍。

4.2.3 地下水资源量

1956~2000年全省平均地下水补给资源量为86.35亿立方米，平均地下水天然资源量即降雨入渗补给量为84.04亿立方米。

1980~2000年全省平均地下水补给资源量为81.74亿立方米，其中地下水天然资源量即降雨入渗补给量为79.43亿立方米。

全省多年平均地下水可开采量为50.91亿立方米，其中盆地平原区孔隙水25.4亿立方米，一般山丘区裂隙孔隙水5.78亿立方米，岩溶山区岩溶水19.73亿立方米。

4.2.4 水资源总量

1956~2000年全省多年平均水资源总量123.8亿立方米，折合产水深79.2毫米。其中，河川径流量为86.77亿立方米，地下天然水资源量(即降水入渗补给量)84.04亿立方米，河川基流量(重复量)为47.01亿立方米。

1980~2000年全省多年平均水资源总量109.3亿立方米，折合产水深69.9毫米。其中，河川径流量为72.9亿立方米，地下天然水资源量(即降水入渗补给量)79.5亿立方米，河川基流量(重复量)为43.13亿立方米。

山西是全国水资源贫乏省份之一。2011年全省水资源总量为124.34亿立方米(表1-4)。黄河流域人均占有水资源量317立方米，海河流域人均占有水资源量390立方米。

表1-4 山西省2008~2011年水资源总量表(来源:《山西统计年鉴》)

年度(年)	水资源总量(亿立方米)	地表水资源量(亿立方米)	地下水资源量(亿立方米)	重复计算量(亿立方米)	年降水量(亿立方米)
2008	87.38	51.34	78.88	42.84	728.73
2009	85.76	47.67	76.15	38.06	779.38
2010	91.55	52.84	77.44	38.73	752.03
2011	124.34	76.65	94.95	47.27	940.90

4.2.5 出入境水量

1956~2000年全省平均入境水量1.08亿立方米，实际出境水量73.92亿立方米，其中海河流域33.51亿立方米，黄河流域40.41亿立方米。

1980~2000年全省平均出境水量为49.66亿立方米。

2008年全省地表水入境水量0.30亿立方米，出境水量31.43亿立方米。

4.2.6 水资源可利用量

全省水资源可利用量为83.77亿立方米。其中地表水可利用量51.87亿立方米，地下水可利用量50.91亿立方米，重复可利用量18.8亿立方米。

全省水资源可利用量中海河流域为33.73亿立方米，占40.3%；黄河流域50.04亿立方米，占59.7%。

全省水资源可利用率为67.7%，海河流域为69.5%，黄河流域为66.5%。

4.2.7 实际供水量

据《山西省黄河流域、海河流域小型水库更新建设修订规划(2013~2017)》，2012年，全省实际供水量73.38亿立方米，其中：黄河流域48.12亿立方米，占65.6%；海河流域25.26亿立方米，占34.4%。在实际供水量中：地表水供水量31.83亿立方米，占43.4%；地下水供水量36.43亿立方米，占49.6%；污水处理回用量及矿坑排水回用量5.14亿立方米，占7.0%。

4.2.8 实际用水量

2011年全省实际用水量74.18亿立方米(表1-5)。

表1-5 山西省2008~2011年实际用水量表(来源:《山西统计年鉴》)

年 度(年)	总 计(亿立方米)	农田灌溉(亿立方米)	工 业(亿立方米)	城镇生活(亿立方米)	农村生活(亿立方米)	林牧渔业(亿立方米)
2008	56.92	31.68	13.47	6.53	4.01	1.24
2009	55.87	31.75	10.53	7.33	3.18	3.08
2010	65.18	35.76	13.98	8.85	4.37	2.22
2011	74.18	38.15	14.27	10.99	5.52	5.25

4.2.9 水库湖泊

截至2008年，山西已建成水库730余座，总库容近50亿立方米。

据《山西省2013年国民经济和社会发展统计公报》，2013年，全省10座大型水库蓄水总量为9.6亿立方米。

据《山西省黄河流域、海河流域小型水库更新建设修订规划(2013～2017)》，截至2012年年底，全省共建成小型水库559座，总库容9.21亿立方米，防洪库容3.59亿立方米，兴利库容3.67亿立方米，其中：黄河流域共建成小型水库323座，总库容5.55亿立方米，防洪库容2.11亿立方米，兴利库容2.20亿立方米；海河流域小型水库236座，总库容3.66亿立方米，防洪库容1.48亿立方米，兴利库容1.47亿立方米。

山西天然湖泊较少，除盐池周边分布有咸水湖外，在宁武县境内有马营海(天池)、琵琶海等小型淡水湖泊。习惯称之为湖的晋阳湖，始建于1958年，原系太原第一热电厂的蓄水池，面积4.8公顷，蓄水量可达240万立方米，最大水深8米。

4.2.10 水资源开发利用现状

(1)供水状况。1990～2000年全省各类供水工程年平均供水量为64.85亿立方米，其中：黄河流域多年平均供水量41.64亿立方米，占全省年平均供水总量的64.21%；海河流域多年平均供水量23.21亿立方米，占全省年平均供水总量的35.79%。

(2)取用水状况。1990～2000年全省年取用水量变化在60亿～67亿立方米之间，平均年用水量为64.85亿立方米。其中：黄河流域多年平均年用水量为41.64亿立方米，占全省平均用水总量的64.21%；海河流域多年平均年用水量为23.21亿立方米，占全省平均用水总量的35.79%。

(3)水资源开发利用率。全省水资源开发利用率为46.5%，其中黄河流域水资源开发利用率为47.2%，海河流域水资源开发利用率为45.4%，山西全省属高开发利用区。

1990～2000年全省平均地表水实际开发利用量为26.75亿立方米，开发利用率为38.8%；地下水开发利用量为38.1亿立方米，其开发利用率为45.3%。全省地下水开发利用率高于地表水开发利用率。

据《山西省黄河流域、海河流域小型水库更新建设修订规划(2013～2017)》，2012年，黄河流域地表水开发利用率为25.6%，海河流域地表水开发利用率为24.9%。

(4)水资源开发利用程度。全省多年平均水资源可利用量为83.77亿立方米，占多年平均水资源总量的67.7%。其中：地表水资源(河川径流)可利用量为51.87亿立方米，占地表水资源量(河川径流量)的59.8%；地下水可利用量为50.9亿立方米，占地下水天然资源量的60.6%。

4.2.11 水资源开发利用潜力

(1)传统水源开发潜力。通过有效挖潜，全省2010年地表水的总供水潜力为8.03亿立方米，其中大中型水源工程新增加供水量6.78亿立方米，病险水库改造增加供水量1.25亿立方米。全省地下水开发尚有潜力区可增加开采量5.57亿立方米，其中盆地平原区可增加开采量3.26亿立方米，岩溶水可增加开采量2.12亿立方米，一般山丘区可增加开采量0.19亿立方米。

(2)非传统水资源开源潜力。非传统水资源开源潜力为2.66亿立方米，其中：雨水资源为2.0亿立方米，占75.2%；废污水回用0.66亿立方米，占24.8%。

(3)节水潜力。2010年全省相对于2000年的累计节水潜力达10.36亿立方米，其中工业占

18.6%，农业灌溉占74.4%，城镇生活占7.0%，年节水量相当于2000年总供水量的15.6%。

4.3 地热资源

山西地热资源较为丰富，北起阳高盆地、南到运城盆地、西自吕梁山、东至太行山区均有分布，涉及省内8个市的24个县(市、区)，但分布密度很不均匀，总体呈现南部较密集、北部较稀疏、盆地及边山多、山地少的特征。目前共发现热田(点)40处，约有53%的地热田(点)分布在临汾和运城盆地，大于25°的地热井(泉)总数为259眼，这些热水井主要集中在断陷盆地的边缘和盆地中。从地热资源的分布来看，临汾、侯马、运城和忻州一带是地热异常分布面积较大的热盆地。但由于山西的地热资源属低温地热资源，开发利用程度较低，目前主要用于医疗、农业灌溉、水产养殖等方面，仅个别用于工业生产和生活供热。

5 土 壤

山西地形复杂，成土母质种类繁多，因而在自然植被、气候和人类活动的影响下，形成了分布复杂、种类繁多的土壤类型。按土壤成因可分为地带性土壤、山地土壤和隐域性土壤三大类型。

5.1 地带性土壤

恒山以北的晋北地区，地带性土壤为栗钙土，质地粗、砂性大、结构性差，表层体分解快、积累少，土壤有机质含量较少，约为0.5%～0.7%。

恒山以南的山西大部分地区，地带性土壤为褐土。靠近恒山南部的忻州、晋中一带为淡褐土；晋南和晋东南一带为碳酸盐褐土。

吕梁山西部的黄土高原地区(大宁县昕水河与永和县芝水河之间分水岭以北地区)，地带性土壤为栗褐土，临县紫金山以北为淡栗褐土。

5.2 垂直地带(山地土壤)土壤类型

依据地理纬度及其基带土壤条件不同，随海拔高度的变化，以及气候和生物等成土因素差异而形成不同的土壤类型。其垂直带主要土壤类型分布规律(由上而下)大体为：

南部：山地草甸土——山地棕壤——山地淋溶褐土——褐土性土——碳酸盐褐土。

中部：亚高山草甸土——山地草甸土——山地棕壤——山地淋溶褐土——山地褐土——褐土性土——淡褐土。

北部：山地草原草甸土——山地草甸土——栗钙土性土——栗钙土。

西部：山地草甸土——山地棕壤——山地淋溶栗褐土——山地栗褐土。

主要土壤类型简述如下：

山地草甸土：主要分布在五台山、太行山、吕梁山、太岳山和中条山等山顶平台及缓坡山。五台山顶部海拔2700米以上，以及关帝山、管涔山2600米以上地带，分布有亚高山草甸土。

山地棕壤：是山西省主要林业土壤，分布在五台山、吕梁山、太行山、太岳山、中条山等中山地带的次生林或残存林区，是针叶林或针阔叶林复被下发育的土壤，海拔由南向北逐渐增高，分布于1700～2400米中山的阴坡或半阳坡，上接山地草甸土，下接山地淋溶褐土。在棕壤区内的阳坡或沟尖两侧，则有棕壤性土亚类分布。

褐土：是山西省分布最广的土壤类型，分布于吕梁山以东、恒山以南的广大地区。由于分布广，水热条件、植被条件、地形条件不同，差异大，因而可分为多种亚类：水平地带上分为中部淡褐土和南部、晋东南地区碳酸盐褐土两个亚类；垂直地带上分为山地淋溶褐土、山地褐土、褐土性土等亚类。

栗褐土：是褐土向栗钙土过渡性土壤类型之一，分布于吕梁山之西的晋西部地区。根据其海拔高度及其南北差异，又可分为栗褐土性土、山地栗褐土、淋溶栗褐土、栗褐土、淡栗褐土和草甸栗褐土。

栗钙土：广泛分布于恒山以北地区，其亚类还可分为山地栗钙土、栗钙性土、栗钙土、草甸栗钙土、盐化栗钙土和碱化栗钙土。

5.3 非地带性(隐域性)土壤

主要有草甸土、盐渍土(盐土和碱土)、沼泽土和冲积砂土，主要分布于河流沿岸、盆地地势低洼处。成土过程受地下水影响较大，地下水位高，排水不良。

6 动植物概况

6.1 动物概况

山西省在动物地理区划上属于古北界、东北亚界、华北区、黄土高原亚区，基本生态地理动物群为温带森林、森林草原、农田动物群。山西的北部是华北山地北缘与内蒙古高原南缘的交界处，属于半湿润地区暖温带北界，亦是古北界华北区的北界，与蒙新区接壤。这里黄土高原森林景观向草原过渡，环境条件变化远不如山脉明显，对动物的分布阻限作用较小，一些中亚物种成分渗入；南部邻接古北界华北区与东洋界华中区的分界处，也是古北界与东洋界在东部最明显的分界线，秦岭以东地形上对动物分布的阻限作用减弱，南方物种有不同程度渗入。

全省共有脊椎动物 39 目 111 科 550 种，其中哺乳类为 7 目 18 科 65 种；鸟类为 18 目 64 科 357 种；爬行类共 3 目 7 科 33 种；两栖类为 2 目 5 科 13 种；鱼类为 9 目 17 科 82 种。

属于国家重点保护的野生动物 57 种，其中 Ⅰ 级保护野生动物 10 种，Ⅱ 级保护野生动物 47 种；山西省重点保护野生动物 27 种；国家保护的有益的或者有重要经济科学研究价值的陆生野生动物 326 种；中日候鸟保护协定物种 150 种，中澳候鸟保护协定物种 46 种。

本省脊椎动物物种与古北界华北区中的黄淮平原亚区相比较，中亚型和喜马拉雅—横断山区型的物种成分比黄淮平原亚区多。与古北界东北亚界的其他区和亚区相比，也是脊椎动物最为复杂、南北种类混杂特征比较突出的亚区。黄土高原亚区的 3 个动物地理省在山西分布的有 2 个：一个是冀晋陕北部省，生态地理动物群为森林草原、农田动物群；另一个是晋南—渭河—伏牛省，生态动物地理群为林灌、农田动物群。

6.2 植物概况

山西气候和地形复杂多样，造就了丰富的植物资源。全省共有维管植物 182 科 775 属 2743 种

（包括亚种、变种和变形），其中蕨类植物22科36属93种，裸子植物9科15属36种，被子植物151科724属2614种。其中木本植物共89科244属895种（包括亚种和变种），分别为全省科、属、种的78.9%、31.5%、32.6%。

在中国植物区系的分区中，山西隶属于泛北极植物区的中国—日本森林植物亚区，华北地区的黄土高原亚地区和欧亚草原植物区、蒙古草原地区，因而植物种类的分布型和地理成分表现出多样性和复杂性。山西有15个分布区类型。植物生活型有常绿和落叶乔木、灌木，多年生草本和一年生草本，藤本和少数寄生、半寄生或腐生植物类型。草本植物在区系组成中占优势；乔木和灌木主要是落叶种类。在植物系统发生上，山西植物区系中包括不同进化水平的类群，有许多古老成分和残遗种，如麻黄、南方红豆杉、文冠果、臭冷杉、青檀、连香树、太行花、异叶榕等。

山西植被类型如图1-3。

6.2.1　森　林

山西历史上林木茂盛，生态环境良好。自秦汉"屯垦"以后，滥伐森林、毁林开荒日益严重，使森林面积逐年减少。秦汉时期省内平原已基本成为农区，唐宋时期森林采伐范围已扩大到浅山区。到明初只在深山区有森林分布。民国初年和抗日战争时期，残存森林遭到进一步破坏。到解放初期，全省森林面积仅30多万公顷，森林覆盖率仅2.3%。由于森林植被稀少，因而形成了以水土流失为主的生态性灾难，原始植被已不存在，即便是偏僻山区的森林，也是屡遭破坏后重新恢复起来的天然次生林。新中国成立后通过大面积封山育林和人工造林，特别是近年来如火如荼的林业生态建设，使森林面积和蓄积有了突飞猛进的增长。据2010年森林资源连续清查结果，全省林地面积765.55万公顷，占全省土地面积的48.88%。森林面积282.41万公顷，森林覆盖率18.03%。在261.35万公顷有林地中，天然林129.54万公顷，人工林131.81万公顷。活立木总蓄积11039.38万立方米，在9739.12万立方米森林蓄积中，天然林7073.33万立方米，人工林2665.79万立方米，乔木林蓄积量46.28立方米/公顷。生态功能等级中等以上面积占85%。

森林分布既受树种本身生态学特性及气候条件、水文、土壤等自然因素的影响，也受人类活动的影响。山西森林分布特点之一是森林少而不均，镶嵌性很大，与地形关系密切。沿吕梁山脉、中条和太岳山脉、太行、五台和恒山山脉，呈北北东和南南西走向，形成三个断断续续、同样走向的森林带。特点之二是森林的多少与人口密度成反比，现在的天然次生林主要分布在人烟稀少的各河流发源地的深山区。三个森林地带之间为运城、临汾、太原、忻定、大同、上党等盆地所隔离，这些盆地是人类活动最早的地区，也是目前人民群众活动频繁的农业区和政治经济中心，农业生产条件好，交通方便，气候温和，人烟稠密，森林破坏殆尽。几条山脉主脊两侧的石质深山区，气候偏凉，交通不便，山高坡陡，土层较薄，不适于农业生产，所以天然林虽然遭到反复破坏，但由于人类活动少，能够依靠残留木不断地恢复成林。全省天然林主要分布于五台山、吕梁山、太行山、太岳山和中条山等山脉的主脊两侧以及汾河、桑干河、滹沱河、沁河、漳河、涑水河、文峪河、岚漪河等河流上游人烟稀少的偏僻山区。特点之三是全省没有单纯的林区，由于森林面积小，林区内森林与荒山、森林与农田和牧场等交错分布。

6.2.1.1　水平分布

（1）北部温带半干旱森林草原区：分布于恒山、内长城至管涔山北麓到临县紫金山一线以北的广大地域。优势植物以本氏针矛、艾、兴安胡枝子、狗尾草为主，局部地区有中国沙棘、虎榛

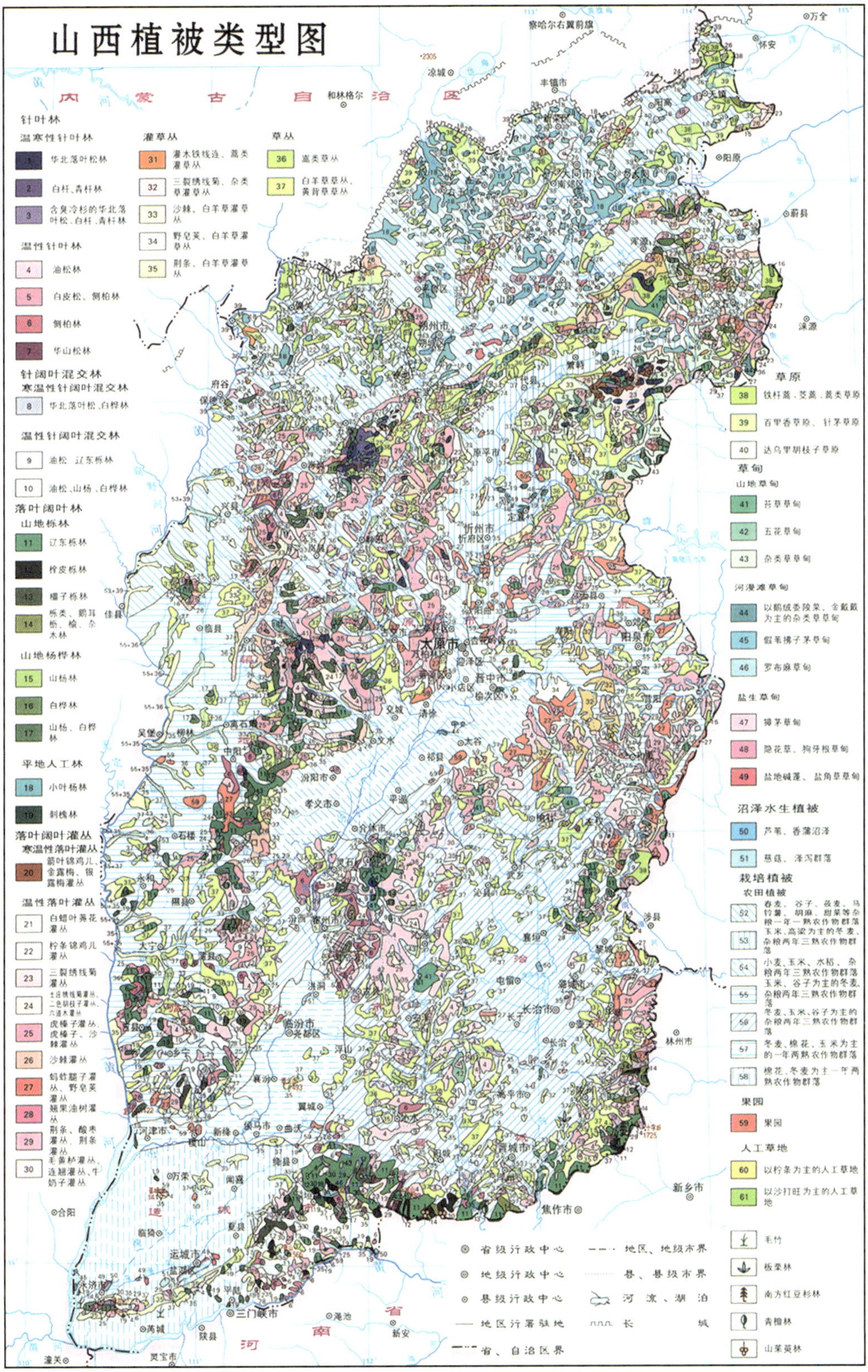

图 **1-3**　山西省植被类型图(来源：马子清主编《山西植被》)

子、黄蔷薇生长。几乎没有天然林，只在恒山北坡、采凉山分布有小片白桦、山杨林及混生的油松、华北落叶松天然次生林。人工林以20世纪营造的小叶杨为主，多数形成"小老树"，同时间有人工营造的华北落叶松林和油松林、樟子松林。

(2)中部暖温带油松、辽东栎、白桦林区：分布于北部温带半干旱森林草原区以南，陵川至河津一线以北的广大区域。自然植被集中于管涔、关帝、五台等山地，高中山地带为寒温性山地常绿针叶林、落叶针叶林及温性针叶和落叶阔叶混交林，下部为温带暖温带落叶灌丛和低山丘陵干旱草原，高山片断的分布有亚高山草甸。以旱生落叶灌丛和针叶林占优势，次为夏绿阔叶林；乔木以云杉、青杆、华北落叶松、油松、白桦、山杨、辽东栎为主，次生灌丛以金露梅、忍冬、柔毛绣线菊、胡枝子、毛榛、黄蔷薇、蜡梅、中国沙棘、荆条、虎榛子、锦鸡儿、黄刺玫、蚂蚱腿子为主，草本植物有本氏针茅、问荆、镰荚棘豆、蒿草以及薹草属禾本科等杂草，平川地区零星分布有人工栽培的杨柳榆槐及各种果树。

(3)南部暖温带落叶阔叶林区：分布于晋南和晋东南南部，即陵川—河津一线以南，包括临汾和运城盆地、中条山和太行山南段，有山地、丘陵和盆地平原，地形复杂，水热资源丰富，自然植被主要为温带暖温带落叶阔叶林、针叶林和落叶灌丛并有大片的低山丘陵干草原和片断的平地草甸，亚热带或热带区系成分的落叶乔灌木种类多且分布广。据初步统计，该区有维管束植物共131科、525属、1005种，是山西省植物种类最多的地区，也是我国南北植物的"汇集区"。树种以辽东栎、鹅耳枥、栓皮栎、锐齿槲栎、橿子栎、麻栎等栎类为主，其次为白桦、山杨、油松、华山松、白皮松、侧柏和针阔混交林。灌丛主要有柔毛绣线菊、胡枝子、榛子、中国沙棘、黄蔷薇、黄栌、胡颓子、连翘、荆条、扁核木、酸枣等中旱生落叶灌丛，其中有许多珍稀乔灌木树种，除翅果油树、软枣、猕猴桃外，还有南方红豆杉、领春木、匙叶栎等亚热带树种。在中条山混沟一带，还残存有小块原始状态的辽东栎林，并有猕猴等野生动物栖息。草本植物以白羊草、铁杆蒿、地椒、紫菀等群落为多。栽培植被除农作物和杨柳外，还有油松、华北落叶松、刺槐等。

(4)盆地主要为栽培树种，除经济林外，人工林树种以杨树和刺槐为主，其次为白榆和泡桐。引种的毛竹、青竹虽已成活，但生长一般。

6.2.1.2 垂直分布

山西是一个山地、丘陵占80%以上的黄土高原区，地势起伏不平，地形复杂多样。随着海拔高度的上升，气候、地形、土壤、坡向的不同，更替着不同的森林植被带，形成了山西森林典型的垂直地带分布。

(1)北部寒冷，由耐寒的云杉、青杆和华北落叶松组成的高中山针叶林，植被的垂直带谱从下至上是：草原带(或灌丛带)—针叶阔叶混交林带—高中山针叶林带—亚高山灌丛和亚高山草甸。

(2)南部较为暖和，以栎林为主，在低、中山为温性针叶林，无高中山针叶林。植被的垂直带谱是：灌丛带—低中山针叶阔叶混交林带—落叶阔叶林带—亚高山草甸带(或亚高山草原带)。

山西省主要森林植被、灌丛植被不同海拔高度、不同坡向分布分别如图1-4、图1-5。

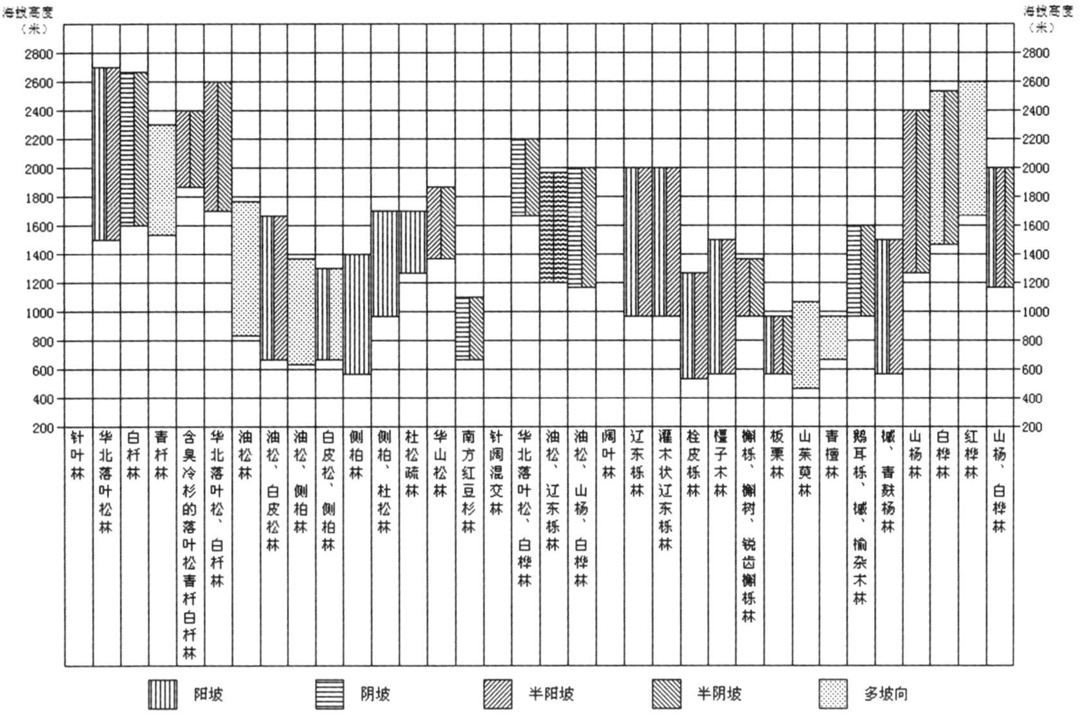

图 **1-4** 山西省主要森林植被类型不同海拔高度、不同坡向分布图（来源：马子清主编《山西植被》）

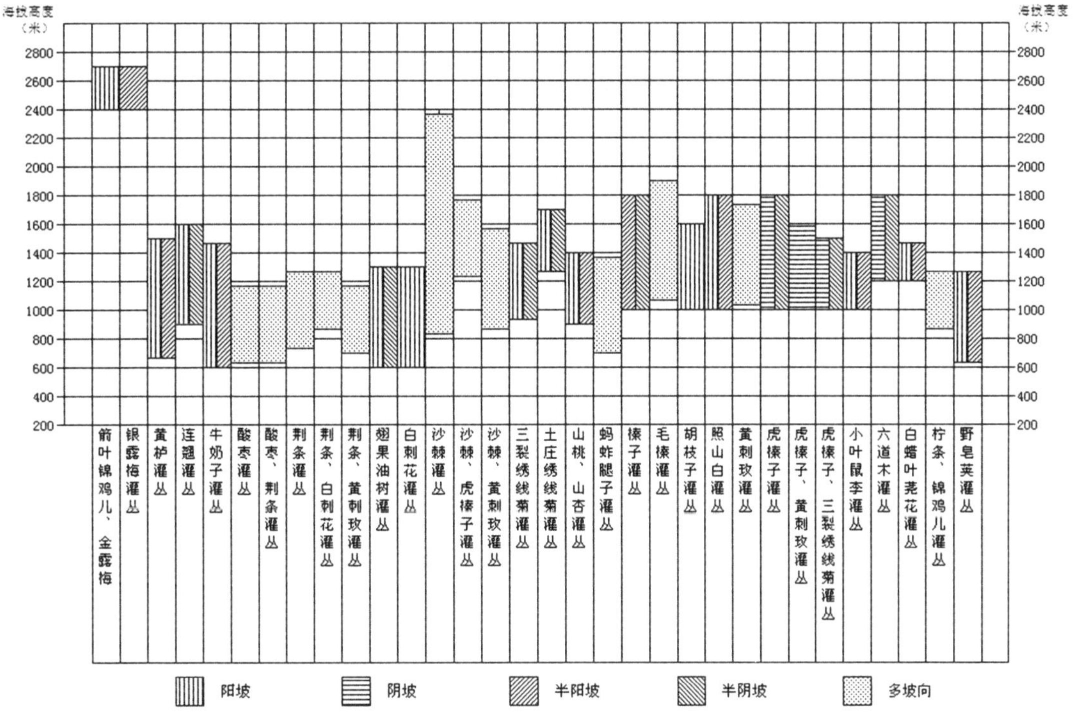

图 **1-5** 山西省主要灌丛植被类型不同海拔高度、不同坡向分布图（来源：马子清主编《山西植被》）

6.2.1.3 区域分布

山西森林区域分布分区系统见表 1-7。

表 1-7 山西省森林区域分布分区系统表

Ⅰ级森林地带	Ⅱ级森林区	Ⅲ 级森林小区
温带草原地带	晋北盆地丘陵干草原森林区	大同盆地杨树油松人工林区
		左云右玉平鲁缓坡丘陵小叶杨人工林区
	晋西北黄土丘陵灌丛草原森林区	晋西北黄土丘陵杨树柠条人工林区
暖温带 落叶阔叶林地带	中部油松辽东栎云杉华北落叶松森林区	恒山五台山云杉华北落叶松林区
		忻定太原盆地杨树人工林区
		吕梁山北段山地云杉华北落叶松林区
		汾河上游黄土丘陵油松杨树人工林区
		阳泉盆地丘陵杨树油松人工林区
		晋西黄土丘陵刺槐油松人工林区
	晋东南吕梁山南部山地油松辽东栎森林区	太行山山地油松林区
		长治盆地杨树刺槐人工林区
		太岳山山地油松辽东栎林区
		吕梁山南段土石山油松辽东栎林区
	晋南盆地中条山栓皮栎锐齿槲栎橿子栎杨树泡桐森林区	临汾运城盆地杨树泡桐人工林区
		中条山土石山栓皮栎锐齿槲栎橿子栎林区

6.2.2 草 本

山西的草类主要是白羊草、黄背草、野古草、蒿类等草丛，铁杆蒿、茭蒿、百里香(小半灌木)、冷蒿、针茅、兴安胡枝子(草本状半灌木)等草原，三穗薹草、蒿草、兰花棘豆、五花、拂子茅、狗牙根、鹅绒委陵菜(蕨麻)、长叶碱毛茛、罗布麻、隐花草、碱蓬、獐茅、杂草类等山地、河漫滩、盐生草甸，以及芦苇、香蒲、眼子菜、慈姑、泽泻等沼泽和水生草本。

山西的野生牧草资源丰富，种类繁多，主要分布在山区，以亚高山草地、疏林草地最为丰富，山地干草原和白羊草灌草丛草地比较简单。已查明牧草种类约 400 种，莜麦、白羊草、鹅观草、蓝花棘豆及胡枝子等较优质牧草 100 多种。

6.2.3 农作物

复杂的地形地貌构造，四季分明的温带大陆性季风气候，非常适宜农作物的生长。农作物品种全，品质优。全省有商品粮基地县 20 个、商品棉基地县 6 个。在农作物分布上，北部和西北部以马铃薯、胡麻、莜麦以及春麦、谷子等为主；中部以杂粮为主，部分地区有小麦和棉花；南部、东南部以棉花、冬小麦、谷子、玉米为主。

第二节 社会经济状况

1 人口和民族

2012 年，全省总户数 1282. 40 万户、总人口 3498. 72 万人，其中乡村户数 791. 89 万户、非农业人口 1171. 99 万人、农业人口 2326. 73 万人。常住人口 3610. 83 万人，其中男性 1850. 96 万人、女性 1759. 87 万人。自然增长率为 4. 87‰。家庭常住人口每户平均 3. 49 人。

据《山西省 2013 年国民经济和社会发展统计公报》，2013 年，全省常住人口为 3630 万人，人口出生率为 10. 81‰，死亡率为 5. 57‰，自然增长率为 5. 24‰，出生人口性别比为 114. 03。

山西民族种类较多，但少数民族人口很少。除汉族外，有回族、满族、蒙古族、朝鲜族、藏族等 45 个少数民族，其中汉族占全省总人口的 99. 71%，少数民族占全省总人口的 0. 29%（8 万多人），分布在全省 119 个县（市、区）。在少数民族中，回族居多，多分布在大同、太原、晋中、阳泉、长治、晋城、临汾和运城市。少数民族在山西没有形成大的聚居区，但回族在局部地区相对集中，形成了回民村、回民街。

2 经济发展及工、农业生产情况

2.1 经济发展情况

山西地处内陆，尽管经济发展存在着很大制约，但随着改革开放的不断深入，全省经济得到了长足发展，经济实力逐渐增强。

据《山西省 2013 年国民经济和社会发展统计公报》，2013 年，全社会固定资产投资 11200. 2 亿元，其中：国有及国有控股投资 5031. 8 亿元，民间投资 6089. 0 亿元。

在全社会固定资产投资中：内资企业投资 10718. 1 亿元，占 95. 7%；外商及港澳台商企业投资 134. 5 亿元，占 1. 2%；个体经营及农户投资 347. 6 亿元，占 3. 1%。第一产业投资 705. 1 亿元，占 6. 3%；第二产业投资 4685. 1 亿元，占 41. 8%；第三产业投资 5810. 0 亿元，占 51. 9%。

全省海关进出口总额 158. 0 亿美元，其中：进口额 78. 0 亿美元，出口额 80. 0 亿美元。实际使用外商直接投资金额 28. 1 亿美元。

全省生产总值 12602. 20 亿元，其中：第一产业增加值 773. 8 亿元，占生产总值的 6. 1%；第二产业增加值 6792. 7 亿元，占生产总值的 53. 9%；第三产业增加值 5035. 8 亿元，占生产总值的 40. 0%。人均地区生产总值 34813 元，按 2013 年平均汇率计算为 5621 美元。

全省公共财政收入 1700. 2 亿元，税收收入 1135. 5 亿元；公共财政支出 3030. 5 亿元，民生支出总量占全省公共财政支出的 81. 8%。

城镇居民人均可支配收入 22456 元，人均消费性支出 13166 元，家庭恩格尔系数（即居民家庭食品消费支出占家庭消费支出的比重）27. 9%。农村居民人均纯收入 7154 元，人均生活消费支出

6017 元，家庭恩格尔系数 33.0%。

社会消费品零售总额 4988.3 亿元，其中：按经营地统计，城镇消费品零售额 4138.5 亿元，乡村消费品零售额 849.8 亿元；按消费形态统计，商品零售额 4518.6 亿元，餐饮收入额 469.7 亿元。

参加城镇基本养老保险 766.4 万人，参加新型农村社会养老保险 1439.8 万人，参加城镇基本医疗保险 1086.3 万人，参加失业保险 400.7 万人，参加工伤保险 548.9 万人，参加生育保险 445.6 万人；得到城市最低生活保障救济人数 85.0 万人；城镇社区服务设施 3069 个(其中综合性社区服务中心 453 个)；筹集社会福利资金 9.0 亿元，接受社会捐赠款 0.5 亿元。

2.2 工业发展情况

山西矿产资源丰富，煤、铝土、耐火黏土、铁矾土、镓的储量居全国各省(区)首位，特别是煤炭，地质储量达 8700 亿吨，有"煤乡"之称。作为能源重化工基地，山西已初步形成了现代化的工业生产体系。

据《山西省 2013 年国民经济和社会发展统计公报》，2013 年，全省一次能源生产折标准煤 8.2 亿吨，二次能源生产折标准煤 4.0 亿吨。规模以上工业企业 3946 家，全社会原煤产量 9.6 亿吨。规模以上工业企业焦炭产量 9076.8 万吨，钢材产量 4496.2 万吨，生铁 4303.2 万吨，水泥 4984.9 万吨。向省外运输煤炭 6.2 亿吨(铁路运输 4.8 亿吨，公路运输 1.4 亿吨)，外运煤炭占原煤产量的 64.0%；向省外运输焦炭 6475.8 万吨，外运焦炭占焦炭产量的 71.3%。

山西电力充足，是全国拥有装机百万千瓦以上电厂最多的省份，在华北电网中居于举足轻重的地位。全社会发电量 2625.0 亿千瓦时，用电量 1832.4 亿千瓦时，其中：第一产业用电 37.8 亿千瓦时，占全社会用电量 2.1%；第二产业用电 1497.0 亿千瓦时(其中工业用电 1475.5 亿千瓦时)，占 81.7%；第三产业用电 154.6 亿千瓦时，占 8.4%；城乡居民生活用电 143.0 亿千瓦时，占 7.8%。向省外输送电力 793.1 亿千瓦时，外输电量占发电量的 30.2%。

全省工业固定资产投资 4724.9 亿元，其中：煤炭工业投资 1165.8 亿元，占 24.7%；非煤产业投资 3559.0 亿元，占 75.3%；传统产业(煤炭、焦炭、冶金、电力)投资 2222.7 亿元，占 47.0%；非传统产业投资 2502.2 亿元，占 53.0%。

规模以上工业企业实现主营业务收入 18404.7 亿元，实现利税 1445.8 亿元，实现利润 547.9 亿元。

2.3 农林牧渔情况

据《山西省 2013 年国民经济和社会发展统计公报》，2013 年，全省农作物种植面积 389.83 万公顷，其中：粮食种植面积 327.43 万公顷，油料种植面积 14.03 万公顷，棉花种植面积 2.34 万公顷。在粮食种植面积中，玉米种植面积 167.00 万公顷，小麦种植面积 67.75 万公顷。

粮食产量 1312.8 万吨，其中：夏粮 231.7 万吨，占 17.6%；秋粮 1081.1 万吨，占 82.4%。

造林 30.30 万公顷(其中荒山荒地造林面积 29.88 万公顷)，木材产量 11.9 万立方米，果品产量 720.30 万吨(其中水果产量 711.80 万吨、干果产量 8.50 万吨)，已成为农民增收的重要渠道。

猪牛羊肉总产量 72.6 万吨，其中：猪肉产量 61.2 万吨，牛肉产量 5.2 万吨，羊肉产量 6.2

万吨。生猪存栏502.2万头，生猪出栏786.2万头。牛奶产量86.2万吨，禽蛋产量79.8万吨，水产品产量4.6万吨。

农业机械总动力3183.2万千瓦，机械耕地面积260.90万公顷，机械播种面积251.60万公顷，机械收获面积170.30万公顷。农机化经营总收入121.8亿元。

据《山西统计年鉴(2013)》，2012年，全省农林牧渔业总产值1304.26亿元，其中：农业产值847.41亿元，林业产值79.07亿元，牧业产值298.83亿元，渔业产值8.42亿元，农林牧渔服务业70.53亿元。

2.4　交通邮电旅游

山西交通网络日渐发达。据《山西省2013年国民经济和社会发展统计公报》，2013年，全省公路线路里程13.9万公里(其中高速公路5011.1公里)，民用汽车保有量415.9万辆(其中私人汽车326.7万辆)。

邮电业务总量359.9亿元，其中：邮政业务总量34.1亿元，电信业务总量325.8亿元。移动电话用户3105.5万户，宽带接入用户521.3万户。

山西是中国旅游资源大省，各类不可移动文物31401处。全省接待海外旅游者212.6万人次，国内旅游者2.5亿人次；旅游外汇收入8.2亿美元，国内旅游收入2253.7亿元，旅游总收入2305.4亿元。

2.5　生态环境情况

近年来，山西省委、省政府以科学发展观为指导，着力推进绿色发展、循环发展、低碳发展，把生态建设作为山西转型、跨越发展的基础和前提，作为建设生态文明、促进人与自然和谐发展的战略任务，作为推动转型跨越发展，作为再造一个新山西的重要内容，摆在突出位置来抓，先后作出了建设“数字山西”“绿色山西”“蓝天碧水”“山上治本、身边增绿”“生态兴省”“绿化山西”“美丽山西”等重大战略决策，深入实施绿色生态工程，积极发展清洁能源，大力发展循环经济，促进节能降耗和污染减排，加大环境保护和生态治理力度，持续改善生态环境。

2.5.1　农业生态

2001年以来，山西开展了包括土地整理、复垦、开发的土地整治工作，按照土地利用总体规划，对田、水、路、林、村进行综合整治，对采煤塌陷土地复垦，坚守耕地“红线”，建设高标准基本农田，不仅有效增加了耕地面积，实现了耕地占补平衡，还改善了农业基础设施和生产条件，为农业的增产增收、农民生活水平的提高奠定了基础。

2001～2010年，累计投入32.97亿元，整治土地11.20万公顷，新增耕地2.87万公顷。

2011～2015年，将完成土地整治10万公顷、新造耕地5.33万公顷。

目前，农业生态大为好转，正在继续推进农业资源环保和农村能源建设。已建成以亚高山草甸生态系统为主要保护对象的省级自然保护区1处(忻州五台山自然保护区)。

2.5.2　林业生态

从2012年开始，山西实施了“两山、两网、两林、两区、双百、双保”的省级“六大”林业工程，林业产业蓬勃发展，不断壮大。2013年，按照绿化山西、生态兴省的战略部署，围绕“山上治本、身边增绿、产业富民、林业增效”的工作思路，完成营造林 30.30 万公顷，其中：“两山”造林工程 13.20 万公顷，占 43.6%；“两网”绿化工程 6.1 万公顷，占 20.3%；“两林”富民工程 6.7 万公顷，占 22.0%；“两区”增绿工程 2.3 万公顷，占 7.5%；“双百”示范工程 2.0 万公顷，占 6.6%。

目前，全省省级以上自然保护区总数达到 45 个(其中国家级 6 个)，总面积达到 116.6 万公顷；已建成森林公园 111 个(其中国家级 18 个)、湿地公园 37 个(其中国家级 6 个)；林区降水量得到增加，空气相对湿度得到提高，水土流失、风沙肆虐的状况有了较大好转，城镇面貌逐步改观，生态环境明显改善，生物物种日益丰富。

2.5.3 水文生态

2011 年，山西开始实施大水网建设，大部分地区地下水位止降回升，汾河实现了清水复流。

据《山西省黄河流域、海河流域小型水库更新建设修订规划(2013 ~ 2017)》，2013 年，全省报废了 40 座长期不蓄水、存在重大安全隐患的小型水库(其中黄河流域 11 座、海河流域 29 座)。

据《山西省 2013 年国民经济和社会发展统计公报》，2013 年，黄河、海河流域山西段Ⅲ类以上水质标准的占 46.0%，Ⅳ类水质标准的占 16.0%，Ⅴ类水质标准的占 6.0%，超过Ⅴ类水质标准的占 32.0%。

2.5.4 环境保护

据《山西统计年鉴(2013)》，2012 年，废水排放量 5.18 亿吨，废气排放量 4.22 亿吨，CO_2 排放量 119.5 万吨，固体废物产生量 2.92 亿吨、综合利用量 2.03 亿吨、综合利用率 69.4%、处置量 0.73 亿吨、贮存量 0.18 亿吨、排放量 16.6 万吨。

据《山西省 2013 年国民经济和社会发展统计公报》，2013 年，省会太原市环境空气优良天数为 162 天，其余 10 个地级市环境空气优良天数在 198 ~ 335 天之间。

目前，已建成国家级生态示范区 16 个；山西新能源、新材料、节能环保、高端装备制造、生物等战略性新兴产业正在形成。

2.5.5 灾害损失

据《山西省 2013 年国民经济和社会发展统计公报》，2013 年，各类自然灾害造成的直接经济损失 152.6 亿元，农作物受灾面积 181.9 万公顷(其中绝收面积 25.5 万公顷)；共发生各类生产经营性事故 2125 起(其中重大事故 1 起)，煤炭百万吨死亡率 0.078。

第二章 湿地类型

第一节 湿地类型与面积

1 湿地调查区划

1.1 调查范围

山西省行政辖区内符合湿地定义的各类湿地资源，包括面积为8公顷(含8公顷)以上的湖泊湿地、沼泽湿地、人工湿地以及宽度在10米以上、长度5公里以上的河流湿地。

1.2 调查分类

按照国家林业局《全国湿地资源调查技术规程(试行)》(以下简称《技术规程》)，结合《山西省湿地资源调查实施细则》(以下简称《实施细则》)要求，根据湿地的重要性、调查内容的不同，分为一般调查和重点调查。

1.2.1 一般调查

对所有符合调查范围要求的湿地斑块进行面积、湿地型、分布、植被类型、主要优势植物和保护管理状况等内容的调查。

山西除重点调查湿地外，一般调查湿地涉及117个零星湿地区。

1.2.2 重点调查

对符合以下条件之一的湿地进行详细调查：

(1)已列入《中国湿地保护行动计划》国家重要湿地名录的湿地——三门峡库区山西境内部分(归入山西运城湿地省级自然保护区和山西古城国家湿地公园)。

(2)已建立的国家级、省级自然保护区中的湿地。

(3)已建立的国家级、省级湿地公园中的湿地。

山西重点调查湿地包括2个单独区划的湿地区及其他省级以上自然保护区、湿地公园，涉及74个单位，见表2-1。

表 2-1 山西省重点调查湿地名录

序号	湿地区名称	所属行政区域(省直林局)	主要湿地类	备 注
1	山西运城湿地省级自然保护区	河津、万荣、临猗、永济、平陆、垣曲、芮城、盐湖	河流、洪泛	省级
2	山西古城国家湿地公园	垣曲	库塘、洪泛	国家级
3	山西芦芽山国家级自然保护区	宁武、五寨(管涔)	河流、沼泽	国家级
4	山西庞泉沟国家级自然保护区	交城、方山(关帝)	河流	国家级
5	山西黑茶山国家级自然保护区	兴县(黑茶)	河流、库塘	国家级
6	山西历山国家级自然保护区	垣曲、翼城、阳城、沁水(中条)	河流、库塘	国家级
7	山西阳城蟒河猕猴国家级自然保护区	阳城(中条)	河流、库塘	国家级
8	山西五鹿山国家级自然保护区	蒲县(吕梁)	河流、库塘	国家级
9	山西桑干河省级自然保护区	大同、阳高、天镇、怀仁、朔城(杨树)	河流、洪泛	省级
10	山西壶流河湿地省级自然保护区	广灵	库塘、沼泽	省级
11	山西灵丘黑鹳省级自然保护区	灵丘	河流	省级
12	山西应县南山省级自然保护区	应县	河流	省级
13	山西云中山省级自然保护区	忻府	河流、库塘	省级
14	山西臭冷杉省级自然保护区	繁峙(五台)	河流	省级
15	山西贺家山省级自然保护区	保德	河流	省级
16	山西天龙山省级自然保护区	晋源	河流	省级
17	山西凌井沟省级自然保护区	阳曲	河流	省级
18	山西汾河上游省级自然保护区	娄烦	河流	省级
19	山西薛公岭省级自然保护区	离石、中阳(关帝)	河流	省级
20	山西云顶山省级自然保护区	娄烦(关帝)	河流	省级
21	山西蔚汾河省级自然保护区	兴县	河流、库塘	省级
22	山西八缚岭省级自然保护区	榆次	河流	省级
23	山西孟信垴省级自然保护区	左权	河流	省级
24	山西铁桥山省级自然保护区	和顺(太行)	河流、库塘	省级
25	山西四县垴省级自然保护区	祁县	河流	省级
26	山西超山省级自然保护区	平遥	河流	省级
27	山西韩信岭省级自然保护区	灵石	河流	省级
28	山西霍山省级自然保护区	霍州、古县、洪洞(太岳)	河流	省级
29	山西绵山省级自然保护区	介休	河流	省级
30	山西药林寺冠山省级自然保护区	平定	河流	省级
31	山西浊漳河源头省级自然保护区	沁县	河流	省级
32	山西崦山省级自然保护区	阳城	河流	省级
33	山西南方红豆杉省级自然保护区	陵川	河流、库塘	省级
34	山西泽州猕猴省级自然保护区	泽州	河流、库塘	省级
35	山西人祖山省级自然保护区	吉县(吕梁)	河流	省级
36	山西红泥寺省级自然保护区	安泽	河流	省级
37	山西管头山省级自然保护区	吉县	河流	省级
38	山西涑水河源头省级自然保护区	绛县(中条)	河流、库塘	省级
39	山西太宽河省级自然保护区	夏县(中条)	河流	省级
40	山西昌源河国家湿地公园	祁县	河流、库塘	国家级
41	山西千泉湖国家湿地公园	沁县	河流、库塘	国家级

（续）

序号	湿地区名称	所属行政区域（省直林局）	主要湿地类	备　注
42	山西大同市文瀛湖省级湿地公园	大同	库塘	省级
43	山西浑源县神溪省级湿地公园	浑源	库塘、沼泽	省级
44	山西左云县十里河省级湿地公园	左云	河流	省级
45	山西大同县土林省级湿地公园	大同	河流	省级
46	山西朔城区恢河省级湿地公园	朔城	库塘、河流	省级
47	山西忻府区滹沱河省级湿地公园	忻府	洪泛、河流	省级
48	山西宁武县马营海省级湿地公园	宁武	湖泊、库塘	省级
49	山西神池县西海子省级湿地公园	神池	库塘	省级
50	山西离石区东川河省级湿地公园	离石	河流	省级
51	山西关帝林局梅洞沟省级湿地公园	方山（关帝）	河流	省级
52	山西文水县世泰湖省级湿地公园	文水	湖泊、沼泽	省级
53	山西交城县华鑫湖省级湿地公园	交城	湖泊、沼泽	省级
54	山西柳林县三川河省级湿地公园	柳林	河流	省级
55	山西方山县南阳沟省级湿地公园	方山	河流	省级
56	山西中阳县陈家湾省级湿地公园	中阳	河流、库塘	省级
57	山西榆次区田家湾省级湿地公园	榆次	库塘、沼泽	省级
58	山西太行林局海眼寺省级湿地公园	和顺（太行）	河流	省级
59	山西太谷县棋盘山省级湿地公园	太谷	库塘、河流	省级
60	山西平遥县惠济省级湿地公园	平遥	库塘、沼泽	省级
61	山西介休市汾河省级湿地公园	介休	库塘	省级
62	山西太岳林局七里峪省级湿地公园	霍州（太岳）	河流	省级
63	山西太岳林局沁河源省级湿地公园	沁源（太岳）	河流	省级
64	山西阳泉市桃河省级湿地公园	阳泉	河流	省级
65	山西盂县梁家寨省级湿地公园	盂县	河流、库塘	省级
66	山西屯留县绛河省级湿地公园	屯留	河流、沼泽	省级
67	山西平顺县太行水乡省级湿地公园	平顺	河流	省级
68	山西高平市丹河省级湿地公园	高平	河流、沼泽	省级
69	山西尧都区东郭省级湿地公园	尧都	库塘、莲	省级
70	山西曲沃县浍河省级湿地公园	曲沃	库塘	省级
71	山西襄汾县双龙湖省级湿地公园	襄汾	库塘、莲	省级
72	山西安泽县府城省级湿地公园	安泽	河流	省级
73	山西侯马市香邑湖省级湿地公园	侯马	库塘、沼泽	省级
74	山西新绛县汾河省级湿地公园	新绛	洪泛、河流	省级

1.3　调查区划

1.3.1　调查区划系统

按照省→湿地区→湿地斑块进行组织区划。

1.3.2　湿地区及划分

湿地区是由多块湿地斑块组成的、具有一定的水文联系和生态功能的湿地复合体。划分湿地区时，考虑湿地生态系统的完整性和地貌单元的独立性，将山西桑干河省级自然保护区和山西运城湿地省级自然保护区作为单独区划的湿地区，零星湿地则以县域为单位区划，按县级行政区名称命名（图2-1）。

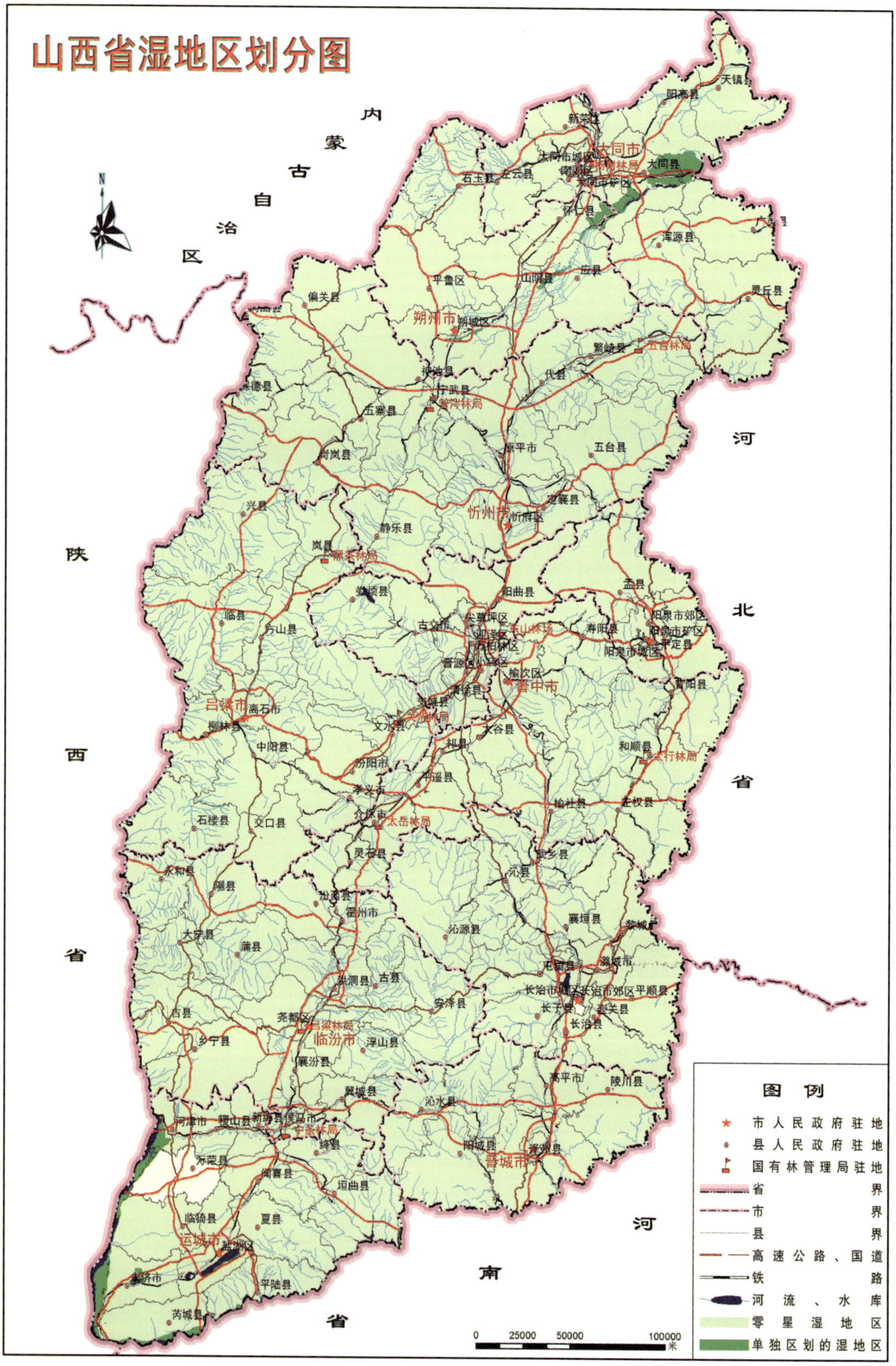

图 **2-1** 山西省湿地区划分图

山西湿地区应包括119个县(市、区)、山西桑干河省级自然保护区和山西运城湿地省级自然保护区。但通过实际调查，除单独区划的湿地区外，长治市城区无湿地、万荣县境内的湿地在单独区划的湿地区——山西运城湿地省级自然保护区范围内，故本次调查共119个湿地区，其中零星湿地区117个、单独区划的湿地区2个(表1-7、表2-1)。

1.3.3 湿地斑块划分

湿地斑块是湿地资源调查、统计的最小基本单位。下列区划因子之一有差异时，单独划分湿地斑块：

(1)三级流域不同；

(2)湿地型不同；

(3)县级行政区域不同；

(4)土地所有权不同；

(5)保护状况不同；

(6)湿地受威胁等级不同；

(7)湿地主导利用方式不同。

单个湿地小于8公顷，但各湿地之间相距小于160米，且湿地型相同的，区划为同一湿地斑块，但仅统计湿地的面积。

1.3.4 湿地斑块的边界界定

1.3.4.1 河流湿地

河流湿地按调查期内的多年平均最高水位所淹没的区域进行边界界定。

河床至河流在调查期内的年平均最高水位所淹没的区域为洪泛平原湿地，包括河滩、河心洲、河谷、季节性泛滥的草地以及保持了常年或季节性被水浸润的内陆三角洲。如洪泛平原湿地中的沼泽湿地区面积大于等于≥8公顷，则单独列出其沼泽湿地型，统计为沼泽湿地。如沼泽湿地区<8公顷，则统计到洪泛平原湿地中。

干旱区的断流河段全部统计为河流湿地。干旱区以外的常年断流的河段连续10年或以上断流则断流部分河段不计算其湿地面积，否则为季节性和间歇性河流湿地(表2-2)。

表2-2 河流湿地型及其现地界定标准

代码	湿地型	现地界定标准
201	永久性河流	永久性河流仅包括河床部分。采用的遥感影像图上有明显河道和水流痕迹。
202	季节性或间歇性河流	在所用遥感影像图上有明显河道痕迹。干旱地区的全部断流河段包括在内。
203	洪泛平原湿地	河床至河流多年平均最高水位所淹没的河滩、河心洲、河谷、季节性泛滥的草地、内陆三角洲。

1.3.4.2 湖泊湿地

如湖泊周围有堤坝的，则将堤坝范围内的水域、洲滩等统计为湖泊湿地。

如湖泊周围无堤坝的，将湖泊在调查期内的多年平均最高水位所覆盖的范围统计为湖泊湿地。

如湖泊内水深不超过2米的挺水植物区面积≥8公顷，则单独将其统计为沼泽湿地，并列出其沼泽湿地型；如湖泊周围的沼泽湿地区面积≥8公顷，则单独列出其沼泽湿地型；如沼泽湿地区面积<8公顷，则统计到湖泊湿地中，见表2-3。

表 2-3 湖泊湿地型及其现地界定标准

代码	湿地型	现地界定标准
301	永久性淡水湖	由淡水组成的永久性湖泊。
302	永久性咸水湖	由微咸水/咸水/盐水组成的永久性湖泊。

1.3.4.3 沼泽湿地

沼泽湿地是一种特殊的自然综合体，凡同时具有以下三个特征的均统计为沼泽湿地：

(1)受淡水或咸水、盐水的影响，地表经常过湿或有薄层积水；

(2)生长有沼生和部分湿生、水生或盐生植物；

(3)有泥炭积累，或虽无泥炭积累，但土壤层中具有明显的潜育层。

在野外对沼泽湿地进行边界界定时，首先根据其湿地植物的分布初步确定其边界，即某一区域的优势种和特有种是湿地植物时，初步认定其为沼泽湿地的边界；然后根据水分条件和土壤条件确定沼泽湿地的最终边界(表 2-4)。

表 2-4 沼泽湿地型及其现地界定标准

代码	湿地型	现地界定标准
402	草本沼泽	由水生和沼生的草本植物组成优势群落的淡水沼泽。
404	森林沼泽	以乔木森林植物为优势群落的淡水沼泽。

1.3.4.4 人工湿地

人工湿地包括面积≥8 公顷的库塘、运河/输水河、水产养殖场、稻田和盐田等(表 2-5)。

表 2-5 人工湿地型及其现地界定标准

代码	湿地型	现地界定标准
501	库塘	包括为蓄水、发电、农业灌溉、城市景观、农村生活而导致的积水区，包括水库、农用池塘、城市公园景观水面等。
502	运河/输水河(干渠)	为输水或水运而建造的人工河流湿地，包括灌溉为主要目的的沟渠。
503	水产养殖场(鱼池、鱼塘)	包括淡水养殖的鱼池、虾池和沿岸高位养殖场所。淡水养殖场一般有规则分布在自然湖区和河流湿地周边，区划时与农用库塘相区别。沿岸高位养殖场区划时与近海与海岸湿地相区别。(鱼塘)
504	稻田/冬水田(莲藕池)	能种植一季、两季、三季的水稻田，或者冬季蓄水或浸湿的农田。
505	盐田	为获取盐业资源而修建的晒盐场所或盐池，包括盐池、盐水泉。区划时与近海与海岸湿地相区别。

注：山西运河/输水河专指大型干(灌)渠，水产养殖场专指鱼池(塘)，稻田/冬水田专指莲(藕)池。

2 各湿地类型的湿地面积

山西的湿地资源主要分布在河流周边，各类湿地总面积为 151936.76 公顷，占全省国土总面积的 0.97%。共有河流湿地、湖泊湿地、沼泽湿地、人工湿地 4 大湿地类中的 12 种湿地型，其中：

天然湿地占绝大多数，面积为108206.04公顷，占全省湿地面积的71.22%。有河流湿地、湖泊湿地、沼泽湿地3大湿地类，永久性河流、季节性或间歇性河流、洪泛平原湿地、永久性淡水湖、永久性咸水湖、草本沼泽、森林沼泽7种湿地型。

人工湿地面积为43730.72公顷，占全省湿地面积的28.78%。有库塘、运河/输水河(干渠)、水产养殖场(鱼池、鱼塘)、稻田/冬水田(莲藕池)、盐田5种湿地型。

从湿地类来看，山西省内分布的河流湿地有96923.72公顷，占湿地总面积63.79%；湖泊湿地3130.96公顷，占湿地总面积2.06%；沼泽湿地8151.36公顷，占湿地总面积5.37%；人工湿地43730.72公顷，占湿地总面积的28.78%(图2-2、表2-6)。

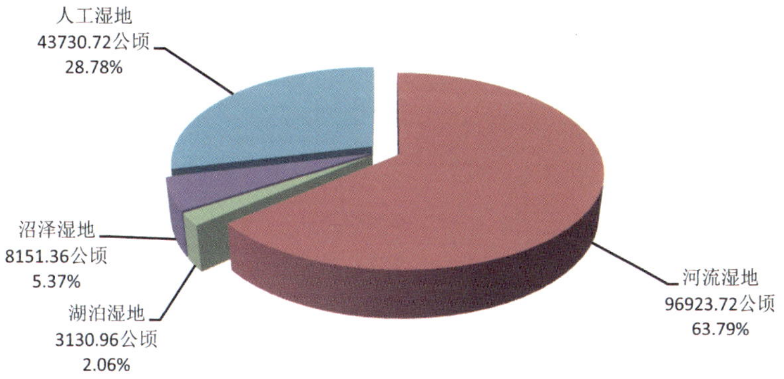

图2-2　山西省各湿地类面积及比例

表2-6　山西省湿地资源概况表

湿地类	湿地类面积(公顷)	湿地类占比(%)	湿地型	湿地型面积(公顷)	湿地型占比(%)
河流湿地	96923.72	63.79	洪泛平原湿地	14837.35	15.31
			季节性或间歇性河流	5697.66	5.88
			永久性河流	76388.71	78.81
湖泊湿地	3130.96	2.06	永久性淡水湖	1643.03	52.48
			永久性咸水湖	1487.93	47.52
沼泽湿地	8151.36	5.37	草本沼泽	7761.27	95.21
			森林沼泽	390.09	4.79
人工湿地	43730.72	28.78	稻田/冬水田	326.76	0.75
			库塘	32621.74	74.60
			水产养殖场	1626.19	3.72
			盐田	6695.71	15.31
			运河/输水河	2460.32	5.63
总　计	151936.76	100		151936.76	100

3　各湿地区的湿地类及面积

山西省湿地区湿地类及面积情况见表2-7、表2-8。

表 2-7 山西省湿地区湿地类汇总表

湿地区＼湿地类	河流湿地（公顷）	湖泊湿地（公顷）	沼泽湿地（公顷）	人工湿地（公顷）	总 计（公顷）
单独区划湿地区	17517.96	1366.19	4917.81	16398.44	40200.40
零星湿地区	79405.76	1764.77	3233.55	27332.28	111736.36
总 计	96923.72	3130.96	8151.36	43730.72	151936.76

表 2-8 山西省湿地区湿地类汇总明细表

所属市	湿地区＼湿地类	河流湿地（公顷）	湖泊湿地（公顷）	沼泽湿地（公顷）	人工湿地（公顷）	总 计（公顷）
大同市	大同市城区零星湿地区	95.10				95.10
	大同市矿区零星湿地区	21.42			4.71	26.13
	南郊区零星湿地区	779.86		113.53	617.98	1511.37
	新荣区零星湿地区	1398.75		437.18	9.35	1845.28
	阳高县零星湿地区	789.38			90.79	880.17
	天镇县零星湿地区	761.57				761.57
	广灵县零星湿地区	74.84		313.70	259.68	648.22
	灵丘县零星湿地区	709.05			10.76	719.81
	浑源县零星湿地区	466.17		91.99	233.56	791.72
	左云县零星湿地区	937.37			50.33	987.70
	大同县零星湿地区	2241.31		67.31	1386.12	3694.74
朔州市	朔城区零星湿地区	272.07		471.90	1107.38	1851.35
	平鲁区零星湿地区	250.22			47.92	298.14
	山阴县零星湿地区	233.93			253.11	487.04
	应县零星湿地区	377.89			487.45	865.34
	右玉县零星湿地区	2477.28			75.27	2552.55
	怀仁县零星湿地区	757.01		153.99	427.69	1338.69
忻州市	忻府区零星湿地区	1400.17	26.25	301.69	437.75	2165.86
	定襄县零星湿地区	294.50			132.68	427.18
	五台县零星湿地区	968.21			116.9	1085.11
	代县零星湿地区	631.62		43.35	296.55	971.52
	繁峙县零星湿地区	935.02		66.05	392.49	1393.56
	宁武县零星湿地区	1194.69	94.52	26.75	82.35	1398.31
	静乐县零星湿地区	1629.90				1629.90
	神池县零星湿地区				29.58	29.58
	五寨县零星湿地区	248.71			118.1	366.81
	岢岚县零星湿地区	693.03			30.01	723.04
	河曲县零星湿地区	1990.10			8.88	1998.98
	保德县零星湿地区	1768.11				1768.11
	偏关县零星湿地区	882.75				882.75
	原平市零星湿地区	993.63			204.14	1197.77

（续）

所属市	湿地类 湿地区	河流湿地（公顷）	湖泊湿地（公顷）	沼泽湿地（公顷）	人工湿地（公顷）	总　计（公顷）
	小店区零星湿地区	258.57			99.97	358.54
	迎泽区零星湿地区	124.67			22.05	146.72
	杏花岭区零星湿地区	88.98			21.30	110.28
	尖草坪区零星湿地区	689.74			120.95	810.69
	万柏林区零星湿地区	329.06			20.48	349.54
	晋源区零星湿地区	91.96			503.52	595.48
	清徐县零星湿地区	284.34			308.10	592.44
	阳曲县零星湿地区	177.39			19.57	196.96
	娄烦县零星湿地区	1242.23			1721.49	2963.72
	古交市零星湿地区	711.87				711.87
吕梁市	离石区零星湿地区	568.44			67.40	635.84
	文水县零星湿地区	411.40	46.86	10.16	282.36	750.78
	交城县零星湿地区	785.53	109.21	18.02	422.18	1334.94
	兴县零星湿地区	4871.42			18.49	4889.91
	临县零星湿地区	4623.45			168.87	4792.32
	柳林县零星湿地区	1832.40				1832.40
	石楼县零星湿地区	1833.25				1833.25
	岚县零星湿地区	639.10			78.07	717.17
	方山县零星湿地区	669.78		48.27	338.94	1056.99
	中阳县零星湿地区	474.12			31.00	505.12
	交口县零星湿地区				19.15	19.15
	孝义市零星湿地区	148.95			206.81	355.76
	汾阳市零星湿地区	130.74			48.22	178.96
晋中市	榆次区零星湿地区	541.08		24.54	79.16	644.78
	榆社县零星湿地区	826.85			971.27	1798.12
	左权县零星湿地区	600.09			266.27	866.36
	和顺县零星湿地区	783.99			139.77	923.76
	昔阳县零星湿地区	718.51			196.87	915.38
	寿阳县零星湿地区	1057.98			819.81	1877.79
	太谷县零星湿地区	154.01			211.99	366.00
	祁县零星湿地区	221.53		23.11	61.55	306.19
	平遥县零星湿地区	239.16		77.39	364.46	681.01
	灵石县零星湿地区	544.91			117.01	661.92
	介休市零星湿地区	316.34			47.54	363.88

（续）

所属市	湿地类 湿地区	河流湿地（公顷）	湖泊湿地（公顷）	沼泽湿地（公顷）	人工湿地（公顷）	总　计（公顷）
阳泉市	阳泉市城区零星湿地区	43.93				43.93
	阳泉市矿区零星湿地区	47.26				47.26
	阳泉市郊区零星湿地区	282.09				282.09
	平定县零星湿地区	210.46			161.95	372.41
	盂县零星湿地区	461.39			130.77	592.16
长治市	长治市郊区零星湿地区	76.99		571.93	2342.12	2991.04
	长治县零星湿地区	71.11		95.69	122.05	288.85
	襄垣县零星湿地区	661.42		52.78	1126.81	1841.01
	屯留县零星湿地区	608.02		108.36	598.98	1315.36
	平顺县零星湿地区	493.10			1.30	494.4
	黎城县零星湿地区	135.07			77.28	212.35
	壶关县零星湿地区	96.91			101.69	198.60
	长子县零星湿地区	380.19			361.32	741.51
	武乡县零星湿地区	771.01			368.67	1139.68
	沁县零星湿地区	359.52		35.19	634.45	1029.16
	沁源县零星湿地区	1136.42			11.23	1147.65
	潞城市零星湿地区	160.78				160.78
晋城市	晋城市城区零星湿地区	49.15			5.02	54.17
	沁水县零星湿地区	1409.00			739.03	2148.03
	阳城县零星湿地区	798.36			92.03	890.39
	陵川县零星湿地区	263.86			207.79	471.65
	泽州县零星湿地区	444.23			630.11	1074.34
	高平市零星湿地区	259.51		5.16	46.28	310.95
临汾市	尧都区零星湿地区	336.20			284.6	620.80
	曲沃县零星湿地区	113.68			602.37	716.05
	翼城县零星湿地区	269.76			95.83	365.59
	襄汾县零星湿地区	357.63			526.39	884.02
	洪洞县零星湿地区	946.72			376.48	1323.2
	古县零星湿地区	1114.21				1114.21
	安泽县零星湿地区	1468.98				1468.98
	浮山县零星湿地区	486.68				486.68
	吉县零星湿地区	1632.09				1632.09
	乡宁县零星湿地区	759.83				759.83
	大宁县零星湿地区	1070.21				1070.21
	隰县零星湿地区	558.13			19.85	577.98
	永和县零星湿地区	1982.58				1982.58
	蒲县零星湿地区	746.41				746.41
	汾西县零星湿地区	79.21				79.21
	侯马市零星湿地区	559.43		52.64	205.97	818.04
	霍州市零星湿地区	411.79				411.79

（续）

所属市	湿地类 湿地区	河流湿地（公顷）	湖泊湿地（公顷）	沼泽湿地（公顷）	人工湿地（公顷）	总　计（公顷）
运城市	盐湖区零星湿地区	21.65	1487.93	22.87	326.58	1859.03
	临猗县零星湿地区				57.12	57.12
	闻喜县零星湿地区	178.83			125.66	304.49
	稷山县零星湿地区	244.23			81.44	325.67
	新绛县零星湿地区	549.03			84.26	633.29
	绛县零星湿地区	318.50			24.36	342.86
	垣曲县零星湿地区	1776.17			1846.78	3622.95
	夏县零星湿地区	363.78			30.56	394.34
	平陆县零星湿地区	390.62			51.57	442.19
	芮城县零星湿地区	23.62			34.62	58.24
	永济市零星湿地区				52.96	52.96
	河津市零星湿地区	160.51			39.85	200.36
单独区划湿地区	山西桑干河省级自然保护区湿地区	1973.68		818.05	150.98	2942.71
	山西运城湿地省级自然保护区湿地区	15544.28	1366.19	4099.76	16247.46	37257.69
全省总计		96923.72	3130.96	8151.36	43730.72	151936.76
另：国家重要湿地“三门峡库区”山西部分	归入“山西运城湿地省级自然保护区”和“山西古城国家湿地公园”范围					
	山西运城湿地省级自然保护区（部分）	15544.28	289.61	3087.86	9542.7	28464.45
	山西古城国家湿地公园（全部）	183.28			1361.23	1544.51
	合　计	15727.56	289.61	3087.86	10903.93	30008.96

4　各流域的湿地资源状况

根据水利部全国一、二、三级流域分类规定，山西湿地资源主要涉及 2 个一级流域、5 个二级流域、11 个三级流域，见表 2-9。

表 2-9　山西省各流域湿地资源状况

一级流域	二级流域	三级流域	河流湿地（公顷）	湖泊湿地（公顷）	沼泽湿地（公顷）	人工湿地（公顷）	总　计（公顷）
海河区	海河北系	永定河册田水库以上	9934.31	18.21	2153.95	4757.79	16864.26
		永定河册田水库至三家店区间	1290.55		313.70	321.34	1925.59
	海河南系	大清河山区	1062.72			10.76	1073.48
		漳卫河山区	5927.71		863.95	7226.16	14017.82
		子牙河山区	6947.33	26.25	411.09	2104.95	9489.62
	小　计		25162.62	44.46	3742.69	14421.00	43370.77
黄河区	河口镇至龙门	汾河	18018.88	232.38	1734.36	8351.27	28336.89
		河口镇至龙门左岸	30096.16		48.27	954.31	31098.74
	龙门至三门峡	龙门至三门峡干流区间	15317.27	2854.12	2620.88	13936.15	34728.42
	三门峡至花园口	沁丹河	5518.62		5.16	1614.4	7138.18
		三门峡至小浪底区间	2752.31			4450.68	7202.99
		小浪底至花园口干流区间	57.86			2.910	60.77
	小　计		71761.10	3086.50	4408.67	29309.72	10865.99
总　计			96923.72	3130.96	8151.36	43730.72	151936.76

4.1 一级流域

山西省一级流域分别为黄河、海河两个区域，如图2-3、图2-4。

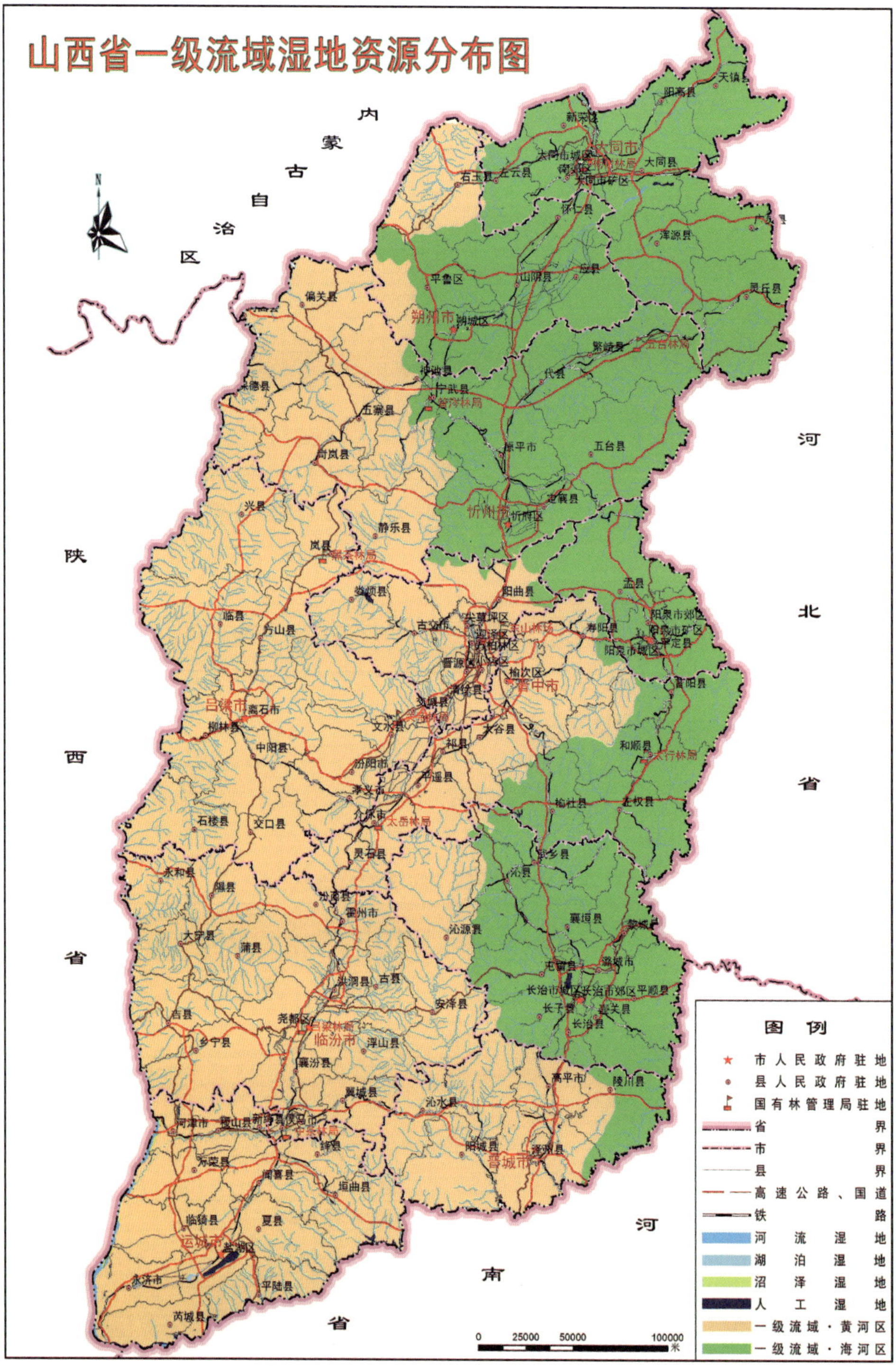

图2-3 山西省一级流域湿地资源分布图

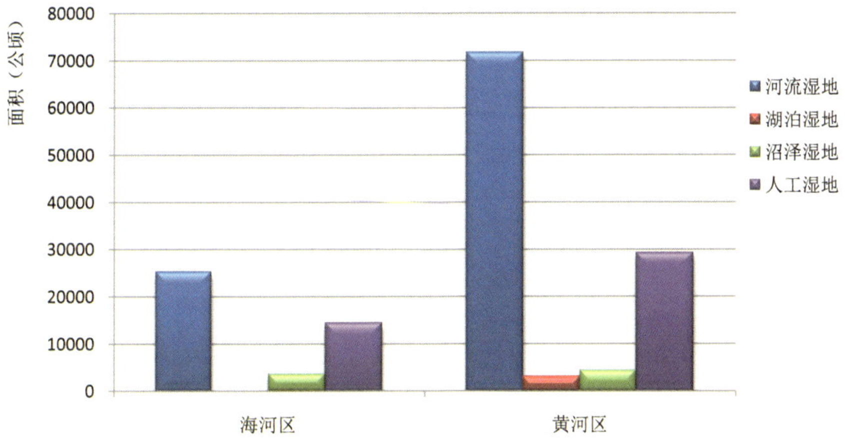

图 **2-4** 山西省一级流域湿地类面积构成图

4.1.1 黄河区

黄河区内分布有三个二级流域(河口镇至龙门、龙门至三门峡、三门峡至花园口)，六个三级流域(河口镇至龙门左岸、汾河、龙门至三门峡干流区间、沁丹河、三门峡至小浪底区间、小浪底至花园口干流区间)。该区湿地总面积为 108565.99 公顷，占全省湿地总面积的 71.45%。

4.1.2 海河区

海河区内分布有两个二级流域(海河北系、海河南系)五个三级流域(永定河册田水库至三家店区间、永定河册田水库以上、大清河山区、子牙河山区、漳卫河山区)。该区湿地总面积为 43370.77 公顷，占全省湿地总面积的 28.55%。

4.2 二级流域

山西省二级流域区内分布有河口镇至龙门、龙门至三门峡、三门峡至花园口、海河北系、海河南系 5 个区，如图 2-5。

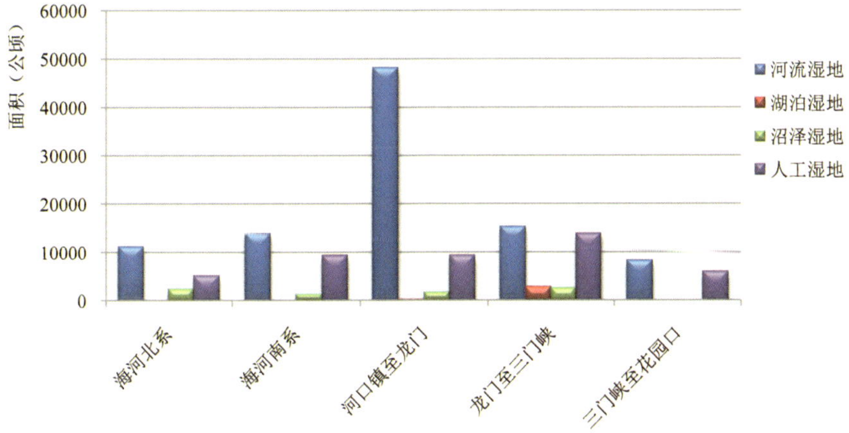

图 **2-5** 山西省二级流域湿地类面积构成图

4.3 三级流域

山西省三级流域区内分布有河口镇至龙门左岸、汾河、龙门至三门峡干流区间、沁丹河、三门峡至小浪底区间、小浪底至花园口干流区间、永定河册田水库至三家店区间、永定河册田水库以上、大清河山区、子牙河山区、漳卫河山区等11个区，如图2-6、图2-7。

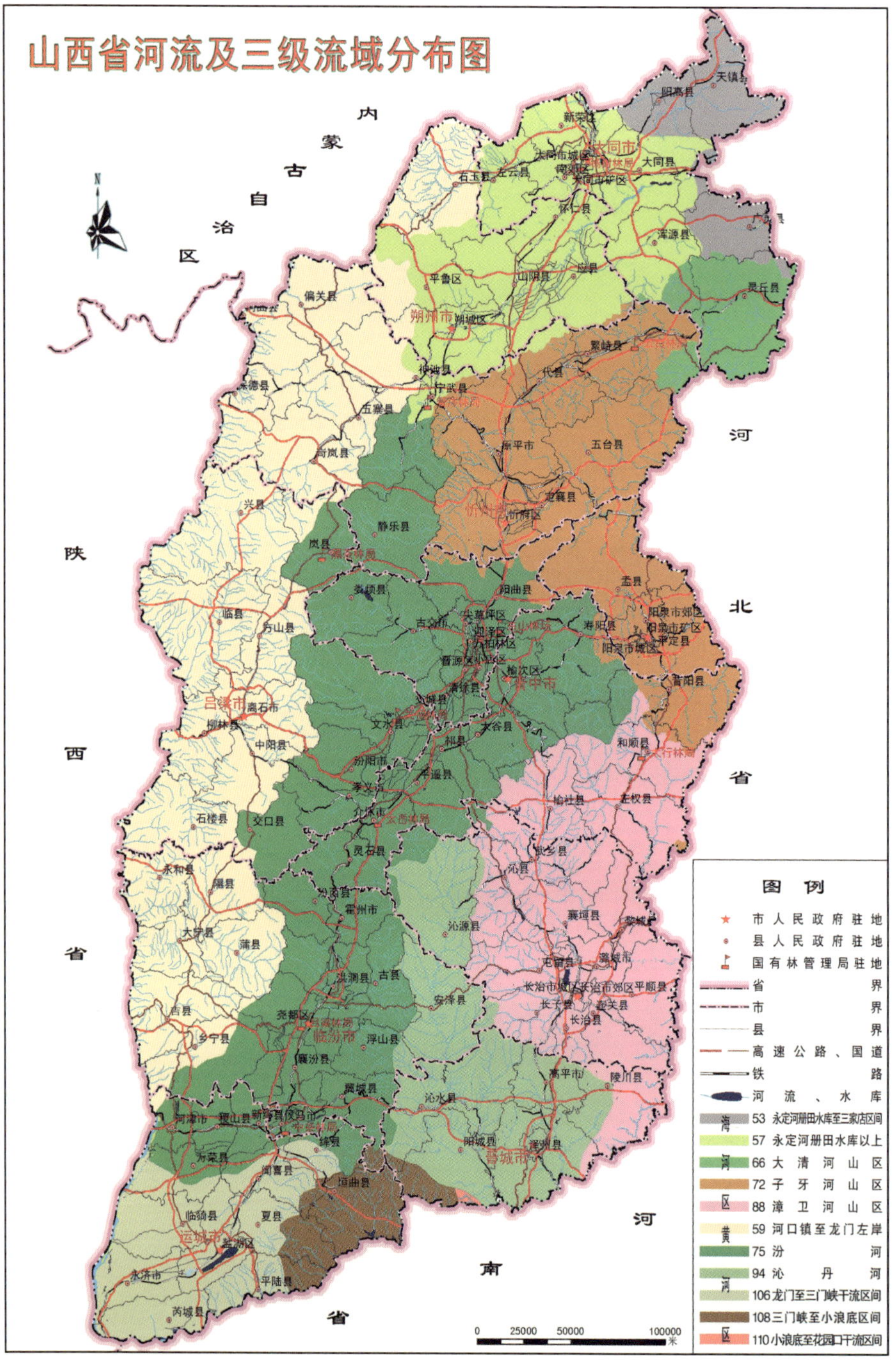

图2-6 山西省河流及三级流域分布图

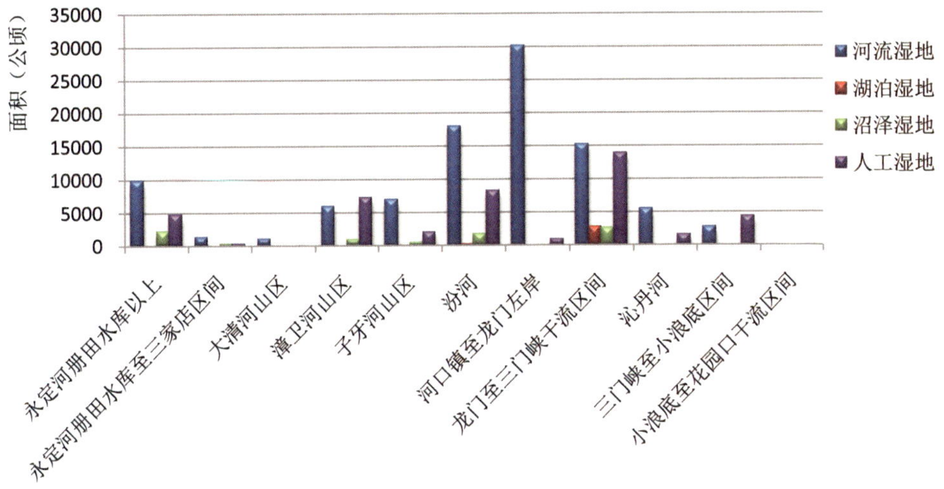

图 2-7 山西省三级流域湿地类面积构成图

5 各行政区的湿地资源状况

山西省 11 市、119 县(市、区)湿地资源状况见表 2-10。

表 2-10 山西省 11 市、119 县(市、区)湿地资源状况

市	县(市、区)	河流湿地（公顷）	湖泊湿地（公顷）	沼泽湿地（公顷）	人工湿地（公顷）	总　计（公顷）	市占省、县占市(%)
大同市	大同市城区	95. 10				95. 10	0. 70
	大同市矿区	21. 42			4. 71	26. 13	0. 19
	南郊区	827. 70		113. 53	617. 98	1559. 21	11. 49
	新荣区	1398. 75		437. 18	9. 35	1845. 28	13. 60
	阳高县	789. 38			90. 79	880. 17	6. 49
	天镇县	761. 57				761. 57	5. 61
	广灵县	74. 84		313. 70	259. 68	648. 22	4. 78
	灵丘县	709. 05			10. 76	719. 81	5. 30
	浑源县	466. 17		91. 99	233. 56	791. 72	5. 83
	左云县	937. 37			50. 33	987. 70	7. 28
	大同县	2961. 28		829. 32	1465. 63	5256. 23	38. 73
	小　计	9042. 63		1785. 72	2742. 79	13571. 14	8. 93
朔州市	朔城区	344. 80		471. 90	1109. 98	1926. 68	22. 08
	平鲁区	250. 22			47. 92	298. 14	3. 42
	山阴县	245. 07			253. 11	498. 18	5. 71
	应县	402. 23			487. 45	889. 68	10. 20
	右玉县	2477. 28			75. 27	2552. 55	29. 25
	怀仁县	1854. 67		210. 03	496. 56	2561. 26	29. 35
	小　计	5574. 27		681. 93	2470. 29	8726. 49	5. 74

（续）

市	县(市、区)	河流湿地(公顷)	湖泊湿地(公顷)	沼泽湿地(公顷)	人工湿地(公顷)	总 计(公顷)	市占省、县占市(%)
忻州市	忻府区	1400.17	26.25	301.69	437.75	2165.86	13.50
	定襄县	294.50			132.68	427.18	2.66
	五台县	968.21			116.90	1085.11	6.77
	代县	631.62		43.35	296.55	971.52	6.06
	繁峙县	935.02		66.05	392.49	1393.56	8.69
	宁武县	1194.69	94.52	26.75	82.35	1398.31	8.72
	静乐县	1629.90				1629.90	10.16
	神池县				29.58	29.58	0.18
	五寨县	248.71			118.10	366.81	2.29
	岢岚县	693.03			30.01	723.04	4.51
	河曲县	1990.10			8.88	1998.98	12.46
	保德县	1768.11				1768.11	11.02
	偏关县	882.75				882.75	5.50
	原平市	993.63			204.14	1197.77	7.47
	小 计	13630.44	120.77	437.84	1849.43	16038.48	10.56
太原市	小店区	258.57			99.97	358.54	5.24
	迎泽区	124.67			22.05	146.72	2.15
	杏花岭区	88.98			21.30	110.28	1.61
	尖草坪区	689.74			120.95	810.69	11.86
	万柏林区	329.06			20.48	349.54	5.11
	晋源区	91.96			503.52	595.48	8.71
	清徐县	284.34			308.10	592.44	8.67
	阳曲县	177.39			19.57	196.96	2.88
	娄烦县	1242.23			1721.49	2963.72	43.35
	古交市	711.87				711.87	10.41
	小 计	3998.81			2837.43	6836.24	4.50
吕梁市	离石区	568.44			67.40	635.84	3.36
	文水县	411.40	46.86	10.16	282.36	750.78	3.97
	交城县	785.53	109.21	18.02	422.18	1334.94	7.06
	兴县	4871.42			18.49	4889.91	25.87
	临县	4623.45			168.87	4792.32	25.35
	柳林县	1832.40				1832.40	9.69

（续）

市	县(市、区)	河流湿地（公顷）	湖泊湿地（公顷）	沼泽湿地（公顷）	人工湿地（公顷）	总 计(公顷)	市占省、县占市(%)
吕梁市	石楼县	1833.25				1833.25	9.70
	岚县	639.10			78.07	717.17	3.79
	方山县	669.78		48.27	338.94	1056.99	5.59
	中阳县	474.12			31.00	505.12	2.67
	交口县				19.15	19.15	0.10
	孝义市	148.95			206.81	355.76	1.88
	汾阳市	130.74			48.22	178.96	0.95
	小 计	16988.58	156.07	76.45	1681.49	18902.59	12.44
晋中市	榆次区	541.08		24.54	79.16	644.78	6.86
	榆社县	826.85			971.27	1798.12	19.12
	左权县	600.09			266.27	866.36	9.21
	和顺县	783.99			139.77	923.76	9.82
	昔阳县	718.51			196.87	915.38	9.73
	寿阳县	1057.98			819.81	1877.79	19.97
	太谷县	154.01			211.99	366.00	3.89
	祁县	221.53		23.11	61.55	306.19	3.26
	平遥县	239.16		77.39	364.46	681.01	7.24
	灵石县	544.91			117.01	661.92	7.04
	介休市	316.34			47.54	363.88	3.87
	小 计	6004.45		125.04	3275.70	9405.19	6.19
阳泉市	阳泉市城区	43.93				43.93	3.28
	阳泉市矿区	47.26				47.26	3.53
	阳泉市郊区	282.09				282.09	21.09
	平定县	210.46			161.95	372.41	27.84
	盂县	461.39			130.77	592.16	44.26
	小 计	1045.13			292.72	1337.85	0.88
长治市	长治市城区						
	长治市郊区	76.99		571.93	2342.12	2991.04	25.87
	长治县	71.11		95.69	122.05	288.85	2.50
	襄垣县	661.42		52.78	1126.81	1841.01	15.93
	屯留县	608.02		108.36	598.98	1315.36	11.38

（续）

市	县(市、区)	河流湿地（公顷）	湖泊湿地（公顷）	沼泽湿地（公顷）	人工湿地（公顷）	总　计(公顷)	市占省、县占市(%)
长治市	平顺县	493.10			1.30	494.40	4.28
	黎城县	135.07			77.28	212.35	1.84
	壶关县	96.91			101.69	198.60	1.72
	长子县	380.19			361.32	741.51	6.41
	武乡县	771.01			368.67	1139.68	9.86
	沁县	359.52		35.19	634.45	1029.16	8.90
	沁源县	1136.42			11.23	1147.65	9.93
	潞城市	160.78				160.78	1.39
	小　计	4950.54		863.95	5745.90	11560.39	7.61
晋城市	晋城市城区	49.15			5.02	54.17	1.09
	沁水县	1409.00			739.03	2148.03	43.40
	阳城县	798.36			92.03	890.39	17.99
	陵川县	263.86			207.79	471.65	9.53
	泽州县	444.23			630.11	1074.34	21.71
	高平市	259.51		5.16	46.28	310.95	6.28
	小　计	3224.11		5.16	1720.26	4949.53	3.26
临汾市	尧都区	336.20			284.60	620.80	4.12
	曲沃县	113.68			602.37	716.05	4.76
	翼城县	269.76			95.83	365.59	2.43
	襄汾县	357.63			526.39	884.02	5.87
	洪洞县	946.72			376.48	1323.20	8.79
	古县	1114.21				1114.21	7.40
	安泽县	1468.98				1468.98	9.76
	浮山县	486.68				486.68	3.23
	吉县	1632.09				1632.09	10.84
	乡宁县	759.83				759.83	5.05
	大宁县	1070.21				1070.21	7.11
	隰县	558.13			19.85	577.98	3.84
	永和县	1982.58				1982.58	13.17
	蒲县	746.41				746.41	4.96
	汾西县	79.21				79.21	0.53
	侯马市	559.43		52.64	205.97	818.04	5.43
	霍州市	411.79				411.79	2.73
	小　计	12893.54		52.64	2111.49	15057.67	9.91

（续）

市	县(市、区)	河流湿地（公顷）	湖泊湿地（公顷）	沼泽湿地（公顷）	人工湿地（公顷）	总　计(公顷)	市占省、县占市(%)
运城市	盐湖区	21.65	1487.93	765.07	6956.31	9230.96	20.27
	临猗县	2625.29		166.34	114.40	2906.03	6.38
	万荣县	2758.06		410.03	411.04	3579.13	7.86
	闻喜县	178.83			125.66	304.49	0.67
	稷山县	244.23			81.44	325.67	0.71
	新绛县	549.03			84.26	633.29	1.39
	绛县	318.50			24.36	342.86	0.75
	垣曲县	2034.74			4265.70	6300.44	13.83
	夏县	363.78			194.56	558.34	1.23
	平陆县	638.50	107.15	19.91	2684.33	3449.89	7.57
	芮城县	1975.39	182.46	208.33	3346.95	5713.13	12.54
	永济市	5004.43	1076.58	1276.32	555.23	7912.56	17.37
	河津市	2858.79		1276.63	158.98	4294.40	9.43
	小　计	19571.22	2854.12	4122.63	19003.22	45551.19	29.98
总　计		96923.72	3130.96	8151.36	43730.72	151936.76	100.00

全省11个市湿地类面积构成如图2-8，河流湿地面积构成如图2-9，湖泊湿地面积构成如图2-10，沼泽湿地面积构成如图2-11，人工湿地面积构成如图2-12。

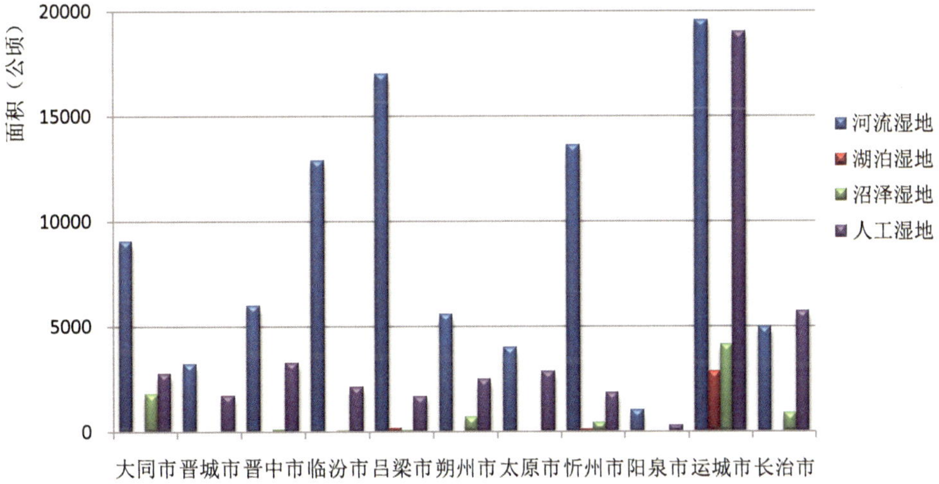

图2-8　山西省11个市湿地类面积构成图

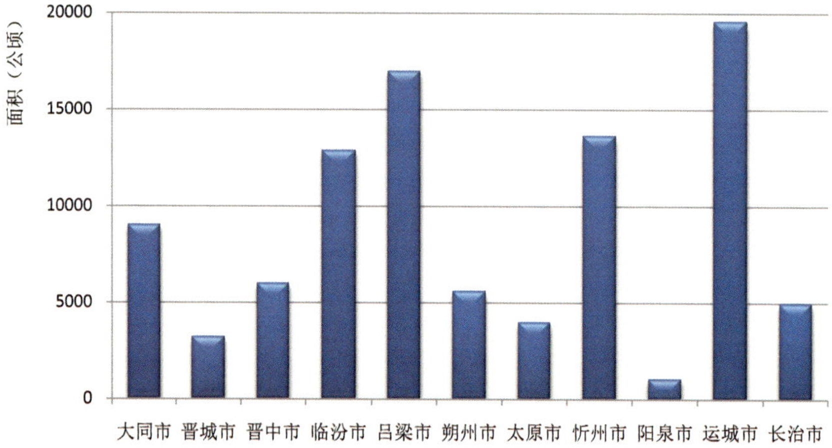

图 **2-9** 山西省 **11** 个市河流湿地面积构成图

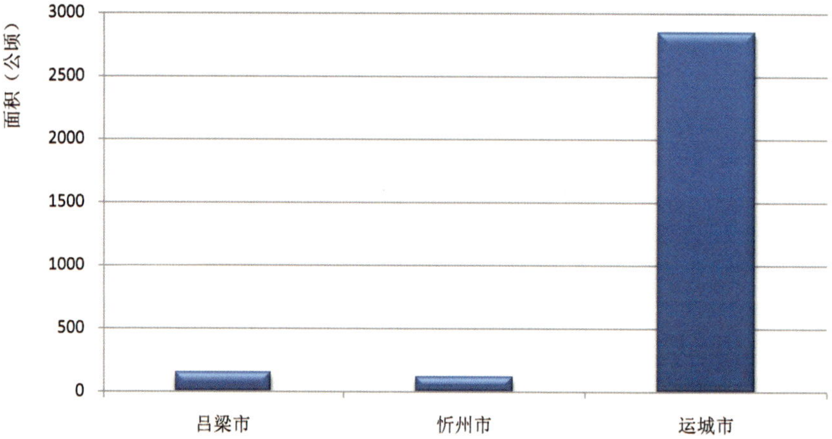

图 **2-10** 山西省 **11** 个市湖泊湿地面积构成图(其他市为0)

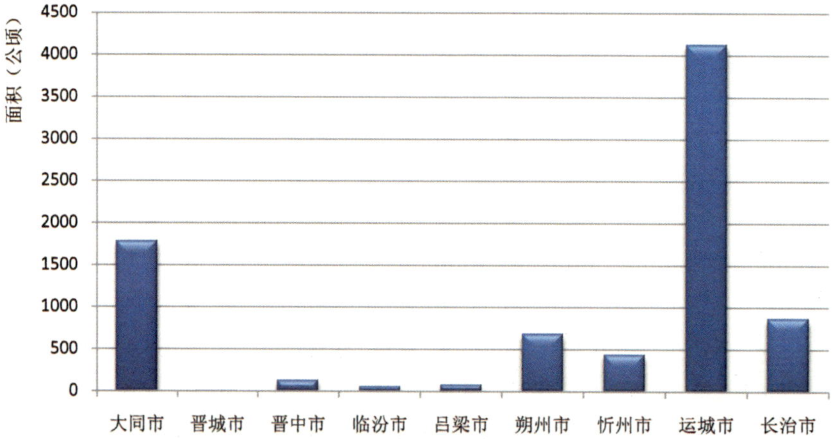

图 **2-11** 山西省 **11** 个市沼泽湿地面积构成图

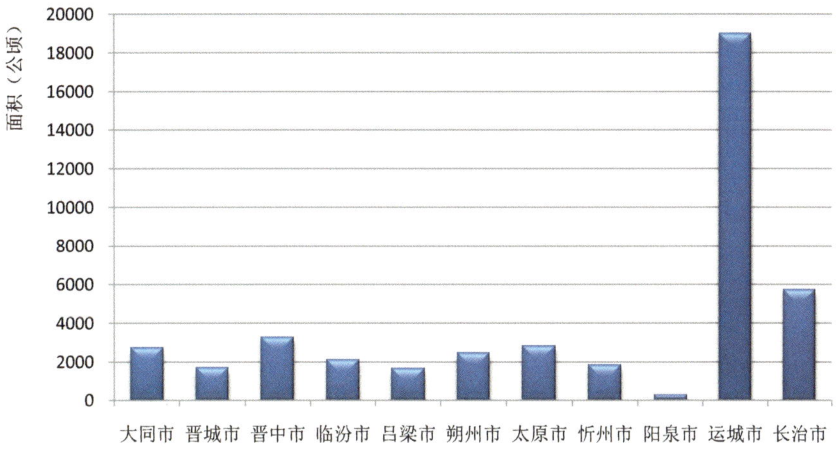

图 **2-12** 山西省 **11** 个市人工湿地面积构成图

5.1 大同市

地理位置：位于山西最北端，大同盆地的中心、黄土高原东北边缘，京包铁路、北同蒲铁路、大秦铁路的交点。东与河北省阳原、涞源、蔚县相接，南、西与忻州市、朔州市相连，北以外长城为界与内蒙古自治区丰镇、凉城县毗邻。地理坐标介于东经 112°32′47.4″～114°37′21.5″、北纬 39°04′42.7″～40°43′49.0″之间，东西宽 172.2 公里、南北长 188.6 公里，共辖 11 个县(市、区)，总面积 140.77 万公顷，占全省总面积的 9.0%。为三晋北方之门户、首都北京之屏障，战略地位十分重要，是国家首批公布的 24 个历史文化名城之一、中国九大古都之一、山西第二大城市、华北地区重要中心城市、国际较有影响力城市、我国最大的煤炭能源基地，素有“中国雕塑之都”“凤凰城”和“中国煤都”之称。

地形地貌：大同境内地貌类型复杂多样，山地、丘陵、盆地、平川兼备，山地、丘陵主要集中于西、北及东北部地区，平川区位于东南部，整个地势西北高、东南低，土石山区、丘陵区占总面积的 79%。西北部山脉属阴山山脉和吕梁山脉，主要有双山、二朗山、云门山、采凉山等；东南部山脉属太行山脉，主要有恒山、太白山、六棱山等。海拔一般在 1000～1500 米之间，最高点位于阳高县六棱山西黄羊尖，海拔 2420 米；最低点位于灵丘县境内花塔村冉河出口处，海拔 558 米。桑干河自西南向东北横贯全市，形成了周围高、中间低、两山夹一川的槽型盆地。市区三面环山，中部低平。

气候：属中温带大陆性季风气候，降水少，风沙大，昼夜温差大，冬季寒冷干燥，春秋凉爽。平均气温 7～9℃，1 月均温 -11.8℃，7 月均温 21.9℃，年日照时数约为 2800 小时，年均降水量 400～500 毫米之间，无霜期在 125 天左右。

水文：属海河流域，大小河流有 20 多条，像蒲扇般伸展于全境，并全部交汇于最大的河流——桑干河。主要河流有御河、十里河、口泉河、甘河，及较小的淤泥河、西溪涧、玉母河、四河、镇川河、卷子河、开山口河等，均为季节性河流，冬夏河水流量悬殊，平时水不及膝，有时甚至干涸。2011 年，全市水资源总量为 5.46 亿立方米，实际用水量为 6.04 亿立方米。

土壤：大部分为栗钙土，有少量山地棕壤、淋溶褐土、山地草原草甸土、山地褐土、黄绵土与盐碱土。

动物：陆栖脊椎动物约有180多种，其中两栖类4种，爬行类9种，鸟类140余种，兽类24种。其中列为国家重点保护的野生动物20种，山西省重点保护野生动物7种，中日、中澳候鸟保护协定物种45种。

植物：自然植被是以针茅为主的草本植物，还有达乌里胡枝子、百里香及蒿类等。植物种类较少，植被稀少，植物区系成分简单，过渡性强，乔灌主要有落叶松属、云杉属、刺柏属的针叶林和杨、柳、榆、桦、椴等阔叶林及沙棘、虎榛子、柠条、荆条、酸枣等灌木；丘陵、低山、盆地主要有针茅属、蒿属、冰草、碱蓬、百里香、沙蓬等。省级重点保护野生植物有青檀。

人口：2012年，常住人口335.71万人，其中城镇人口194.55万人、乡村人口141.17万人，人口密度238人/平方公里。

大同市重点调查湿地7个(包括1个单独区划湿地区，即桑干河自然保护区)，一般调查湿地11个。各类湿地总面积为13571.14公顷，占全省湿地总面积的8.93%，其中：河流湿地面积为9042.63公顷，占全省同类型湿地总面积的9.33%；沼泽湿地面积为1785.72公顷，占全省同类型湿地总面积的21.91%；人工湿地面积为2742.79公顷，占全省同类型湿地总面积的6.27%，见表2-11。

表2-11 大同市湿地分布概况表

湿地区 \ 湿地类		河流湿地（公顷）	沼泽湿地（公顷）	人工湿地（公顷）	总 计（公顷）
一般调查湿地	大同市城区零星湿地区	95.10			95.10
	大同市矿区零星湿地区	21.42		4.71	26.13
	南郊区零星湿地区	779.86	113.53	121.83	1015.22
	新荣区零星湿地区	1398.75	437.18	9.35	1845.28
	阳高县零星湿地区	789.38		90.79	880.17
	天镇县零星湿地区	761.57			761.57
	广灵县零星湿地区	48.31		18.51	66.82
	灵丘县零星湿地区	263.87		10.76	274.63
	浑源县零星湿地区	453.51	38.17	62.71	554.39
	左云县零星湿地区	792.11		50.33	842.44
	大同县零星湿地区	2157.12	67.31	1386.12	3610.55
	小 计	7561.00	656.19	1755.11	9972.30
重点调查湿地	山西桑干河省级自然保护区	767.81	762.01	79.51	1609.33
	山西壶流河湿地省级自然保护区	26.53	313.70	241.17	581.40
	山西灵丘黑鹳省级自然保护区	445.18			445.18
	山西大同市文瀛湖省级湿地公园			496.15	496.15
	山西浑源县神溪省级湿地公园	12.66	53.82	170.85	237.33
	山西左云县十里河省级湿地公园	145.26			145.26
	山西大同县土林省级湿地公园	84.19			84.19
	小 计	1481.63	1129.53	987.68	3598.84
总 计		9042.63	1785.72	2742.79	13571.14

5.2 朔州市

地理位置：位于山西北部、黄土高原东陲、大同盆地南端、内外长城之间。东、北部与大同市相接，南、西南与忻州市相邻，西北与内蒙古自治区毗连。地理坐标介于东经111°53′03.9″～113°35′41.8″、北纬39°05′33.8″～40°16′42.2″之间，东西宽144.2公里、南北长134.5公里，共辖6个县(市、区)，总面积106.34万公顷，占全省总面积的6.8%，是我国重要的能源工业基地、山西主要的生态畜牧基地。

地形地貌：全境北、西、南三面环山，山地、丘陵、平川分别占33.3%、28.7%、38.0%。地貌特征为：南部雄居恒山，西部矗立管涔山，中部延绵洪涛山，中东部属大同盆地。最高点位于应县白马石乡卧羊场，海拔2334米；最低点位于怀仁县马辛庄乡海子洼村东南侧的桑干河河滩，海拔966米。

气候：属典型的大陆性季风气候，寒冷干燥，冬长夏短，日照长，风沙多，降水量少而集中。年平均气温6.4℃，1月均温－10.9℃，7月均温21.9℃，年日照时数2862.6小时，年平均降水量在367.5～431.7毫米之间，无霜期为120天。

水文：境内河流分属黄河和海河两大流域。以儿女山、黄土坡、虎头山、黑坨山、两狼山为界，以西为黄河流域，面积为2953公顷，占山西省河流总面积的27.7%；以东为海河流域，面积为7690公顷，占72.3%。属黄河流域的二级及二级以下主要支流有苍头河、石匣河、李红河、干河、二道河、欧家村河、马营河、偏关河。属海河流域的一级支流有桑干河，二级支流有元子河、恢河、黄水河、小峪河、口泉河、御河等。此外还有镇子梁水库、滴水沿水库、涌水泉、神头泉等水资源。境内水资源绝大部分来源于大气降水，少量由泉水补给。2011年，全市水资源总量为4.76亿立方米，实际用水量为5.00亿立方米。

土壤：地带性土壤以干旱草原栗钙土为主，土壤垂直带谱比较复杂，主要分布有山地草甸土、栗钙土、灰褐土、草甸土、盐土、沼泽土和风砂土7个土类。

动物：陆栖脊椎动物约有180多种，其中两栖类4种，爬行类9种，鸟类140余种，兽类24种。其中列为国家重点保护的野生动物20种，山西省重点保护野生动物7种，中日、中澳候鸟保护协定物种45种。

植物：森林植被主要分布在山阴馒头山，应县南山，朔城区紫金山、莲花山、黑驼山一带，天然林以云杉、桦、华北落叶松、油松、辽东栎林为主，其次为山杨、椴等；盆地周围黄土丘陵及平川区主要以小叶杨、柳、榆、槐等人工林为主；灌木有沙棘、小叶锦鸡儿、三裂绣线菊等；草本主要生长有针茅、蒿类、早熟禾、碱草、薹草、蓝花棘豆、百里香、紫花苜蓿、沙蓬、芦苇、黄耆等。国家Ⅱ级保护野生植物有野大豆。

人口：2012年，常住人口173.5万人，其中城镇人口86.78万人、乡村人口86.71万人，人口密度163人/平方公里。

朔州市涉及重点调查湿地3个(包括单独区划湿地区1个，即桑干河自然保护区)，一般调查湿地6个。各类湿地总面积为8726.49公顷，占全省湿地总面积的5.74%，其中：河流湿地面积为5574.27公顷，占全省同类型湿地总面积的5.75%；沼泽湿地面积为681.93公顷，占全省同类型湿地总面积的8.37%；人工湿地面积为2470.29公顷，占全省同类型湿地总面积的5.65%，见

表2-12。

表2-12 朔州市湿地分布概况表

湿地区 \ 湿地类		河流湿地（公顷）	沼泽湿地（公顷）	人工湿地（公顷）	总 计（公顷）
一般调查湿地	朔城区零星湿地区	265.05	208.64	778.64	1252.33
	平鲁区零星湿地区	250.22		47.92	298.14
	山阴县零星湿地区	233.93		253.11	487.04
	应县零星湿地区	351.84		487.45	839.29
	右玉县零星湿地区	2477.28		75.27	2552.55
	怀仁县零星湿地区	757.01	153.99	427.69	1338.69
	小 计	4335.33	362.63	2070.08	6768.04
重点调查湿地	山西桑干河省级自然保护区	1205.87	56.04	71.47	1333.38
	山西应县南山省级自然保护区	26.05			26.05
	山西朔城区恢河省级湿地公园	7.02	263.26	328.74	599.02
	小 计	1238.94	319.30	400.21	1958.45
总 计		5574.27	681.93	2470.29	8726.49

5.3 忻州市

地理位置：位于山西中北部，东临太行与河北接壤，南屏石岭关与太原、阳泉、吕梁毗连，西隔黄河与陕西、内蒙古相望，北倚长城与大同、朔州为邻。地理坐标介于东经110°56′23.3″～113°58′41.2″、北纬38°08′19.0″～39°37′25.5″之间，东西宽261公里、南北长169.1公里，共辖14个县(市、区)，总面积251.61万公顷，占全省总面积的16%。

地形地貌：属黄土高原的一部分，地形以山地、丘陵为主。大地貌分为：东部恒山、五台山系舟山地区；中部忻定盆地区；西部云中山、管涔山地区；西北部黄土高原丘陵区四大区域类型。平原区海拔在1000米以下，丘陵区海拔在1000米以上。最高点位于五台山主峰叶斗峰，海拔3061.1米；最低点位于定襄县滹沱河谷地，海拔570米。

气候：属于温带大陆性季风气候，冬无严寒，夏无酷暑，气候宜人，四季分明。年平均气温5.1～9.1℃，年平均降雨量373～560毫米，年无霜期120～170天。

水文：分属海河、黄河流域的子牙河、大清河、永定河、汾河、黄河五大水系。河流均呈辐射状自区内向四周发散，汇入区外河流。受地理环境和气候条件所制约，河流兼具山地型和夏雨型的双重特性。境内灰岩分布广泛，地质构造复杂，地表水和地下水转化强烈。河道切割至灰岩地层，地面径流明显减小，地表水转化为地下水。相反，有岩溶水补给的河流，在泉水出露点以下，基流骤然增大，呈现出泉水补给型河流的明显特征。2011年，全市水资源总量为16.26亿立方米，实际用水量为6.64亿立方米。

土壤：分为山地垂直带土壤、水平地带性土壤、隐域性土壤、初育性土壤等四大区域类型，主要土壤有：亚高山草甸土、山地草甸土、山地棕壤、褐土、栗褐土、黄绵土、粗骨土、石质土、红黏土、风沙土、潮土、盐化土等。

动物：陆栖脊椎动物约有190余种，其中两栖类4种，爬行类10种，鸟类148余种，兽类36种。其中列为国家重点保护的野生动物22种，山西省重点保护野生动物10种，中日、中澳候鸟保护协定物种46种。

植物：主要自然植被有华北落叶松、云杉、油松、圆柏、侧柏、小叶杨、旱柳、刺槐、柠条锦鸡儿、柽柳、山桃、山杏、中国沙棘、虎榛子、胡枝子、绣线菊等植物种类。国家Ⅱ级保护野生植物有野大豆；省级重点保护野生植物有迎红杜鹃、臭冷杉。

人口：2012年，常住人口309.93万人，其中城镇人口128.41万人、乡村人口181.52万人，人口密度123人/平方公里。

忻州市涉及重点调查湿地7个，一般调查湿地13个。各类湿地总面积为16038.48公顷，占全省湿地总面积的10.56%，其中：河流湿地面积为13630.44公顷，占全省同类型湿地总面积的14.06%；湖泊湿地面积为120.77公顷，占全省同类型湿地总面积的3.86%；沼泽湿地面积为437.84公顷，占全省同类型湿地总面积的5.37%；人工湿地面积为1849.43公顷，占全省同类型湿地总面积的4.23%，见表2-13。

表2-13　忻州市湿地分布概况表

	湿地类 湿地区	河流湿地（公顷）	湖泊湿地（公顷）	沼泽湿地（公顷）	人工湿地（公顷）	总计（公顷）
一般调查湿地	忻府区零星湿地区	351.11	26.25	256.27	362.74	996.37
	定襄县零星湿地区	294.50			132.68	427.18
	五台县零星湿地区	968.21			116.90	1085.11
	代县零星湿地区	631.62		43.35	296.55	971.52
	繁峙县零星湿地区	799.91		66.05	392.49	1258.45
	宁武县零星湿地区	878.62				878.62
	静乐县零星湿地区	1629.90				1629.9
	五寨县零星湿地区	235.71			118.10	353.81
	岢岚县零星湿地区	693.03			30.01	723.04
	河曲县零星湿地区	1990.10			8.88	1998.98
	保德县零星湿地区	1738.61				1738.61
	偏关县零星湿地区	882.75				882.75
	原平市零星湿地区	993.63			204.14	1197.77
	小　计	12087.70	26.25	365.67	1662.49	14142.11

（续）

	湿地类 湿地区	河流湿地（公顷）	湖泊湿地（公顷）	沼泽湿地（公顷）	人工湿地（公顷）	总 计（公顷）
重点调查湿地	山西芦芽山国家级自然保护区	273.63		5.85		279.48
	山西云中山省级自然保护区	218.46		45.42	71.09	334.97
	山西臭冷杉省级自然保护区	135.11				135.11
	山西贺家山省级自然保护区	29.50				29.50
	山西忻府区滹沱河省级湿地公园	830.60			3.92	834.52
	山西宁武县马营海省级湿地公园	55.44	94.52	20.90	82.35	253.21
	山西神池县西海子省级湿地公园				29.58	29.58
	小 计	1542.74	94.52	72.17	186.94	1896.37
总 计		13630.44	120.77	437.84	1849.43	16038.48

5.4 太原市

地理位置：地处山西腹地、太原盆地北端、南北同蒲和石太铁路线的交汇处，东、东南与阳泉市、晋中市相连，西、西南与吕梁市相接，北与忻州市毗邻。地理坐标介于东经111°30′12.2″～113°09′6.4″、北纬37°27′51.2″～38°25′10.1″之间，东西宽143.4公里、南北长108.1公里，共辖10个县(市、区)，总面积69.09万公顷，占全省总面积的4.4%。太原简称并，是山西省省会，全省政治、经济、文化的中心，是连接晋南“黄河文化”、晋中“晋商文化”、晋北“宗教文化”的桥梁和枢纽，是三晋人文景观的聚集点，也是我国主要能源化工城市之一。

地形地貌：东、西、北三面环山，中南部为河谷平原，整个地形北高南低呈簸箕状。东部山地(太原东山)为太行山余脉，主峰罕山海拔1591米；西部山地(太原西山)为吕梁山云中山的延续，也是忻定盆地和太原盆地的界山，有天龙山、悬瓮山、蒙山、崛围山、二龙山、云顶山等山脉。东西山之间是太原盆地，海拔800米左右，地势平坦。最高点位于娄烦县西南角的前云山，海拔2660米；最低点位于清徐县孟封镇韩武村汾河出境处，海拔753米。

气候：属暖温带大陆性季风气候区，四季分明，冬季漫长、干冷晴朗、少雪，春季干旱多西北风，夏季炎热降水集中，秋季天气晴朗短暂。年平均气温9.5℃，1月均温-6.4℃，7月均温23.5℃，极端最高温度40.2℃，极端最低温度-29.2℃，年平均降水量460毫米，无霜期约200天。

水文：均属汾河水系。汾河自北向南纵贯全市，其主要支流有潇河、屯兰河、大川河、柳林河、杨兴河等，山麓地带泉水丰富，尤以晋祠、清徐平泉和兰村泉流量最大。还有晋阳湖等六处较大湖泊。2011年，全市水资源总量为5.52亿立方米，实际用水量为7.51亿立方米。

土壤：褐土是太原的典型地带性土壤类型，这是由于太原处于我国亚热带森林气候和温带草原气候及沿海湿润区向内陆干旱的过渡生物气候性质所决定的。海拔2600米以上为山地草甸土，海拔2100～2600米为山地棕壤，海拔1750～2100米为淋溶褐土，海拔1100～1750米为山地褐土，汾河冲积平原主要分布有草甸土，土层深厚，水分良好，肥力较高。

动物：陆栖脊椎动物约有190余种，其中两栖类4种，爬行类8种，鸟类150余种，兽类30种。其中列为国家重点保护的野生动物31种，山西省重点保护野生动物11种，中日、中澳候鸟保护协定物种53种。

植物：植物区系含有种子植物、蕨类植物、苔藓、地衣、藻类和菌类，具有温带成分居于优势地位、植物起源古老、单种属植物较多、植物区系地理成分复杂等特点。国家Ⅱ级保护野生植物有野大豆。

人口：2012年，常住人口425.63万人，其中城镇人口356.51万人、乡村人口69.12万人，人口密度616人/平方公里。

太原市涉及重点调查湿地4个，一般调查湿地10个。各类湿地总面积为6836.24公顷，占全省湿地总面积的4.50%，其中：河流湿地面积为3998.81公顷，占全省同类型湿地总面积的4.12%；人工湿地面积为2837.43公顷，占全省同类型湿地总面积的6.49%，见表2-14。

表2-14　太原市湿地分布概况表

湿地区＼湿地类		河流湿地（公顷）	人工湿地（公顷）	总　计（公顷）
一般调查湿地	小店区零星湿地区	258.57	99.97	358.54
	迎泽区零星湿地区	124.67	22.05	146.72
	杏花岭区零星湿地区	88.98	21.30	110.28
	尖草坪区零星湿地区	689.74	120.95	810.69
	万柏林区零星湿地区	329.06	20.48	349.54
	晋源区零星湿地区	73.37	503.52	576.89
	清徐县零星湿地区	284.34	308.10	592.44
	阳曲县零星湿地区	125.64	19.57	145.21
	娄烦县零星湿地区	1027.27	1721.49	2748.76
	古交市零星湿地区	711.87		711.87
	小　计	3713.51	2837.43	6550.94
重点调查湿地	山西天龙山省级自然保护区	18.59		18.59
	山西凌井沟省级自然保护区	51.75		51.75
	山西汾河上游省级自然保护区	81.12		81.12
	山西云顶山省级自然保护区	133.84		133.84
	小　计	285.30		285.30
总　计		3998.81	2837.43	6836.24

5.5 吕梁市

地理位置：位于山西中部西侧，东与太原市和晋中市相邻，南与临汾市接壤，西隔黄河与陕西相望，北与忻州市为邻。地理坐标介于东经 110°22′19.6″～112°20′45.2″、北纬 36°44′3.0″～38°43′27.6″之间，东西宽 173.1 公里、南北长 221.6 公里，共辖 13 个县（市、区），总面积 211.43 万公顷，占全省总面积的 13.5%。因吕梁山纵贯全境得名。

地形地貌：吕梁山脉由北而南纵贯全境，整个地势中间高、两边低，山地两侧多为黄土丘陵，沟壑纵横，丘陵沟壑区占 70% 以上，水土流失严重。东部交城、文水、孝义一带地势较为平坦，为太原盆地的边缘。最高点位于方山县与交城县交界处的南阳山，海拔 2830.7 米；最低点位于石楼县和合乡义牒河汇入黄河处南侧的黄河滩，海拔 556.3 米。

气候：属半干旱大陆性季风气候，四季分明，差异悬殊。春季干燥，雨少风多；夏季炎热，雨量集中；秋季凉爽，气候宜人；冬季寒冷，降雪偏少。年平均气温 10.1℃，年日照时数 2351.7～2871.7 小时，年平均降水量 400～600 毫米，年平均蒸发量 1796.6 毫米，无霜期 133～178 天。

水文：河流主要有黄河、汾河、文峪河、孝河、磁窑河、岚漪河、湫水河、三川河等河流，均属黄河水系。2011 年，全市水资源总量为 12.02 亿立方米，实际用水量为 5.83 亿立方米。

土壤：以棕壤、黄绵土为主，东部山区为亚高山草甸土。棕壤分布在离石区吴城、信义一带海拔 1500 米以上的森林地带，黄绵土主要分布在西山及沿川一带。

动物：陆栖脊椎动物约有 230 余种，其中两栖类 4 种，爬行类 11 种，鸟类 190 余种，兽类 34 种。其中列为国家重点保护的野生动物 26 种，山西省重点保护野生动物 12 种，中日、中澳候鸟保护协定物种 56 种。

植物：森林植被分布垂直地带性明显，关帝山主峰孝文山（海拔 2831 米）下部 800～1400 米为疏林灌木丛及农耕地，树种以侧柏为主；950～1700 米为低山针叶林带，以油松为主，间有侧柏及次生辽东栎、山杨、桦树、杜梨、五角枫，灌木丛主要为沙棘、橡子类；1600～2500 米为阔叶林带，以白桦、山杨为主，间有金露梅、胡枝子、沙棘灌木丛；1850～2600 米为针叶林带，以华北落叶松为主，白杆次之；2500～2780 米为亚高山灌丛草甸带。人工刺槐林分布于海拔 950～1400 米、核桃分布于海拔 700～1200 米、红枣分布于 600～1000 米之间。沙棘分布广泛，是全省天然野生沙棘的中心分布区，素有沙棘宝库之称。

人口：2012 年，常住人口 377.16 万人，其中城镇人口 156.94 万人、乡村人口 220.22 万人，人口密度 178 人/平方公里。

吕梁市涉及重点调查湿地 11 个，一般调查湿地 13 个。各类湿地总面积为 18902.59 公顷，占全省湿地总面积的 12.44%，其中：河流湿地面积为 16988.58 公顷，占全省同类型湿地总面积的 17.53 %；湖泊湿地面积为 156.07 公顷，占全省同类型湿地总面积的 4.98%；沼泽湿地面积为 76.45 公顷，占全省同类型湿地总面积的 0.94%；人工湿地面积为 1681.49 公顷，占全省同类型湿地总面积的 3.84%，见表 2-15。

表 2-15　吕梁市湿地分布概况表

湿地区 \ 湿地类		河流湿地（公顷）	湖泊湿地（公顷）	沼泽湿地（公顷）	人工湿地（公顷）	总　计（公顷）
一般调查湿地	离石区零星湿地区	546.72			67.40	614.12
	文水县零星湿地区	411.40			282.36	693.76
	交城县零星湿地区	735.90			422.18	1158.08
	兴县零星湿地区	4594.48				4594.48
	临县零星湿地区	4623.45			71.64	4695.09
	柳林县零星湿地区	1770.03				1770.03
	石楼县零星湿地区	1833.25				1833.25
	岚县零星湿地区	639.10			78.07	717.17
	方山县零星湿地区	632.93		48.27	324.94	1006.14
	中阳县零星湿地区	370.38				370.38
	交口县零星湿地区				19.15	19.15
	孝义市零星湿地区	148.95			206.81	355.76
	汾阳市零星湿地区	130.74			48.22	178.96
	小　计	16437.33		48.27	1520.77	18006.37
重点调查湿地	山西庞泉沟国家级自然保护区	73.39				73.39
	山西黑茶山国家级自然保护区	134.71			97.23	231.94
	山西薛公岭省级自然保护区	30.31				30.31
	山西蔚汾河省级自然保护区	142.23			18.49	160.72
	山西离石区东川河省级湿地公园	21.72				21.72
	山西关帝林局梅洞沟省级湿地公园	9.26				9.26
	山西文水县世泰湖省级湿地公园		46.86	10.16		57.02
	山西交城县华鑫湖省级湿地公园		109.21	18.02		127.23
	山西柳林县三川河省级湿地公园	62.37				62.37
	山西方山县南阳沟省级湿地公园	3.83			14.00	17.83
	山西中阳县陈家湾省级湿地公园	73.43			31.00	104.43
	小　计	551.25	156.07	28.18	160.72	896.22
总　计		16988.58	156.07	76.45	1681.49	18902.59

5.6 晋中市

地理位置：地处华北平原西侧、山西省腹地，东倚太行与河北省交界，北接太原市，西傍汾河与吕梁市隔河相望，南连临汾、长治市。地理坐标介于东经 111°23′57.2″~114°08′58.1″、北纬 36°38′38.0″~38°04′25.3″之间，东西宽 240.7 公里、南北长 163.3 公里，共辖 11 个县(市、区)，总面积 164.07 万公顷，占全省总面积的 10.5%。

地形地貌：属黄土高原的东部边缘，地势东部高、西部低，东为太行山地，有方山、绵山、六台山、北天池、四县垴、阳曲山、老庙山等山脉，西邻汾河谷地。境内地形受汾河和漳河及其支流的切割，部分地区形成黄土浅丘。西部为太原盆地，海拔在 700~900 米之间，大部分为汾河冲积之黄土层，土质肥沃。最高点位于灵石县马和乡东部牛角鞍，海拔 2566.60 米；最低点位于昔阳县孔氏乡王寨村西北侧松溪河入境处，海拔 506 米。

气候：属温带大陆性季风气候，冬季寒冷，夏季炎热，年平均气温 9.4℃，年日照时数 2530.8 小时，年平均降水量 540 毫米，年平均蒸发量为 1718.4 毫米，无霜期在 140~180 天之间。

水文：以太行山、太岳山中脊为界，分属黄河流域和海河流域。东部河流多属海河流域南运河、子牙河水系，主要有松溪河、清漳河、浊漳河；西部河流属黄河流域汾河水系，主要有潇河、乌马河、昌源河、惠济河、龙凤河、静升河。2011 年，全市水资源总量为 12.42 亿立方米，实际用水量为 7.28 亿立方米。

土壤：主要类型有山地草甸土、山地棕壤、褐土、浅色草甸土、盐碱土等五大类，土壤质地松散，易受冲刷侵蚀。从土层厚度看，土石山区极薄，呈小斑块分布；黄土丘陵阶区土层较厚，一般 5~20 米；冲积平原区土层亦较厚，一般 1~5 米，底层多为沙土和砾石。

动物：陆栖脊椎动物 27 目 231 种，其中鸟类 172 种，哺乳类 42 种，爬行类 12 种，两栖类 5 种。其中列为国家重点保护的野生动物 35 种，山西省重点保护野生动物 16 种，中日、中澳候鸟保护协定物种 52 种。

植物：树种主要有油松、山杨、白桦、辽东栎、侧柏、白皮松、杜松等，森林资源集中分布在太行山和太岳山脉主脊两侧，以老庙山、万山、人头山、跑马坪、四县垴、蒙山、绵山、石膏山一线为多，其次是白羊山、阳曲山、观音垴、南天池、乌金山、罕山、方山等山地。国家Ⅱ级保护野生植物有野大豆；省级重点保护野生植物有狗枣猕猴桃。

人口：2012 年，常住人口 328.68 万人，其中城镇人口 155.82 万人、乡村人口 172.86 万人，人口密度 200 人/平方公里。

晋中市涉及重点调查湿地 13 个，一般调查湿地 11 个。各类湿地总面积为 9405.19 公顷，占全省湿地总面积的 6.19%，其中：河流湿地面积为 6004.45 公顷，占全省同类型湿地总面积的 6.2%；沼泽湿地面积为 125.04 公顷，占全省同类型湿地总面积的 1.53%；人工湿地面积为 3275.7 公顷，占全省同类型湿地总面积的 7.49%，见表 2-16。

5.7 阳泉市

地理位置：位于山西中部东侧、太行山中段西麓。东与河北省平山县、井陉县交界，南与长治市相邻，西与太原市相连，北与忻州市相接。地理坐标介于东经 112°54′01.4″~114°04′10.6″、北纬37°40′23.7″~38°30′33.6″之间，东西宽100.1公里、南北长95.6公里，共辖5个县(市、区)，总面积45.64万公顷，占全省总面积的2.9%。是以煤炭、电力、耐火材料、化工产业为主的工业城市和全国重要的能源基地，系晋东政治、经济、文化中心。

表2-16　晋中市湿地分布概况表

湿地区 \ 湿地类		河流湿地（公顷）	沼泽湿地（公顷）	人工湿地（公顷）	总　计（公顷）
一般调查湿地	榆次区零星湿地区	472.49		38.13	510.62
	榆社县零星湿地区	826.85		971.27	1798.12
	左权县零星湿地区	550.90		266.27	817.17
	和顺县零星湿地区	575.40		16.07	591.47
	昔阳县零星湿地区	718.51		196.87	915.38
	寿阳县零星湿地区	1057.98		819.81	1877.79
	太谷县零星湿地区	127.66		82.10	209.76
	祁县零星湿地区	99.85		27.78	127.63
	平遥县零星湿地区	183.88		215.10	398.98
	灵石县零星湿地区	528.16		117.01	645.17
	介休市零星湿地区	290.34		33.51	323.85
	小　计	5432.02		2783.92	8215.94
重点调查湿地	山西八缚岭省级自然保护区	68.59			68.59
	山西孟信垴省级自然保护区	49.19			49.19
	山西铁桥山省级自然保护区	207.14		123.70	330.84
	山西四县垴省级自然保护区	23.41			23.41
	山西超山省级自然保护区	55.28			55.28
	山西韩信岭省级自然保护区	16.75			16.75
	山西绵山省级自然保护区	26.00			26.00
	山西昌源河国家湿地公园	98.27	23.11	33.77	155.15
	山西榆次区田家湾省级湿地公园		24.54	41.03	65.57
	山西太行林局海眼寺省级湿地公园	1.45			1.45
	山西太谷县棋盘山省级湿地公园	26.35		129.89	156.24
	山西平遥县惠济省级湿地公园		77.39	149.36	226.75
	山西介休市汾河省级湿地公园			14.03	14.03
	小　计	572.43	125.04	491.78	1189.25
总　计		6004.45	125.04	3275.70	9405.19

地形地貌：阳泉地处黄土高原东缘，属典型的土石山区，以山地为主，山地和丘陵占全境面积的80%左右，中部为黄土丘陵，因流水切割，地形十分破碎，沟壑纵横。仅河谷地带及市区有小块平川，整个地势西北高、东南低。最高点位于盂县、太原市与忻州市交接处，海拔2001.2米；最低点位于娘子关镇娘子关村绵河出境处河谷，海拔341.8米。

气候：属暖温带半湿润大陆性季风气候区，由于受大陆性季风及复杂地形影响，市内不同地区的气候差异较大。特点是：冬夏长，春秋短，四季分明，雨热同期；日照充足，热量适中，季节更替明显，昼夜温差较大，气候干燥凉爽。年平均气温10.7℃，1月均温－4.6℃，7月均温24.3℃，年日照时数为2696.3～2886.3小时，≥10℃积温为2400～3000℃，年平均降水量540毫米，无霜期130～180天。

水文：属海河流域，北部河流以滹沱河最大，其支流有龙华河、乌河等；南部有桃河、温河、南川河、阳胜河等。横贯市区的桃河坡陡水急，河床宽150米左右，坡度0.4%～1.2%，年平均流量0.33立方米/秒，径流量少，河水自净能力低。2011年，全市水资源总量为3.56亿立方米，实际用水量为1.95亿立方米。

土壤：分为褐土、潮土、粗骨土、石质土4个土类、6个亚类。其中：褐土约占87%，是境内主要的土壤类型；石质土约占5.4%。

动物：陆栖脊椎动物约有160余种，其中两栖类4种，爬行类5种，鸟类140余种，兽类14种。其中列为国家重点保护的野生动物18种，山西省重点保护野生动物6种，中日、中澳候鸟保护协定物种36种。

植物：野生植物以菊科、豆科、蔷薇科及禾本科植物为主。

人口：2012年，常住人口137.93万人，其中城镇人口86.95万人、乡村人口50.98万人，人口密度302人/平方公里。

阳泉市涉及重点调查湿地3个，一般调查湿地4个。各类湿地总面积为1337.85公顷，占全省湿地总面积的0.88%，其中：河流湿地面积为1045.13公顷，占全省同类型湿地总面积的1.08%；人工湿地面积为292.72公顷，占全省同类型湿地总面积的0.67%，见表2-17。

表2-17 阳泉市湿地分布概况表

湿地区 \ 湿地类		河流湿地（公顷）	人工湿地（公顷）	总计（公顷）
一般调查湿地	阳泉市城区零星湿地区	20.20		20.20
	阳泉市郊区零星湿地区	181.52		181.52
	平定县零星湿地区	201.69	161.95	363.64
	盂县零星湿地区	190.53		190.53
	小计	593.94	161.95	755.89
重点调查湿地	山西药林寺冠山省级自然保护区	8.77		8.77
	山西阳泉市桃河省级湿地公园	171.56		171.56
	山西盂县梁家寨省级湿地公园	270.86	130.77	401.63
	小计	451.19	130.77	581.96
总计		1045.13	292.72	1337.85

5.8　长治市

地理位置：位于山西东南部的长治盆地，晋、冀、豫三省交界处，东倚太行山与河北、河南两省为邻，南与晋城市毗邻，西屏太岳山与临汾市接壤，北部与晋中市交界。地理坐标介于东经111°57′44.8″~113°45′51.8″、北纬35°50′36.9″~37°06′06.0″之间，东西宽158.8公里、南北长142.8公里，共辖13个县(市、区)，总面积139.65万公顷，占全省总面积的8.9%。

地形地貌：地处太行之巅，因地势险要，自古就是连接晋、冀、豫三省的重要通道和兵家必争之地。东部为太行山，中部为长治盆地(上党盆地)，西部为太岳山，平均海拔1000米左右。最高点位于韩洪乡鱼儿泉村西北部大梁顶，海拔2525.6米；最低点位于山西、河南、河北三省交汇处的马塔村，海拔396.4米。

气候：属温带大陆性季风气候，特征是：四季分明，冬长夏短，春略长于秋；气候温和，雨热同季，大陆性季风强盛持久，海洋性季风的作用相对较弱。年平均气温8.6~10.4℃，1月均温-4.8℃，7月均温23.3℃，年日照时数2418~2616小时，年平均降水量537.4~656.7毫米，无霜期155~184天。

水文：是华北地区相对富水区，主要河流有海河流域的浊漳河、清漳河、卫河和黄河流域的沁河、汾河支流。浊漳河属海河水系，分南、北、西三大源流，因其流域窄狭，河床坡度较大，水流湍急，上游水土流失严重，河水终年浑浊，因而称为浊漳河。2011年，全市水资源总量为12.2亿立方米，实际用水量为5.83亿立方米。

土壤：包括5个土类12个亚类65个土属220个土种，以棕壤、淋溶褐土、石质土、粗骨土、褐土性土、褐土、石灰性褐土为主。

动物：陆栖脊椎动物约有210余种，其中两栖类4种，爬行类13种，鸟类170余种，兽类30种。其中列为国家重点保护的野生动物25种，山西省重点保护野生动物16种，中日、中澳候鸟保护协定物种63种。

植物：属北温带落叶阔叶林地带的一部分，海拔1600米以上属中山区湿润针叶林草灌植被，林木茂盛；海拔1200~1600米属低中山区半干旱阔叶林草灌植被，树木以阔叶为主；海拔1000~1200米属山区旱生草本灌木类植被，多生长耐旱植物；海拔在800~1000米左右的盆地、黄土丘陵区属旱生草本灌木类植被，多为耕作历史悠久的农田，自然植被系旱生草灌植被；河流一级阶地及河岸两旁为河谷温暖草甸类植被，多为耕地。盆地平川区主要树种有杨、柳、榆、椿和刺槐等。属国家Ⅰ级保护野生植物有南方红豆杉；国家Ⅱ级保护野生植物有水曲柳。

人口：2012年，常住人口336.97万人，其中城镇人口152.69万人、乡村人口184.28万人，人口密度241人/平方公里。

长治市涉及重点调查湿地5个，一般调查湿地12个。各类湿地总面积为11560.39公顷，占全省湿地总面积的7.61%，其中：河流湿地面积为4950.54公顷，占全省同类型湿地总面积的5.11%；沼泽湿地面积为863.95公顷，占全省同类型湿地总面积的10.6%；人工湿地面积为5745.9公顷，占全省同类型湿地总面积的13.14%，见表2-18。

表 2-18 长治市湿地分布概况表

湿地区		河流湿地（公顷）	沼泽湿地（公顷）	人工湿地（公顷）	总计（公顷）
一般调查湿地	长治市郊区零星湿地区	76.99	571.93	2342.12	2991.04
	长治县零星湿地区	71.11	95.69	122.05	288.85
	襄垣县零星湿地区	661.42	52.78	1126.81	1841.01
	屯留县零星湿地区	424.13		514.39	938.52
	平顺县零星湿地区	82.89			82.89
	黎城县零星湿地区	135.07		77.28	212.35
	壶关县零星湿地区	96.91		101.69	198.60
	长子县零星湿地区	380.19		361.32	741.51
	武乡县零星湿地区	771.01		368.67	1139.68
	沁县零星湿地区	290.81		258.47	549.28
	沁源县零星湿地区	1099.14		11.23	1110.37
	潞城市零星湿地区	160.78			160.78
	小计	4250.45	720.40	5284.03	10254.88
重点调查湿地	山西浊漳河源头省级自然保护区	29.34			29.34
	山西千泉湖国家湿地公园	39.37	35.19	375.98	450.54
	山西太岳林局沁河源省级湿地公园	37.28			37.28
	山西屯留县绛河省级湿地公园	183.89	108.36	84.59	376.84
	山西平顺县太行水乡省级湿地公园	410.21		1.30	411.51
	小计	700.09	143.55	461.87	1305.51
总计		4950.54	863.95	5745.90	11560.39

5.9 晋城市

地理位置：位于山西东南端、晋豫两省之交界处，东、南与河南省接壤，西南与运城市毗邻，西北与临汾市相连，北与长治市为邻。地理坐标介于东经 111°55′42.2″～113°37′54.6″、北纬 35°11′44.4″～36°02′56.9″之间，东西宽 152.6 公里、南北长 97.5 公里，共辖 6 个县(市、区)，总面积 94.31 万公顷，占全省总面积的 6%，为衔接山西和中原大地的重要门户。

地形地貌：地处太行山、王屋山、中条山三山相汇处，又是华北平原和黄土高原的分水岭，四周高山环绕，群山连绵，山崇岭峻，丘陵起伏，沟壑纵横，盆地相间，大部分地区海拔在 800 米左右。南部山岭陡峻，以天井关最为险要，还有路工口、张工口等关隘，地势十分险要，历来为兵家必争之地。最高点位于沁水县西南舜王坪，海拔 2272.1 米；最低点位于泽州县山河镇石盆掌沁河出口处，海拔 290.4 米。

气候：属暖温带半湿润大陆性季风气候区，可分为温寒作物区、温凉作物区、温和作物区和温暖作物区，为长日照地区，年平均气温 7.9 ~ 11.7℃，1 月均温 -4℃，7 月均温 23.3℃，年日照时数 2393 ~2630 小时，年平均降水量 626 ~674 毫米，无霜期 185 天左右。

水文：为华北地区相对富水区，河流以沁河、丹河为主。沁河为黄河五大支流之一，其支流主要有端氏河、护泽河、长河等；丹河发源于高平市的丹朱岭，流入沁河。2011 年，全市水资源总量为 13.73 亿立方米，实际用水量为 4.48 亿立方米。

土壤：分为 8 个土类、13 个亚类、30 个土属、93 个土种。在布局上大体可分为 4 种类型：宜牧土壤，包括山地草甸土和部分棕壤土，约占总面积的 1.1%，分布于沁水舜王坪和阳城的圣王坪；宜林土壤，包括棕壤土、淋溶褐土，约占总面积的 17.2%，分布于沁水、阳城、陵川中山地带；宜农、林牧综合利用的土壤，包括褐土性土和红黏土，约占总面积的 67.2%，褐土性土是面积最大的土壤类型，分布于沁河、丹河两大水系之间的分水岭和沁河以西，丹河以东的低山土丘及黄土丘陵地带；宜农土壤，包括褐土、石灰性褐土、脱潮土、潮土、石灰性新积土等，约占总面积的 6%，分布于沁河、丹河两岸的一、二级阶地和泽州盆地，是全市农作物高产的主要土壤；另有粗骨土、石质土约占总面积的 8.5%，岩体裸露，土层极薄。

动物：陆栖脊椎动物约有 260 余种，其中两栖类 4 种，爬行类 18 种，鸟类 170 余种，兽类 34 种。其中列为国家重点保护的野生动物 30 种，山西省重点保护野生动物 16 种，中日、中澳候鸟保护协定物种 65 种。

植物：本区属南暖温带落叶林亚带，野生植物资源丰富。国家Ⅰ级保护野生植物有南方红豆杉、国家Ⅱ级保护的有连香树、野大豆；省级重点保护野生植物有反曲贯众、铁木、山白树、领春木、青檀、脱皮榆、太白杨、匙叶栎、异叶榕、山胡椒、山橿、木姜子、山白树、竹叶椒、漆树、省沽油、膀胱果、山西槭、中条槭、泡花树、暖木、狗枣猕猴桃、软枣猕猴桃、山桐子、山茱萸、四照花、野茉莉、老鸹铃、流苏树、络石、紫珠等。

人口：2012 年，常住人口 229.14 万人，其中城镇人口 124.84 万人、乡村人口 104.3 万人，人口密度 243 人/平方公里。

晋城市涉及重点调查湿地 6 个、一般调查湿地 6 个。各类湿地总面积为 4949.53 公顷，占全省湿地总面积的 3.26%，其中：河流湿地面积为 3224.11 公顷，占全省同类型湿地总面积 3.33%；沼泽湿地面积 5.16 公顷，占全省同类型湿地总面积的 0.06%；人工湿地面积 1720.26 公顷，占全省同类型湿地总面积的 3.93%，见表 2-19。

表 2-19 晋城市湿地分布概况表

湿地区	湿地类	河流湿地（公顷）	沼泽湿地（公顷）	人工湿地（公顷）	总 计（公顷）
一般调查湿地	晋城市城区零星湿地区	49.15		5.02	54.17
	沁水县零星湿地区	1397.99		739.03	2137.02
	阳城县零星湿地区	702.44		89.12	791.56
	陵川县零星湿地区	135.06		172.32	307.38
	泽州县零星湿地区	195.17		489.73	684.90
	高平市零星湿地区	133.83		46.28	180.11
	小 计	2613.64		1541.5	4155.14

（续）

湿地区 \ 湿地类		河流湿地（公顷）	沼泽湿地（公顷）	人工湿地（公顷）	总 计（公顷）
重点调查湿地	山西历山国家级自然保护区	29.25			29.25
	山西阳城蟒河猕猴国家级自然保护区	57.86		2.91	60.77
	山西崦山省级自然保护区	19.82			19.82
	山西南方红豆杉省级自然保护区	128.80		35.47	164.27
	山西泽州猕猴省级自然保护区	249.06		140.38	389.44
	山西高平市丹河省级湿地公园	125.68	5.16		130.84
	小 计	610.47	5.16	178.76	794.39
总 计		3224.11	5.16	1720.26	4949.53

5.10 临汾市

地理位置：位于山西西南部、黄河中游东岸与太岳山之间，东倚太岳与长治晋城为邻，南与运城市接壤，西隔黄河与陕西相望，北起韩信岭与晋中、吕梁市毗邻。地理坐标介于东经110°22′46.8″～112°34′52.2″、北纬35°23′17.8″～36°55′54.5″之间，东西宽197.2公里、南北长172.3公里，共辖17个县（市、区），总面积203.00万公顷，占全省总面积的12.9%。“南通秦蜀，北达幽并，东临雷霍，西控河汾”，自古为兵家必争之地，是中国三大优质主焦煤基地之一，华夏民族的重要发祥地之一和黄河文明的摇篮，有“华夏第一都”之称，还有“棉麦之乡”“膏腴之地”“梅花之乡”“剪纸之乡”和“锣鼓之乡”美誉。

地形地貌：地处黄土高原、汾河下游，四周环山，东为太岳山、中条山，西为吕梁山，南为紫荆山，北为霍山，临汾盆地纵贯中部，将整体隆起的高原分为东西两部分山地，地形轮廓大体呈“凹”字形分布。山地、丘陵、盆地三大地形单元分别占29.2%、51.4%、19.4%，号称“二川三山五丘陵”。整个地势北高南低，平均海拔580～1200米之间。最高点位于太岳山霍山主峰，海拔2346.8米；最低处位于乡宁县师家滩，海拔385.1米。

气候：属温带大陆性气候，四季分明，日照充足，雨热同期。特征是：冬季寒冷干燥，降雪稀少；春季干旱多风，秋季阴雨连绵；夏季酷热多暴雨，伏天旱雨交错。年平均气温9.0～12.9℃，极端最低气温－25.6℃，极端最高气温42.3℃，年日照时数1748.4～2512.6小时，≥10℃积温2800～3900℃，年平均降水量420.1～550.6毫米，无霜期180～198天。

水文：有大小河流200余条，均属黄河水系。流域面积在1000平方公里以上的有黄河干流、汾河和沁河，还有昕水河、浍河、鄂河、芝河、清水河等黄河一级支流，有曲亭、小河口、浍河、洰河、七一和涝河等水库，以及郭庄、龙祠、霍泉、滦池、沸泉、温泉等泉眼。汾河是流经全市第一大河流，长达173.58公里，主要支流有洪安河、曲亭河、涝洰河、浍河、团柏河、豁都峪、三官峪等7条。整体来讲水资源较为贫乏，2011年，全市水资源总量为12.41亿立方米，实际用水量为7.89亿立方米。

土壤：主要类型有棕壤、褐土、潮土、粗骨土、石质土5个土类。发育较完全，形成深重黏化层，养分含量较为丰富，普遍分布的地带性土壤类型为褐土，此外还有草原草甸土、棕壤土、沼泽土等几种类型。草甸土主要分布在河谷地带，尤以临汾至霍州的汾河两岸比较集中，土质发绵，比较肥沃；草原草甸土分布在地势较高的霍山、中条山、吕梁山的个别山顶，土壤湿润、温度高、有机含量丰富，是开辟天然牧场、发展畜牧业的重要资源。

动物：陆栖脊椎动物约有300多种，其中两栖类5种，爬行类13种，鸟类230余种，兽类46种。其中列为国家重点保护的野生动物38种，山西省重点保护野生动物19种，中日、中澳候鸟保护协定物种68种。

植物：植物分布上，东南山地丘陵地带以油松、栎类和华山松占优势，经济林有苹果、核桃、柿、板栗、山楂等；东部山地以油松及沙棘、荆条等次生灌草丛植被为主，经济林有核桃、黑椋子、山楂、枣、苹果、梨等；太岳山区以油松、辽东栎林及次生灌草丛植被为主，是山西主要的林业基地；临汾盆地以杨树和农作物栽培为主；吕梁山以油松、白皮松、辽东栎林及次生灌丛植被为主；西部黄土残垣丘陵区以侧柏、刺槐、灌丛和草丛为主。国家Ⅱ级保护野生植物有翅果油树。

人口：2012年，常住人口436.73万人，其中城镇人口192.49万人、乡村人口244.24万人，人口密度215人/平方公里。

临汾市涉及重点调查湿地12个、一般调查湿地17个。各类湿地总面积为15057.67公顷，占全省湿地总面积的9.91%，其中：河流湿地面积为12893.54公顷，占全省同类型湿地总面积的13.30%；沼泽湿地面积为52.64公顷，占全省同类型湿地总面积的0.64%；人工湿地面积为2111.49公顷，占全省同类型湿地总面积的4.83%，见表2-20。

表2-20 临汾市湿地分布概况表

湿地区 \ 湿地类		河流湿地（公顷）	沼泽湿地（公顷）	人工湿地（公顷）	总计（公顷）
一般调查湿地	尧都区零星湿地区	336.20		250.93	587.13
	曲沃县零星湿地区	113.68		126.30	239.98
	翼城县零星湿地区	257.97		95.83	353.80
	襄汾县零星湿地区	357.63		116.28	473.91
	洪洞县零星湿地区	935.68		376.48	1312.16
	古县零星湿地区	1089.39			1089.39
	安泽县零星湿地区	1064.38			1064.38
	浮山县零星湿地区	486.68			486.68
	吉县零星湿地区	1563.62			1563.62
	乡宁县零星湿地区	759.83			759.83
	大宁县零星湿地区	1070.21			1070.21
	隰县零星湿地区	534.59			534.59
	永和县零星湿地区	1982.58			1982.58
	蒲县零星湿地区	728.91			728.91
	汾西县零星湿地区	79.21			79.21
	侯马市零星湿地区	524.34		20.89	545.23
	霍州市零星湿地区	397.01			397.01
	小计	12281.91		986.71	13268.62

（续）

湿地区		河流湿地（公顷）	沼泽湿地（公顷）	人工湿地（公顷）	总　计（公顷）
重点调查湿地	山西历山国家级自然保护区	11.79			11.79
	山西五鹿山国家级自然保护区	41.04		19.85	60.89
	山西霍山省级自然保护区	35.86			35.86
	山西人祖山省级自然保护区	15.21			15.21
	山西红泥寺省级自然保护区	277.47			277.47
	山西管头山省级自然保护区	53.26			53.26
	山西太岳林局七里峪省级湿地公园	14.78			14.78
	山西尧都区东郭省级湿地公园			33.67	33.67
	山西曲沃县浍河省级湿地公园			476.07	476.07
	山西襄汾县双龙湖省级湿地公园			410.11	410.11
	山西安泽县府城省级湿地公园	127.13			127.13
	山西侯马市香邑湖省级湿地公园	35.09	52.64	185.08	272.81
	小　计	611.63	52.64	1124.78	1789.05
总　计		12893.54	52.64	2111.49	15057.67

5.11 运城市

地理位置：位于山西西南端、晋陕豫黄河金三角中心地带，东依中条山与晋城市交界，西、南隔黄河与陕西省、河南省相望，北靠吕梁山与临汾市接壤。地理坐标介于东经110°13′55.2″～112°04′55.3″、北纬34°34′55.7″～35°48′59.8″之间，东西宽168.3公里、南北长137.2公里，共辖13个县(市、区)，总面积141.85万公顷，占全省总面积的9.1%。古称“河东”，史称“华夏之根”“诚信之邦”“盐务专城”和“盐运之城”(由此得名)，是中国古代文化的重要发祥地之一，素有“五千年文明看运城”之说，承东启西、贯通南北、辐射中原，承接环渤海经济圈，毗邻关天经济区，是山西向东向西对外开放的“大通道和桥头堡”，山西的南大门，全国最大的无机盐化工基地，也是山西的麦棉基地、果业基地。

地形地貌：整个地势东北高、西南低，吕梁山、汾河谷地、峨眉岭、运城盆地、中条山，自北向南呈雁行排列，形状像一个“多”字形，内部起伏较大，可划分为东北山地区、中部丘陵台地区、中西部涑水河盆地区、黄河滩地区和西北部汾河谷地平川区。平原占运城市总面积的58.2%，山地、丘陵占41.8%；中条山、吕梁山、稷王山、孤峰山四大山脉占运城市总面积的19.1%。最高点位于垣曲境内的舜王坪，海拔2321.8米；最低点位于垣曲县境内的西阳河入黄河处，海拔180米。

气候：属暖温带大陆性季风气候。冬季受西伯利亚干冷气流控制，盛行西北季风，气候特点为寒冷、干燥；夏季受太平洋暖湿气流控制，盛行东南季风。气候特点是高温、多雨，降雨集中且多暴雨和雷阵雨。年均气温13.3℃，1月均温－2.2℃，7月均温27.4℃，极端最低温度为－24.6℃，极端最高气温为42.8℃，年日照时数2039.5小时，年平均降水量471.8～602.5毫米，无霜期212天。

水文：有大小河流30多条，流域面积100平方公里以上的河流有25条，均属黄河流域，河网密集。黄河西起河津市的禹门口，东到垣曲县的小浪底水库与河南省交界，一级支流有12条，较大的有汾河、涑水河、太宽河(曹家川河)、泗交河等。在芮城境内注入黄河的有孙泉涧、葡萄涧、恭水涧、湿水涧；在平陆县注入黄河的有太宽河、八政河、张沟涧、五龙庙沟；在夏县注入黄河的有泗交河；在垣曲注入黄河的有西阳河、允西河、亮清河、板涧河、五福涧河。这些河流具有山地型和夏雨型的双重特征。河流形态、河道特征为：沟壑密度大，水系发育；河流坡陡流急，侵蚀切割严重。径流和泥沙特点为：洪水暴涨暴落，含沙量大，年径流集中于汛期，枯水期径流小而不稳。黄河环绕西与西南境界，著名的三门峡水库就在这里。沿黄河还建有夹马口、大禹渡等几处大型提水工程及水库百余座；此外还有山西最大淡水湖——伍姓湖以及硝池、汤里滩、鸭子池、北门滩等天然湖泊以及历史上为保护盐池而修筑的一条人工河道——姚暹渠。2011年，水资源总量为26亿立方米，实际用水量为15.75亿立方米。

土壤：按成因可分为地带性土壤、山地土壤、隐性土壤三大类。成土母质依成因和特征划分主要有残积母质、坡土母质、黄土质母质、黄土状母质、红土质母质、红土状母质、灌淤母质、风积母质、洪积母质、冲积母质等。土壤类型分为褐土(褐土土性土、石灰性褐土、褐土、潮褐土)、潮土(脱潮土、潮土、盐化潮土和碱化潮土)、盐土(沼泽土)、风砂土、新积土、红土、粗骨土8类。

动物：陆栖脊椎动物约有400余种，其中两栖类8种，爬行类22种，鸟类330余种，兽类48种。其中列为国家重点保护的野生动物35种，山西省重点保护野生动物23种，中日、中澳候鸟保护协定物种72种。

植物：属南暖温带，优势种是油松、白皮松、侧柏等，野生植物资源丰富。国家Ⅱ级保护野生植物有翅果油树；省级重点保护野生植物有堇花槐、窄叶槐。

人口：2012年，常住人口519.45万人，其中城镇人口215.1万人、乡村人口304.35万人，人口密度366人/平方公里。

运城市涉及重点调查湿地6个(其中包括单独区划湿地区1个，即运城湿地自然保护区)，一般调查湿地12个。湿地总面积为45551.19公顷，占全省湿地总面积的29.98%，其中：河流湿地面积为19571.22公顷，占全省同类型湿地总面积的20.19%；湖泊湿地面积为2854.12公顷，占全省同类型湿地总面积的91.16%；人工湿地面积为19003.22公顷，占全省同类型湿地总面积的43.46%；沼泽湿地面积为4122.63公顷，占全省同类型湿地总面积的50.58%，见表2-21。

国家重要湿地"三门峡库区"位于该市范围，湿地总面积30008.96公顷，占全省湿地总面积的19.75%、运城市湿地总面积的65.88%。其中：河流湿地15727.56公顷，占库湖泊湿地289.61公顷，沼泽湿地3087.86公顷，人工湿地10903.93公顷。

表 2-21 运城市湿地分布概况表

湿地区	湿地类	河流湿地（公顷）	湖泊湿地（公顷）	沼泽湿地（公顷）	人工湿地（公顷）	总 计（公顷）
一般调查湿地	盐湖区零星湿地区	21.65	1487.93	22.87	326.58	1859.03
	临猗县零星湿地区				57.12	57.12
	闻喜县零星湿地区	178.83			125.66	304.49
	稷山县零星湿地区	244.23			81.44	325.67
	新绛县零星湿地区	236.72			72.80	309.52
	绛县零星湿地区	229.06				229.06
	垣曲县零星湿地区	1514.87			456.22	1971.09
	夏县零星湿地区	254.12			30.56	284.68
	平陆县零星湿地区	390.62			51.57	442.19
	芮城县零星湿地区	23.62			34.62	58.24
	永济市零星湿地区				52.96	52.96
	河津市零星湿地区	160.51			39.85	200.36
	小 计	3254.23	1487.93	22.87	1329.38	6094.41
重点调查湿地	山西历山国家级自然保护区	78.02			29.33	107.35
	山西涑水河源头省级自然保护区	89.44			24.36	113.80
	山西太宽河省级自然保护区	109.66				109.66
	山西运城湿地省级自然保护区	15544.28	1366.19	4099.76	16247.46	37257.69
	山西古城国家湿地公园	183.28			1361.23	1544.51
	山西新绛县汾河省级湿地公园	312.31			11.46	323.77
	小 计	16316.99	1366.19	4099.76	17673.84	39456.78
总 计		19571.22	2854.12	4122.63	19003.22	45551.19

6 河流湿地

6.1 河流各湿地型及面积

山西河流湿地总面积 96923.72 公顷，占全省湿地总面积的 63.79%。其中：永久性河流湿地 76388.71 公顷，季节性或间歇性河流湿地 5697.66 公顷，洪泛平原湿地 14837.35 公顷，如图 2-13、图 2-14。

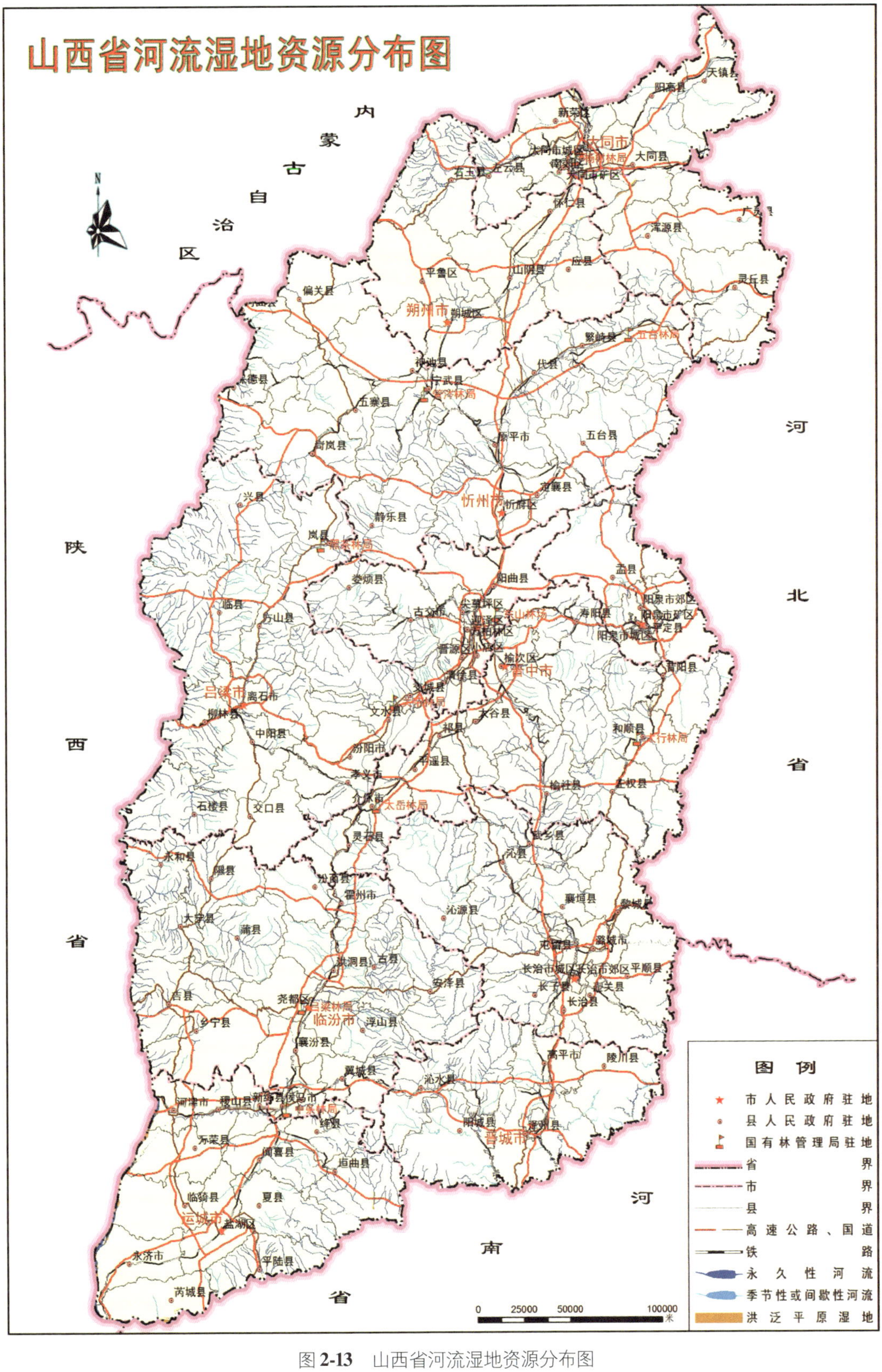

图 **2-13**　山西省河流湿地资源分布图

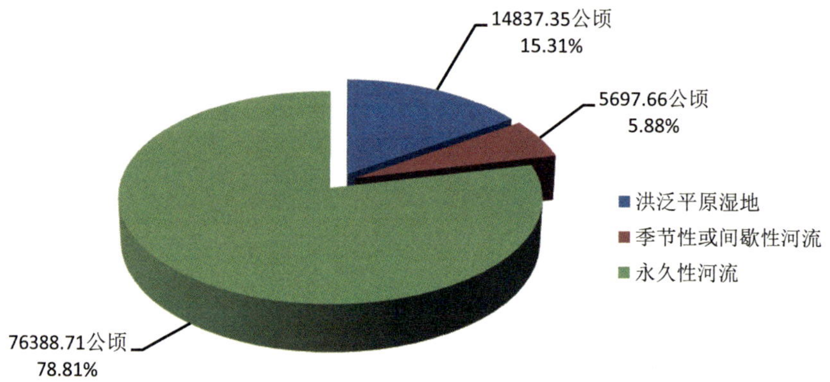

图 **2-14** 山西省河流湿地各湿地型面积比例

6.2 各流域的湿地型及面积

山西省各流域河流湿地分布概况见表2-22。

表 2-22 山西省各流域河流湿地分布概况表

一级流域	二级流域	三级流域	永久性河流（公顷）	季节性或间歇性河流（公顷）	洪泛平原湿地（公顷）	总　计（公顷）
海河区	海河北系	永定河册田水库以上	5262.61	885.57	3786.13	9934.31
		永定河册田水库至三家店区间	1108.45	182.10		1290.55
		小　计	6371.06	1067.67	3786.13	11224.86
	海河南系	大清河山区	1039.34	23.38		1062.72
		漳卫河山区	5606.59	278.69	42.43	5927.71
		子牙河山区	5732.98	433.01	781.34	6947.33
		小　计	12378.91	735.08	823.77	13937.76
黄河区	河口镇至龙门	汾河	14708.57	1452.48	1857.83	18018.88
		河口镇至龙门左岸	28062.62	1504.34	529.20	30096.16
		小　计	42771.19	2956.82	2387.03	48115.04
	龙门至三门峡	龙门至三门峡干流区间	8122.53	275.81	6918.93	15317.27
		小　计	8122.53	275.81	6918.93	15317.27
	三门峡至花园口	沁丹河	4864.58	654.04		5518.62
		三门峡至小浪底区间	1822.58	8.24	921.49	2752.31
		小浪底至花园口干流区间	57.86			57.86
		小　计	6745.02	662.28	921.49	8328.79
总　计			76388.71	5697.66	14837.35	96923.72

6.3 各湿地区的湿地型及面积

山西省各湿地区河流湿地分布概况见表2-23。

表2-23 山西省各湿地区河流湿地分布概况表

所属市	湿地区＼湿地型	永久性河流（公顷）	季节性或间歇性河流（公顷）	洪泛平原湿地（公顷）	总计（公顷）
大同市	大同市城区零星湿地区	95.10			95.10
	大同市矿区零星湿地区	21.42			21.42
	南郊区零星湿地区	723.82		56.04	779.86
	新荣区零星湿地区	587.24	272.80	538.71	1398.75
	阳高县零星湿地区	665.86	123.52		789.38
	天镇县零星湿地区	730.78	30.79		761.57
	广灵县零星湿地区		74.84		74.84
	灵丘县零星湿地区	685.67	23.38		709.05
	浑源县零星湿地区	438.89	27.28		466.17
	左云县零星湿地区	883.47	53.90		937.37
	大同县零星湿地区	627.08		1614.23	2241.31
朔州市	朔城区零星湿地区	205.32		66.75	272.07
	平鲁区零星湿地区	250.22			250.22
	山阴县零星湿地区	223.08	10.85		233.93
	应县零星湿地区	377.89			377.89
	右玉县零星湿地区	2454.9	22.38		2477.28
	怀仁县零星湿地区	283.32	473.69		757.01
忻州市	忻府区零星湿地区	614.34	4.49	781.34	1400.17
	定襄县零星湿地区	294.50			294.50
	五台县零星湿地区	907.68	60.53		968.21
	代县零星湿地区	591.47	40.15		631.62
	繁峙县零星湿地区	919.78	15.24		935.02
	宁武县零星湿地区	1159.27	35.42		1194.69
	静乐县零星湿地区	1605.21	24.69		1629.9
	五寨县零星湿地区	210.70	38.01		248.71
	岢岚县零星湿地区	561.27	131.76		693.03
	河曲县零星湿地区	1707.16	190.26	92.68	1990.10
	保德县零星湿地区	1479.57	35.99	252.55	1768.11

（续）

所属市	湿地型 湿地区	永久性河流（公顷）	季节性或间歇性河流（公顷）	洪泛平原湿地（公顷）	总 计（公顷）
忻州市	偏关县零星湿地区	832.94	49.81		882.75
	原平市零星湿地区	930.79	62.84		993.63
太原市	小店区零星湿地区	258.57			258.57
	迎泽区零星湿地区	124.67			124.67
	杏花岭区零星湿地区	88.98			88.98
	尖草坪区零星湿地区	591.40	6.26	92.08	689.74
	万柏林区零星湿地区	273.91	55.15		329.06
	晋源区零星湿地区	69.45	22.51		91.96
	清徐县零星湿地区	234.15	50.19		284.34
	阳曲县零星湿地区	160.24	17.15		177.39
	娄烦县零星湿地区	603.87	41.48	596.88	1242.23
	古交市零星湿地区	633.95	77.92		711.87
吕梁市	离石区零星湿地区	539.83	28.61		568.44
	文水县零星湿地区	410.14	1.26		411.40
	交城县零星湿地区	771.03	14.50		785.53
	兴县零星湿地区	4761.49	92.40	17.53	4871.42
	临县零星湿地区	4289.55	324.97	8.93	4623.45
	柳林县零星湿地区	1764.87	40.95	26.58	1832.40
	石楼县零星湿地区	1697.56	135.69		1833.25
	岚县零星湿地区	615.28	23.82		639.10
	方山县零星湿地区	640.49	29.29		669.78
	中阳县零星湿地区	431.43	42.69		474.12
	孝义市零星湿地区	136.17	12.78		148.95
	汾阳市零星湿地区	130.74			130.74
晋中市	榆次区零星湿地区	434.24	77.06	29.78	541.08
	榆社县零星湿地区	826.85			826.85
	左权县零星湿地区	527.71	72.38		600.09
	和顺县零星湿地区	763.82	20.17		783.99
	昔阳县零星湿地区	641.26	77.25		718.51
	寿阳县零星湿地区	969.21	88.77		1057.98
	太谷县零星湿地区	154.01			154.01

（续）

所属市	湿地型 / 湿地区	永久性河流（公顷）	季节性或间歇性河流（公顷）	洪泛平原湿地（公顷）	总　计（公顷）
晋中市	祁县零星湿地区	146.00	75.53		221.53
	平遥县零星湿地区	239.16			239.16
	灵石县零星湿地区	462.52	82.39		544.91
	介休市零星湿地区	290.34	26.00		316.34
阳泉市	阳泉市城区零星湿地区	43.93			43.93
	阳泉市矿区零星湿地区	47.26			47.26
	阳泉市郊区零星湿地区	215.93	66.16		282.09
	平定县零星湿地区	204.17	6.29		210.46
	盂县零星湿地区	349.40	111.99		461.39
长治市	长治市郊区零星湿地区	76.99			76.99
	长治县零星湿地区	71.11			71.11
	襄垣县零星湿地区	626.12	35.30		661.42
	屯留县零星湿地区	608.02			608.02
	平顺县零星湿地区	493.10			493.10
	黎城县零星湿地区	135.07			135.07
	壶关县零星湿地区	96.91			96.91
	长子县零星湿地区	353.67	26.52		380.19
	武乡县零星湿地区	725.85	45.16		771.01
	沁县零星湿地区	332.28	27.24		359.52
	沁源县零星湿地区	928.74	207.68		1136.42
	潞城市零星湿地区	118.35		42.43	160.78
晋城市	晋城市城区零星湿地区	49.15			49.15
	沁水县零星湿地区	1310.03	98.97		1409.00
	阳城县零星湿地区	634.36	164.00		798.36
	陵川县零星湿地区	114.63	149.23		263.86
	泽州县零星湿地区	385.96	58.27		444.23
	高平市零星湿地区	166.16	93.35		259.51
临汾市	尧都区零星湿地区	336.20			336.20
	曲沃县零星湿地区	98.18	15.50		113.68
	翼城县零星湿地区	269.76			269.76
	襄汾县零星湿地区	357.63			357.63

（续）

所属市	湿地型 湿地区	永久性河流（公顷）	季节性或间歇性河流（公顷）	洪泛平原湿地（公顷）	总 计（公顷）
临汾市	洪洞县零星湿地区	576.87	261.85	108.00	946.72
	古县零星湿地区	1114.21			1114.21
	安泽县零星湿地区	1401.10	67.88		1468.98
	浮山县零星湿地区	431.87	54.81		486.68
	吉县零星湿地区	1503.71		128.38	1632.09
	乡宁县零星湿地区	733.70	26.13		759.83
	大宁县零星湿地区	1046.09	21.57	2.55	1070.21
	隰县零星湿地区	516.93	41.20		558.13
	永和县零星湿地区	1935.69	46.89		1982.58
	蒲县零星湿地区	529.38	217.03		746.41
	汾西县零星湿地区		79.21		79.21
	侯马市零星湿地区	137.25		422.18	559.43
	霍州市零星湿地区	215.35	140.07	56.37	411.79
运城市	盐湖区零星湿地区		21.65		21.65
	闻喜县零星湿地区	110.95	67.88		178.83
	稷山县零星湿地区	234.15	10.08		244.23
	新绛县零星湿地区	246.22		302.81	549.03
	绛县零星湿地区	287.79	30.71		318.50
	垣曲县零星湿地区	976.19		799.98	1776.17
	夏县零星湿地区	258.26	105.52		363.78
	平陆县零星湿地区	355.95	34.67		390.62
	芮城县零星湿地区		23.62		23.62
	河津市零星湿地区	159.07	1.44		160.51
单独区划	山西桑干河省级自然保护区湿地区	463.28		1510.40	1973.68
	山西运城湿地省级自然保护区湿地区	8254.11		7290.17	15544.28
总 计		76388.71	5697.66	14837.35	96923.72

6.4 各行政区的湿地型及面积

山西省各行政区河流湿地分布概况见表2-24。

表 2-24　山西省 11 个市河流湿地分布概况表

湿地型 / 行政区	永久性河流（公顷）	季节性或间歇性河流（公顷）	洪泛平原湿地（公顷）	总　计（公顷）
大同市	5825.38	606.51	2610.74	9042.63
朔州市	3891.96	506.92	1175.39	5574.27
忻州市	11814.68	689.19	1126.57	13630.44
太原市	3039.19	270.66	688.96	3998.81
吕梁市	16188.58	746.96	53.04	16988.58
晋中市	5455.12	519.55	29.78	6004.45
阳泉市	860.69	184.44		1045.13
长治市	4566.21	341.90	42.43	4950.54
晋城市	2660.29	563.82		3224.11
临汾市	11203.92	972.14	717.48	12893.54
运城市	10882.69	295.57	8392.96	19571.22
总　计	76388.71	5697.66	14837.35	96923.72

7　湖泊湿地

7.1　湖泊各湿地型及面积

山西湖泊湿地总面积 3130.96 公顷，占全省湿地总面积的 2.06%。其中：永久性淡水湖 1643.03 公顷，永久性咸水湖 1487.93 公顷，如图 2-15、图 2-16。

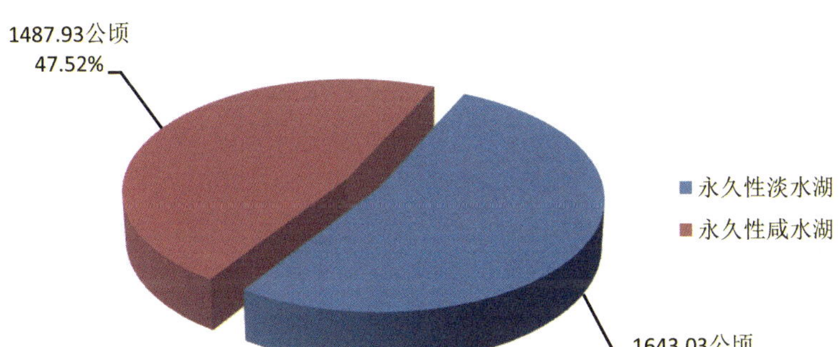

图 **2-15**　山西省湖泊湿地各湿地型面积比例

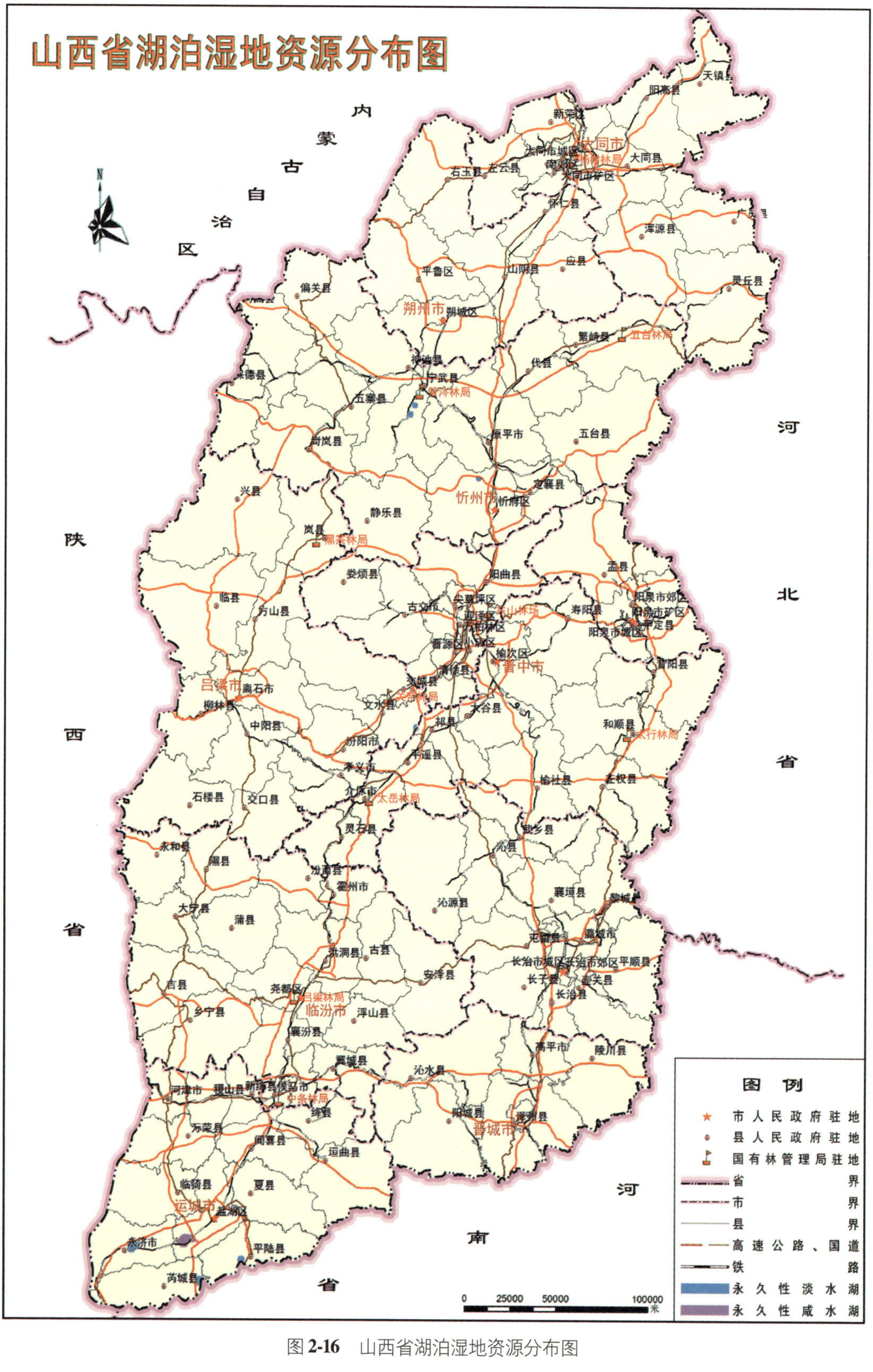

图 2-16 山西省湖泊湿地资源分布图

7.2 各流域的湿地型及面积

山西省各流域湖泊湿地分布概况见表2-25。

表2-25 山西省各流域湖泊湿地分布概况表

一级流域	二级流域	三级流域	永久性淡水湖（公顷）	永久性咸水湖（公顷）	总 计（公顷）
海河区	海河北系	永定河册田水库以上	18.21		18.21
		永定河册田水库至三家店区间			
		小 计	18.21		18.21
	海河南系	大清河山区			
		漳卫河山区			
		子牙河山区	26.25		26.25
		小 计	26.25		26.25
黄河区	河口镇至龙门	汾河	232.38		232.38
		河口镇至龙门左岸			
		小 计	232.38		232.38
	龙门至三门峡	龙门至三门峡干流区间	1366.19	1487.93	2854.12
		小 计	1366.19	1487.93	2854.12
	三门峡至花园口	沁丹河			
		三门峡至小浪底区间			
		小浪底至花园口干流区间			
		小 计			
总 计			1643.03	1487.93	3130.96

7.3 各湿地区的湿地型及面积

山西省各湿地区湖泊湿地分布概况见表2-26。

表2-26 山西省各湿地区湖泊湿地分布概况表

所属市	湿地型 湿地区	永久性淡水湖（公顷）	永久性咸水湖（公顷）	总 计（公顷）
忻州市	忻府区零星湿地区	26.25		26.25
	宁武县零星湿地区	94.52		94.52
吕梁市	文水县零星湿地区	46.86		46.86
	交城县零星湿地区	109.21		109.21
运城市	盐湖区零星湿地区		1487.93	1487.93
单独区划	山西运城湿地省级自然保护区湿地区	1366.19		1366.19
总 计		1643.03	1487.93	3130.96

7.4 各行政区的湿地型及面积

山西省各行政区湖泊湿地分布概况见表2-27。

表2-27 山西省各行政区湖泊湿地分布概况表

湿地型 / 行政区	永久性淡水湖（公顷）	永久性咸水湖（公顷）	总 计（公顷）
大同市			
朔州市			
忻州市	120.77		120.77
太原市			
吕梁市	156.07		156.07
晋中市			
阳泉市			
长治市			
晋城市			
临汾市			
运城市	1366.19	1487.93	2854.12
总 计	1643.03	1487.93	3130.96

8 沼泽湿地

8.1 沼泽各湿地型及面积

山西沼泽湿地总面积8151.36公顷，占全省湿地总面积的5.37%。其中：草本沼泽湿地7761.27公顷，森林沼泽390.09公顷，如图2-17、图2-18。

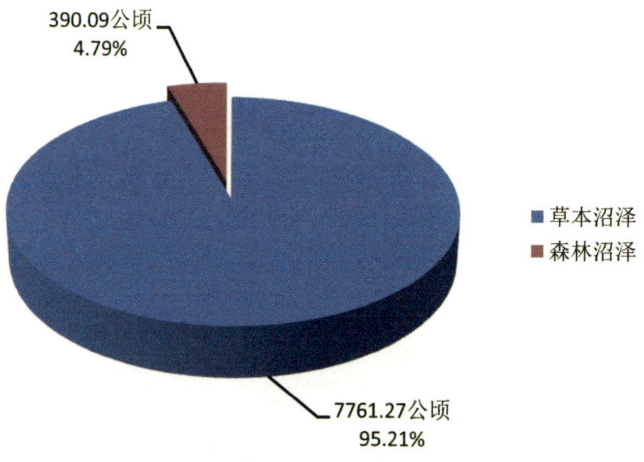

图2-17 山西省沼泽湿地各湿地型面积比例

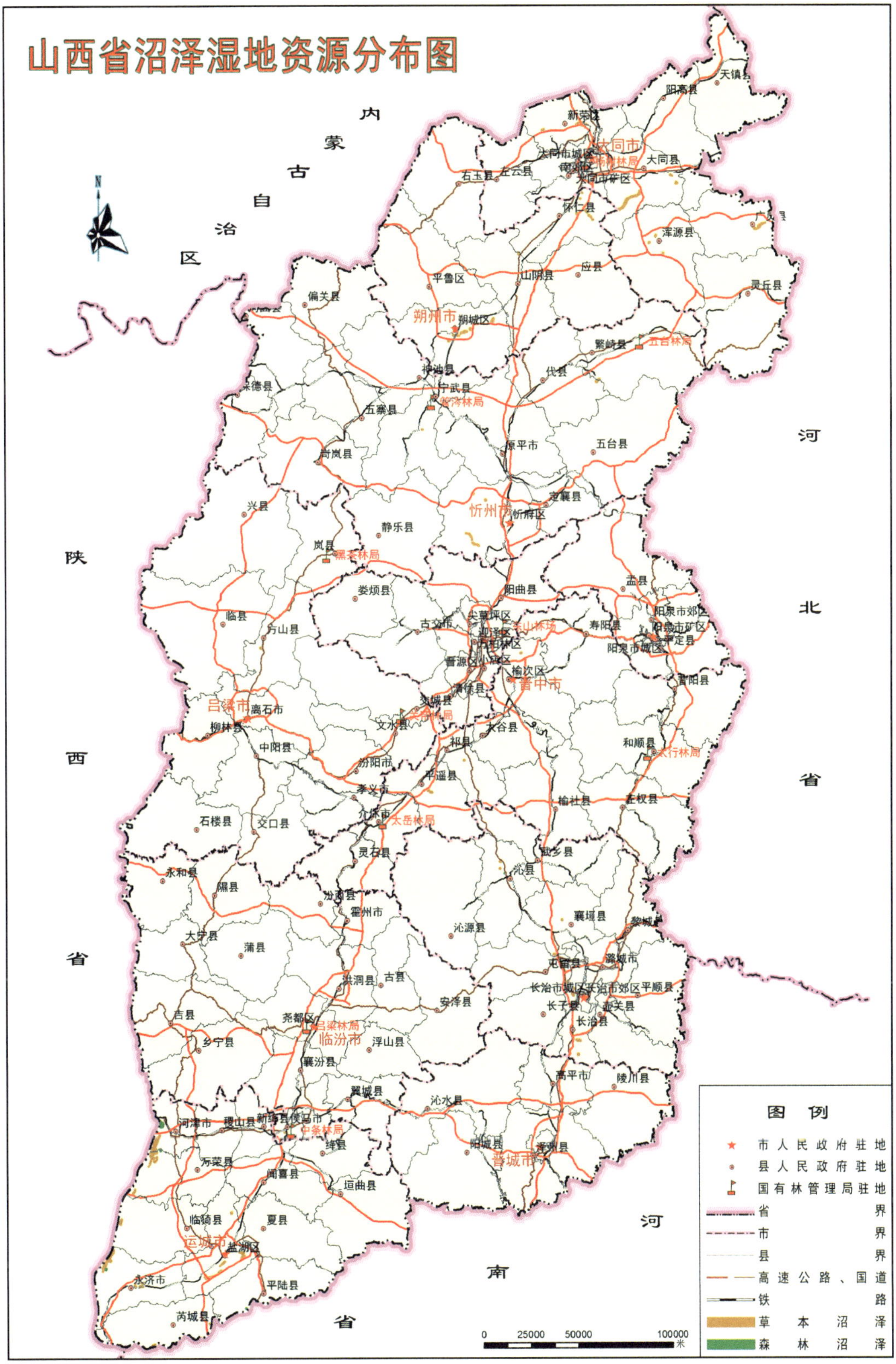

图 **2-18**　山西省沼泽湿地资源分布图

8.2 各流域的湿地型及面积

山西省各流域沼泽湿地分布概况见表2-28。

表2-28 山西省各流域沼泽湿地分布概况表

一级流域	二级流域	三级流域	草本沼泽（公顷）	森林沼泽（公顷）	总计（公顷）
海河区	海河北系	永定河册田水库以上	2153.95		2153.95
		永定河册田水库至三家店区间	313.70		313.70
		小计	2467.65		2467.65
	海河南系	大清河山区			
		漳卫河山区	851.93	12.02	863.95
		子牙河山区	411.09		411.09
		小计	1263.02	12.02	1275.04
黄河区	河口镇至龙门	汾河	1390.37	343.99	1734.36
		河口镇至龙门左岸	48.27		48.27
		小计	1438.64	343.99	1782.63
	龙门至三门峡	龙门至三门峡干流区间	2586.80	34.08	2620.88
		小计	2586.80	34.08	2620.88
	三门峡至花园口	沁丹河	5.16		5.16
		三门峡至小浪底区间			
		小浪底至花园口干流区间			
		小计	5.16		5.16
总计			7761.27	390.09	8151.36

8.3 各湿地区的湿地型及面积

山西省各湿地区沼泽湿地分布概况见表2-29。

表2-29 山西省各湿地区沼泽湿地分布概况表

所属市	湿地型 湿地区	草本沼泽（公顷）	森林沼泽（公顷）	总计（公顷）
大同市	南郊区零星湿地区	113.53		113.53
	新荣区零星湿地区	437.18		437.18
	广灵县零星湿地区	313.70		313.70
	浑源县零星湿地区	91.99		91.99
	大同县零星湿地区	67.31		67.31

（续）

所属市	湿地型 湿地区	草本沼泽（公顷）	森林沼泽（公顷）	总 计（公顷）
朔州市	朔城区零星湿地区	471.90		471.90
	怀仁县零星湿地区	153.99		153.99
忻州市	忻府区零星湿地区	301.69		301.69
	代县零星湿地区	43.35		43.35
	繁峙县零星湿地区	66.05		66.05
	宁武县零星湿地区	26.75		26.75
吕梁市	文水县零星湿地区	10.16		10.16
	交城县零星湿地区	18.02		18.02
	方山县零星湿地区	48.27		48.27
晋中市	榆次区零星湿地区	24.54		24.54
	祁县零星湿地区	23.11		23.11
	平遥县零星湿地区	77.39		77.39
长治市	长治市郊区零星湿地区	571.93		571.93
	长治县零星湿地区	95.69		95.69
	襄垣县零星湿地区	52.78		52.78
	屯留县零星湿地区	108.36		108.36
	沁县零星湿地区	23.17	12.02	35.19
晋城市	高平市零星湿地区	5.16		5.16
临汾市	侯马市零星湿地区	52.64		52.64
运城市	盐湖区零星湿地区	22.87		22.87
单独区划	山西桑干河省级自然保护区湿地区	818.05		818.05
	山西运城湿地省级自然保护区湿地区	3721.69	378.07	4099.76
总 计		7761.27	390.09	8151.36

8.4 各行政区的湿地型及面积

山西省各行政区沼泽湿地分布概况见表2-30。

表2-30 山西省各行政区沼泽湿地分布概况表

湿地型 行政区	草本沼泽（公顷）	森林沼泽（公顷）	总 计（公顷）
大同市	1785.72		1785.72
朔州市	681.93		681.93

（续）

湿地型 / 行政区	草本沼泽（公顷）	森林沼泽（公顷）	总　计（公顷）
忻州市	437.84		437.84
太原市			
吕梁市	76.45		76.45
晋中市	125.04		125.04
阳泉市			
长治市	851.93	12.02	863.95
晋城市	5.16		5.16
临汾市	52.64		52.64
运城市	3744.56	378.07	4122.63
总　计	7761.27	390.09	8151.36

9 人工湿地

9.1 人工各湿地型及面积

山西人工湿地总面积43730.72公顷，占全省湿地总面积的28.78%。其中：库塘32621.74公顷，运河/输水河(干渠)2460.32公顷，水产养殖场(鱼池、鱼塘)1626.19公顷，稻田/冬水田(莲藕池)369.76公顷，盐田6695.71公顷，如图2-19、图2-20。

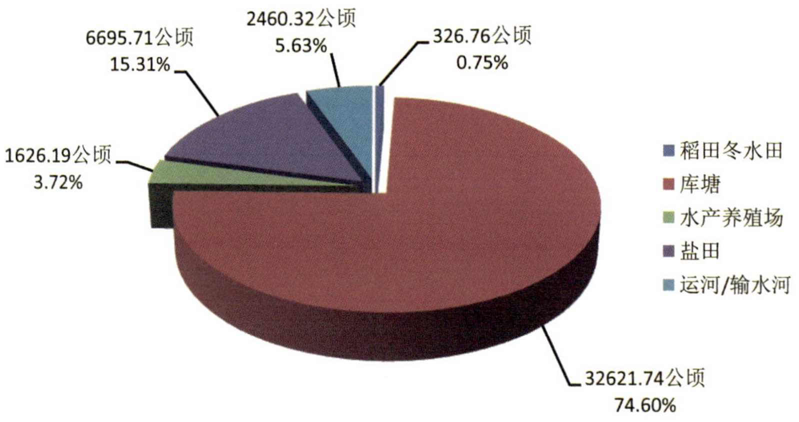

图2-19　山西省人工湿地各湿地型面积

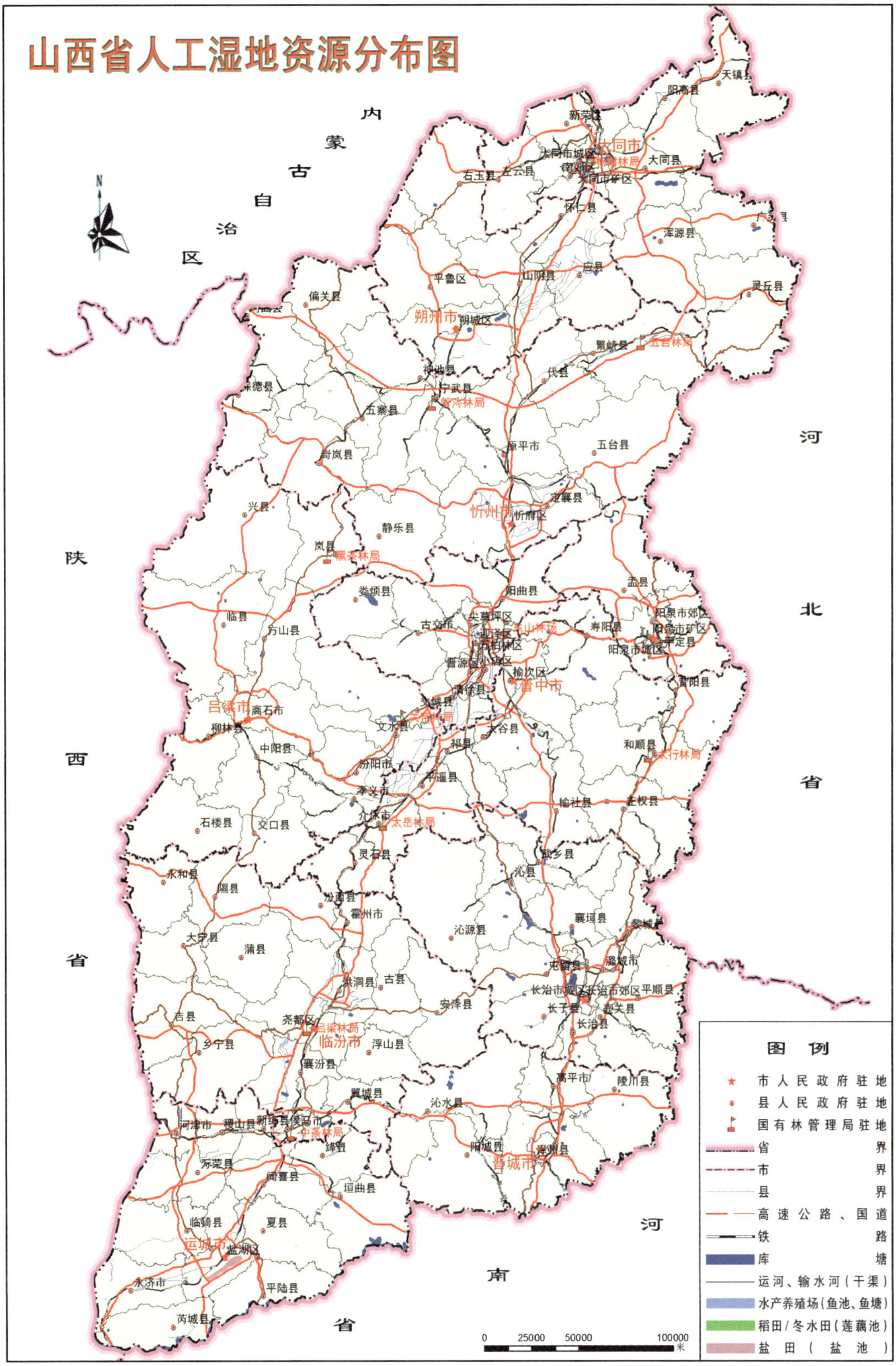

图 2-20　山西省人工湿地资源分布图

9.2 各流域的湿地型及面积

山西省各流域人工湿地分布概况见表2-31。

表2-31 山西省各流域人工湿地分布概况表

一级流域	二级流域	三级流域	库塘（公顷）	运河/输水河（公顷）	水产养殖场（公顷）	稻田冬水田（公顷）	盐田（公顷）	总计（公顷）
海河区	海河北系	永定河册田水库以上	4113.52	486.41	157.86			4757.79
		永定河册田水库至三家店区间	253.29	40.78	27.27			321.34
		小计	4366.81	527.19	185.13			5079.13
	海河南系	大清河山区		10.76				10.76
		漳卫河山区	6960.98	95.70	169.48			7226.16
		子牙河山区	1640.07	434.54	30.34			2104.95
		小计	8601.05	541	199.82			9341.87
黄河区	河口镇至龙门	汾河	6456.43	1152.13	606.91	125.86	9.94	8351.27
		河口镇至龙门左岸	930.83	23.48				954.31
		小计	7387.26	1175.61	606.91	125.86	9.94	9305.58
	龙门至三门峡	龙门至三门峡干流区间	6198.63	216.52	634.33	200.90	6685.77	13936.15
		小计	6198.63	216.52	634.33	200.90	6685.77	13936.15
	三门峡至花园口	沁丹河	1614.40					1614.40
		三门峡至小浪底区间	4450.68					4450.68
		小浪底至花园口干流区间	2.91					2.91
		小计	6067.99					6067.99
总计			32621.74	2460.32	1626.19	326.76	6695.71	43730.72

9.3 各湿地区的湿地型及面积

山西省各湿地区人工湿地分布概况见表2-32。

表2-32 山西省各湿地区人工湿地分布概况表

所属市	湿地型 / 湿地区	库塘（公顷）	运河/输水河（公顷）	水产养殖场（公顷）	稻田冬水田（公顷）	盐田（公顷）	总计（公顷）
大同市	大同市矿区零星湿地区		4.71				4.71
	南郊区零星湿地区	604.37	13.61				617.98
	新荣区零星湿地区	9.35					9.35

（续）

所属市	湿地型 湿地区	库塘（公顷）	运河/输水河（公顷）	水产养殖场（公顷）	稻田冬水田（公顷）	盐田（公顷）	总　计（公顷）
大同市	阳高县零星湿地区	41.25	31.14	18.40			90.79
	广灵县零星湿地区	241.17	9.64	8.87			259.68
	灵丘县零星湿地区		10.76				10.76
	浑源县零星湿地区	144.56		89.00			233.56
	左云县零星湿地区	42.25	8.08				50.33
	大同县零星湿地区	1386.12					1386.12
朔州市	朔城区零星湿地区	989.66	72.38	45.34			1107.38
	平鲁区零星湿地区	24.44	23.48				47.92
	山阴县零星湿地区	111.49	141.62				253.11
	应县零星湿地区	283.84	203.61				487.45
	右玉县零星湿地区	75.27					75.27
	怀仁县零星湿地区	387.89	39.80				427.69
忻州市	忻府区零星湿地区	235.83	201.92				437.75
	定襄县零星湿地区	28.55	104.13				132.68
	五台县零星湿地区	116.90					116.90
	代县零星湿地区	265.76	30.79				296.55
	繁峙县零星湿地区	264.45	97.70	30.34			392.49
	宁武县零星湿地区	82.35					82.35
	神池县零星湿地区	29.58					29.58
	五寨县零星湿地区	118.10					118.10
	岢岚县零星湿地区	30.01					30.01
	河曲县零星湿地区	8.88					8.88
	原平市零星湿地区	204.14					204.14
太原市	小店区零星湿地区		90.03			9.94	99.97
	迎泽区零星湿地区	18.03	4.02				22.05
	杏花岭区零星湿地区	17.89	3.41				21.30
	尖草坪区零星湿地区	76.00	30.15	14.80			120.95
	万柏林区零星湿地区		20.48				20.48
	晋源区零星湿地区	471.87	31.65				503.52
	清徐县零星湿地区	104.55	104.89	98.66			308.10
	阳曲县零星湿地区	19.57					19.57
	娄烦县零星湿地区	1721.49					1721.49

（续）

所属市	湿地型 湿地区	库塘（公顷）	运河/输水河（公顷）	水产养殖场（公顷）	稻田冬水田（公顷）	盐田（公顷）	总　计（公顷）
吕梁市	离石区零星湿地区	67.40					67.40
	文水县零星湿地区	163.87	118.49				282.36
	交城县零星湿地区	422.18					422.18
	兴县零星湿地区	18.49					18.49
	临县零星湿地区	168.87					168.87
	岚县零星湿地区	78.07					78.07
	方山县零星湿地区	338.94					338.94
	中阳县零星湿地区	31.00					31.00
	交口县零星湿地区	19.15					19.15
	孝义市零星湿地区	194.67	12.14				206.81
	汾阳市零星湿地区		48.22				48.22
晋中市	榆次区零星湿地区	41.03	38.13				79.16
	榆社县零星湿地区	971.27					971.27
	左权县零星湿地区	266.27					266.27
	和顺县零星湿地区	139.77					139.77
	昔阳县零星湿地区	196.87					196.87
	寿阳县零星湿地区	819.81					819.81
	太谷县零星湿地区	208.58	3.41				211.99
	祁县零星湿地区	33.77	27.78				61.55
	平遥县零星湿地区	245.91	118.55				364.46
	灵石县零星湿地区	117.01					117.01
	介休市零星湿地区	14.03	33.51				47.54
阳泉市	平定县零星湿地区	161.95					161.95
	盂县零星湿地区	130.77					130.77
长治市	长治市郊区零星湿地区	2291.08		51.04			2342.12
	长治县零星湿地区	122.05					122.05
	襄垣县零星湿地区	1107.92	18.89				1126.81
	屯留县零星湿地区	514.39		84.59			598.98
	平顺县零星湿地区		1.30				1.30
	黎城县零星湿地区	21.25	56.03				77.28
	壶关县零星湿地区	101.69					101.69

（续）

所属市	湿地区＼湿地型	库塘（公顷）	运河/输水河（公顷）	水产养殖场（公顷）	稻田冬水田（公顷）	盐田（公顷）	总　计（公顷）
长治市	长子县零星湿地区	341.84	19.48				361.32
	武乡县零星湿地区	368.67					368.67
	沁县零星湿地区	600.60		33.85			634.45
	沁源县零星湿地区	11.23					11.23
晋城市	晋城市城区零星湿地区	5.02					5.02
	沁水县零星湿地区	739.03					739.03
	阳城县零星湿地区	92.03					92.03
	陵川县零星湿地区	207.79					207.79
	泽州县零星湿地区	630.11					630.11
	高平市零星湿地区	46.28					46.28
临汾市	尧都区零星湿地区	227.19	45.26		12.15		284.60
	曲沃县零星湿地区	577.78	24.59				602.37
	翼城县零星湿地区	95.83					95.83
	襄汾县零星湿地区	345.7	86.39	62.53	31.77		526.39
	洪洞县零星湿地区	135.59	183.94	43.85	13.10		376.48
	隰县零星湿地区	19.85					19.85
	侯马市零星湿地区	107.81	20.89	39.95	37.32		205.97
运城市	盐湖区零星湿地区	213.41	57.44		11.59	44.14	326.58
	临猗县零星湿地区		48.80	8.32			57.12
	闻喜县零星湿地区	107.89	17.77				125.66
	稷山县零星湿地区	15.09	66.35				81.44
	新绛县零星湿地区	13.15		39.59	31.52		84.26
	绛县零星湿地区	24.36					24.36
	垣曲县零星湿地区	1846.78					1846.78
	夏县零星湿地区	20.98	9.58				30.56
	平陆县零星湿地区	51.57					51.57
	芮城县零星湿地区	14.50	20.12				34.62
	永济市零星湿地区		41.06			11.90	52.96
	河津市零星湿地区		39.85				39.85

（续）

所属市	湿地型 湿地区	库塘（公顷）	运河/输水河（公顷）	水产养殖场（公顷）	稻田冬水田（公顷）	盐田（公顷）	总 计（公顷）
单独区划的湿地区	山西桑干河省级自然保护区湿地区	124.86	2.60	23.52			150.98
	山西运城湿地省级自然保护区湿地区	8473.13	21.75	933.54	189.31	6629.73	16247.46
总 计		32621.74	2460.32	1626.19	326.76	6695.71	43730.72

9.4 各行政区的湿地型及面积

山西省各行政区人工湿地分布概况见表2-33。

表2-33 山西省各行政区人工湿地分布概况表

湿地型 行政区	库塘（公顷）	运河/输水河（公顷）	水产养殖场（公顷）	稻田冬水田（公顷）	盐田（公顷）	总 计（公顷）
大同市	2525.06	77.94	139.79			2742.79
朔州市	1941.46	483.49	45.34			2470.29
忻州市	1384.55	434.54	30.34			1849.43
太原市	2429.40	284.63	113.46		9.94	2837.43
吕梁市	1502.64	178.85				1681.49
晋中市	3054.32	221.38				3275.70
阳泉市	292.72					292.72
长治市	5480.72	95.70	169.48			5745.90
晋城市	1720.26					1720.26
临汾市	1509.75	361.07	146.33	94.34		2111.49
运城市	10780.86	322.72	981.45	232.42	6685.77	19003.22
总 计	32621.74	2460.32	1626.19	326.76	6695.71	43730.72

10 重点调查湿地

根据《实施细则》要求，重点调查湿地有74个，涉及4大湿地类、11种湿地型，湿地斑块425个。各类型湿地总面积53752.12公顷，占全湿地总面积的35.38%，见表2-34、表2-35。

表 2-34 山西省 74 个重点调查湿地概况表

重点调查湿地	湿地型(种)	斑块数(个)	湿地面积(公顷)
总 计	11	425	53752.12
山西运城湿地省级自然保护区	草本沼泽	28	3721.69
山西运城湿地省级自然保护区	稻田冬水田	6	189.31
山西运城湿地省级自然保护区	洪泛平原湿地	28	7290.17
山西运城湿地省级自然保护区	库塘	6	8473.13
山西运城湿地省级自然保护区	森林沼泽	5	378.07
山西运城湿地省级自然保护区	水产养殖场	16	933.54
山西运城湿地省级自然保护区	盐田	1	6629.73
山西运城湿地省级自然保护区	永久性淡水湖	3	1366.19
山西运城湿地省级自然保护区	永久性河流	12	8254.11
山西运城湿地省级自然保护区	运河/输水河	3	21.75
山西运城湿地省级自然保护区	小 计	108	37257.69
山西古城国家湿地公园	洪泛平原湿地	1	183.28
山西古城国家湿地公园	库塘	1	1361.23
山西古城国家湿地公园	小 计	2	1544.51
山西芦芽山国家级自然保护区	草本沼泽	1	5.85
山西芦芽山国家级自然保护区	永久性河流	6	273.63
山西芦芽山国家级自然保护区	小 计	7	279.48
山西庞泉沟国家级自然保护区	永久性河流	7	73.39
山西庞泉沟国家级自然保护区	小 计	7	73.39
山西黑茶山国家级自然保护区	库塘	1	97.23
山西黑茶山国家级自然保护区	永久性河流	2	134.71
山西黑茶山国家级自然保护区	小 计	3	231.94
山西历山国家级自然保护区	库塘	1	29.33
山西历山国家级自然保护区	永久性河流	14	119.06
山西历山国家级自然保护区	小 计	15	148.39
山西阳城蟒河猕猴国家级自然保护区	库塘	1	2.91
山西阳城蟒河猕猴国家级自然保护区	永久性河流	1	57.86
山西阳城蟒河猕猴国家级自然保护区	小 计	2	60.77
山西五鹿山国家级自然保护区	季节性或间歇性河流	1	17.50
山西五鹿山国家级自然保护区	库塘	1	19.85
山西五鹿山国家级自然保护区	永久性河流	1	23.54
山西五鹿山国家级自然保护区	小 计	3	60.89

（续）

重点调查湿地	湿地型(种)	斑块数(个)	湿地面积(公顷)
山西桑干河省级自然保护区	草本沼泽	4	818.05
	洪泛平原湿地	5	1510.40
	库塘	2	124.86
	水产养殖场	1	23.52
	永久性河流	9	463.28
	运河/输水河	1	2.60
	小　计	22	2942.71
山西壶流河湿地省级自然保护区	草本沼泽	2	313.7
	季节性或间歇性河流	1	26.53
	库塘	2	241.17
	小　计	5	581.40
山西灵丘黑鹳省级自然保护区	永久性河流	4	445.18
	小　计	4	445.18
山西应县南山省级自然保护区	永久性河流	4	26.05
	小　计	4	26.05
山西云中山省级自然保护区	草本沼泽	1	45.42
	季节性或间歇性河流	1	4.49
	库塘	1	71.09
	永久性河流	15	213.97
	小　计	18	334.97
山西臭冷杉省级自然保护区	季节性或间歇性河流	1	15.24
	永久性河流	6	119.87
	小　计	7	135.11
山西贺家山省级自然保护区	季节性或间歇性河流	3	29.50
	小　计	3	29.50
山西天龙山省级自然保护区	季节性或间歇性河流	1	3.12
	永久性河流	2	15.47
	小　计	3	18.59
山西凌井沟省级自然保护区	季节性或间歇性河流	1	17.15
	永久性河流	5	34.60
	小　计	6	51.75

（续）

重点调查湿地	湿地型(种)	斑块数(个)	湿地面积(公顷)
山西汾河上游省级自然保护区	季节性或间歇性河流	3	19.94
	永久性河流	9	61.18
	小　计	12	81.12
山西薛公岭省级自然保护区	季节性或间歇性河流	1	13.48
	永久性河流	3	16.83
	小　计	4	30.31
山西云顶山省级自然保护区	永久性河流	5	133.84
	小　计	5	133.84
山西蔚汾河省级自然保护区	库塘	1	18.49
	永久性河流	5	142.23
	小　计	6	160.72
山西八缚岭省级自然保护区	永久性河流	1	68.59
	小　计	1	68.59
山西孟信垴省级自然保护区	永久性河流	1	49.19
	小　计	1	49.19
山西铁桥山省级自然保护区	季节性或间歇性河流	1	6.20
	库塘	1	123.7
	永久性河流	7	200.94
	小　计	9	330.84
山西四县垴省级自然保护区	永久性河流	3	23.41
	小　计	3	23.41
山西超山省级自然保护区	永久性河流	2	55.28
	小　计	2	55.28
山西韩信岭省级自然保护区	永久性河流	3	16.75
	小　计	3	16.75
山西霍山省级自然保护区	季节性或间歇性河流	1	11.04
	永久性河流	2	24.82
	小　计	3	35.86
山西绵山省级自然保护区	季节性或间歇性河流	1	26.00
	小　计	1	26.00
山西药林寺冠山省级自然保护区	永久性河流	1	8.77
	小　计	1	8.77
山西浊漳河源头省级自然保护区	季节性或间歇性河流	2	13.51
	永久性河流	2	15.83
	小　计	4	29.34

（续）

重点调查湿地	湿地型(种)	斑块数(个)	湿地面积(公顷)
山西崦山省级自然保护区	季节性或间歇性河流	2	9.82
	永久性河流	2	10.00
	小　计	4	19.82
山西南方红豆杉省级自然保护区	季节性或间歇性河流	1	14.17
	库塘	2	35.47
	永久性河流	3	114.63
	小　计	6	164.27
山西泽州猕猴省级自然保护区	季节性或间歇性河流	2	46.93
	库塘	4	140.38
	永久性河流	3	202.13
	小　计	9	389.44
山西人祖山省级自然保护区	永久性河流	2	15.21
	小　计	2	15.21
山西红泥寺省级自然保护区	永久性河流	2	277.47
	小　计	2	277.47
山西管头山省级自然保护区	永久性河流	7	53.26
	小　计	7	53.26
山西涑水河源头省级自然保护区	季节性或间歇性河流	1	6.14
	库塘	3	24.36
	永久性河流	3	83.30
	小　计	7	113.80
山西太宽河省级自然保护区	永久性河流	6	109.66
	小　计	6	109.66
山西昌源河国家湿地公园	草本沼泽	1	23.11
	库塘	1	33.77
	永久性河流	1	98.27
	小　计	3	155.15
山西千泉湖国家湿地公园	草本沼泽	3	23.17
	库塘	8	342.13
	森林沼泽	1	12.02
	水产养殖场	2	33.85
	永久性河流	4	39.37
	小　计	18	450.54

（续）

重点调查湿地	湿地型(种)	斑块数(个)	湿地面积(公顷)
山西大同市文瀛湖省级湿地公园	库塘	1	496.15
	小　计	1	496.15
山西浑源县神溪省级湿地公园	草本沼泽	2	53.82
	库塘	1	81.85
	水产养殖场	1	89.00
	永久性河流	1	12.66
	小　计	5	237.33
山西左云县十里河省级湿地公园	永久性河流	1	145.26
	小　计	1	145.26
山西大同县土林省级湿地公园	永久性河流	1	84.19
	小　计	1	84.19
山西朔城区恢河省级湿地公园	草本沼泽	3	263.26
	库塘	3	328.74
	永久性河流	1	7.02
	小　计	7	599.02
山西忻府区滹沱河省级湿地公园	洪泛平原湿地	1	781.34
	永久性河流	1	49.26
	运河/输水河	1	3.92
	小　计	3	834.52
山西宁武县马营海省级湿地公园	草本沼泽	2	20.90
	库塘	1	82.35
	永久性淡水湖	4	94.52
	永久性河流	2	55.44
	小　计	9	253.21
山西神池县西海子省级湿地公园	库塘	1	29.58
	小　计	1	29.58
山西离石区东川河省级湿地公园	永久性河流	1	21.72
	小　计	1	21.72
山西关帝林局梅洞沟省级湿地公园	永久性河流	1	9.26
	小　计	1	9.26

（续）

重点调查湿地	湿地型(种)	斑块数(个)	湿地面积(公顷)
山西文水县世泰湖省级湿地公园	草本沼泽	1	10.16
	永久性淡水湖	1	46.86
	小　计	2	57.02
山西交城县华鑫湖省级湿地公园	草本沼泽	1	18.02
	永久性淡水湖	1	109.21
	小　计	2	127.23
山西柳林县三川河省级湿地公园	永久性河流	1	62.37
	小　计	1	62.37
山西方山县南阳沟省级湿地公园	库塘	1	14.00
	永久性河流	1	3.83
	小　计	2	17.83
山西中阳县陈家湾省级湿地公园	库塘	1	31.00
	永久性河流	1	73.43
	小　计	2	104.43
山西榆次区田家湾省级湿地公园	草本沼泽	1	24.54
	库塘	1	41.03
	小　计	2	65.57
山西太行林局海眼寺省级湿地公园	永久性河流	1	1.45
	小　计	1	1.45
山西太谷县棋盘山省级湿地公园	库塘	1	129.89
	永久性河流	1	26.35
	小　计	2	156.24
山西平遥县惠济省级湿地公园	草本沼泽	2	77.39
	库塘	1	149.36
	小　计	3	226.75
山西介休市汾河省级湿地公园	库塘	1	14.03
	小　计	1	14.03
山西太岳林局七里峪省级湿地公园	永久性河流	1	14.78
	小　计	1	14.78
山西太岳林局沁河源省级湿地公园	永久性河流	1	37.28
	小　计	1	37.28

（续）

重点调查湿地	湿地型(种)	斑块数(个)	湿地面积(公顷)
山西阳泉市桃河省级湿地公园	永久性河流	3	171.56
	小　计	3	171.56
山西盂县梁家寨省级湿地公园	季节性或间歇性河流	1	3.72
	库塘	1	130.77
	永久性河流	2	267.14
	小　计	4	401.63
山西屯留县绛河省级湿地公园	草本沼泽	1	108.36
	水产养殖场	3	84.59
	永久性河流	2	183.89
	小　计	6	376.84
山西平顺县太行水乡省级湿地公园	永久性河流	2	410.21
	运河/输水河	1	1.30
	小　计	3	411.51
山西高平市丹河省级湿地公园	草本沼泽	1	5.16
	永久性河流	1	125.68
	小　计	2	130.84
山西尧都区东郭省级湿地公园	稻田冬水田	1	12.15
	库塘	1	21.52
	小　计	2	33.67
山西曲沃县浍河省级湿地公园	库塘	1	476.07
	小　计	1	476.07
山西襄汾县双龙湖省级湿地公园	稻田冬水田	1	31.77
	库塘	1	315.81
	水产养殖场	1	62.53
	小　计	3	410.11
山西安泽县府城省级湿地公园	永久性河流	1	127.13
	小　计	1	127.13
山西侯马市香邑湖省级湿地公园	草本沼泽	1	52.64
	稻田冬水田	2	37.32
	库塘	1	107.81
	水产养殖场	2	39.95
	永久性河流	1	35.09
	小　计	7	272.81

（续）

重点调查湿地			湿地型(种)	斑块数(个)	湿地面积(公顷)
山西新绛县汾河省级湿地公园			稻田冬水田	2	11.46
			洪泛平原湿地	2	302.81
			永久性河流	1	9.50
			小　计	5	323.77
另：国家重要湿地	三门峡库区山西部分		永久性河流	12	8254.11
			洪泛平原湿地	29	7473.45
			永久性淡水湖	2	289.61
			草本沼泽	22	2709.79
			森林沼泽	5	378.07
			库塘	7	9834.36
			运河/输水河	2	13.63
			水产养殖场	15	866.63
			稻田冬水田	6	189.31
			小　计	100	30008.96
	其中	山西运城湿地省级自然保护区	永久性河流	12	8254.11
			洪泛平原湿地	28	7290.17
			永久性淡水湖	2	289.61
			草本沼泽	22	2709.79
			森林沼泽	5	378.07
			库塘	6	8473.13
			运河/输水河	2	13.63
			水产养殖场	15	866.63
			稻田冬水田	6	189.31
			小　计	98	28464.45
		山西古城国家湿地公园	洪泛平原湿地	1	183.28
			库塘	1	1361.23
			小　计	2	1544.51

表 2-35　山西省各湿地区重点调查湿地概况表

所属市	湿地类 湿地区	河流湿地（公顷）	湖泊湿地（公顷）	沼泽湿地（公顷）	人工湿地（公顷）	总　计（公顷）
大同市	南郊区零星湿地区				496.15	496.15
	广灵县零星湿地区	26.53		313.70	241.17	581.40

（续）

所属市	湿地类 / 湿地区	河流湿地（公顷）	湖泊湿地（公顷）	沼泽湿地（公顷）	人工湿地（公顷）	总 计（公顷）
大同市	灵丘县零星湿地区	445.18				445.18
	浑源县零星湿地区	12.66		53.82	170.85	237.33
	左云县零星湿地区	145.26				145.26
	大同县零星湿地区	84.19				84.19
朔州市	朔城区零星湿地区	7.02		263.26	328.74	599.02
	应县零星湿地区	26.05				26.05
忻州市	忻府区零星湿地区	1049.06		45.42	75.01	1169.49
	繁峙县零星湿地区	135.11				135.11
	宁武县零星湿地区	316.07	94.52	26.75	82.35	519.69
	神池县零星湿地区				29.58	29.58
	五寨县零星湿地区	13.00				13.00
	保德县零星湿地区	29.50				29.50
太原市	晋源区零星湿地区	18.59				18.59
	阳曲县零星湿地区	51.75				51.75
	娄烦县零星湿地区	214.96				214.96
	离石区零星湿地区	21.72				21.72
	文水县零星湿地区		46.86	10.16		57.02
	交城县零星湿地区	49.63	109.21	18.02		176.86
	兴县零星湿地区	276.94			18.49	295.43
吕梁市	临县零星湿地区				97.23	97.23
	柳林县零星湿地区	62.37				62.37
	方山县零星湿地区	36.85			14.00	50.85
	中阳县零星湿地区	103.74			31.00	134.74
	榆次区零星湿地区	68.59		24.54	41.03	134.16
	左权县零星湿地区	49.19				49.19
晋中市	和顺县零星湿地区	208.59			123.70	332.29
	太谷县零星湿地区	26.35			129.89	156.24
	祁县零星湿地区	121.68		23.11	33.77	178.56
	平遥县零星湿地区	55.28		77.39	149.36	282.03
	灵石县零星湿地区	16.75				16.75
	介休市零星湿地区	26.00			14.03	40.03

（续）

所属市	湿地类 湿地区	河流湿地（公顷）	湖泊湿地（公顷）	沼泽湿地（公顷）	人工湿地（公顷）	总 计（公顷）
阳泉市	阳泉市城区零星湿地区	23.73				23.73
	阳泉市矿区零星湿地区	47.26				47.26
	阳泉市郊区零星湿地区	100.57				100.57
	平定县零星湿地区	8.77				8.77
	盂县零星湿地区	270.86			130.77	401.63
长治市	屯留县零星湿地区	183.89		108.36	84.59	376.84
	平顺县零星湿地区	410.21			1.30	411.51
	沁县零星湿地区	68.71		35.19	375.98	479.88
	沁源县零星湿地区	37.28				37.28
晋城市	沁水县零星湿地区	11.01				11.01
	阳城县零星湿地区	95.92			2.91	98.83
	陵川县零星湿地区	128.80			35.47	164.27
	泽州县零星湿地区	249.06			140.38	389.44
	高平市零星湿地区	125.68		5.16		130.84
临汾市	尧都区零星湿地区				33.67	33.67
	曲沃县零星湿地区				476.07	476.07
	翼城县零星湿地区	11.79				11.79
	襄汾县零星湿地区				410.11	410.11
	洪洞县零星湿地区	11.04				11.04
	古县零星湿地区	24.82				24.82
	安泽县零星湿地区	404.6				404.60
	吉县零星湿地区	68.47				68.47
	隰县零星湿地区	23.54			19.85	43.39
	蒲县零星湿地区	17.50				17.50
	侯马市零星湿地区	35.09		52.64	185.08	272.81
	霍州市零星湿地区	14.78				14.78
运城市	新绛县零星湿地区	312.31			11.46	323.77
	绛县零星湿地区	89.44			24.36	113.80
	垣曲县零星湿地区	261.30			1390.56	1651.86
	夏县零星湿地区	109.66				109.66

（续）

所属市	湿地类 湿地区	河流湿地 （公顷）	湖泊湿地 （公顷）	沼泽湿地 （公顷）	人工湿地 （公顷）	总　计 （公顷）
单独区划	山西桑干河 省级自然保护区湿地区	1973.68		818.05	150.98	2942.71
	山西运城湿地 省级自然保护区湿地区	15544.28	1366.19	4099.76	16247.46	37257.69
总　计	重点调查湿地总面积 占全省湿地总面积的35.38%	24362.66	1616.78	5975.33	21797.35	53752.12

山西省36个湿地公园、38个自然保护区各类湿地面积情况，如图2-21-1、图2-21-2、图2-22-1、图2-22-2、图2-23-1、图2-23-2、图2-24-1、图2-24-2。

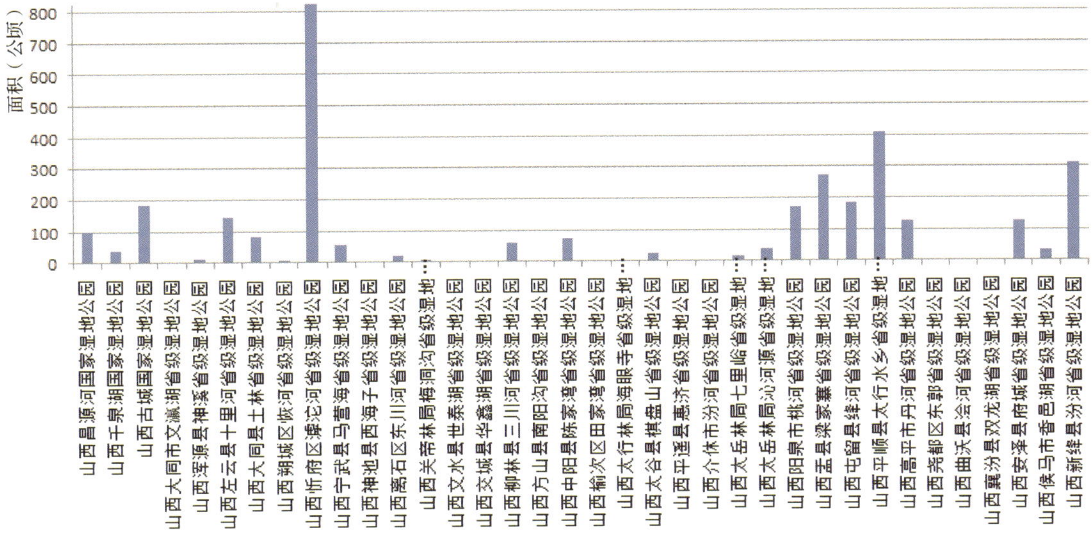

图2-21-1　山西省36个湿地公园河流湿地面积示意图

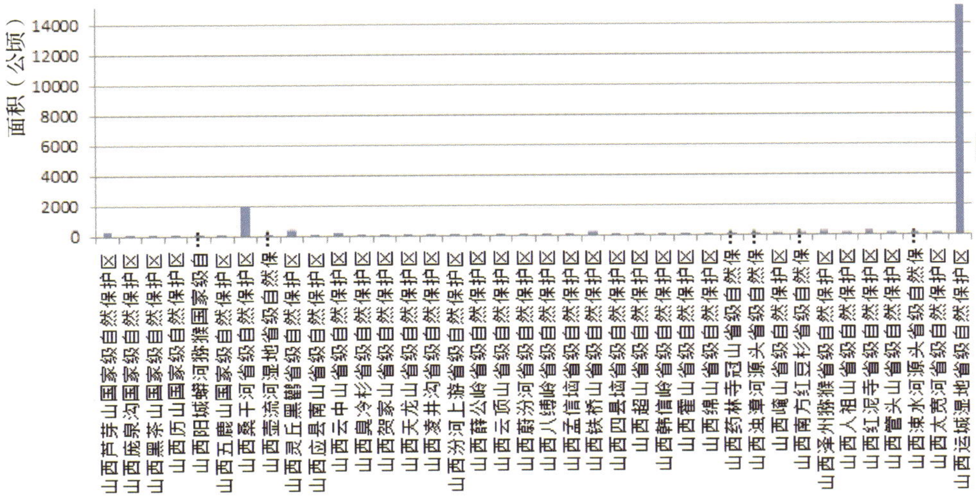

图2-21-2　山西省38个自然保护区河流湿地面积示意图

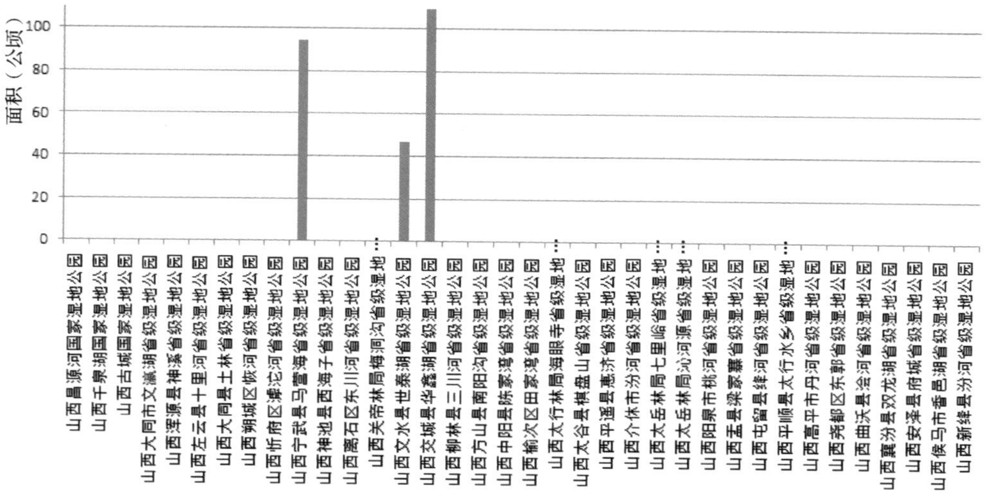

图 **2-22-1** 山西省 **36** 个湿地公园湖泊湿地面积示意图

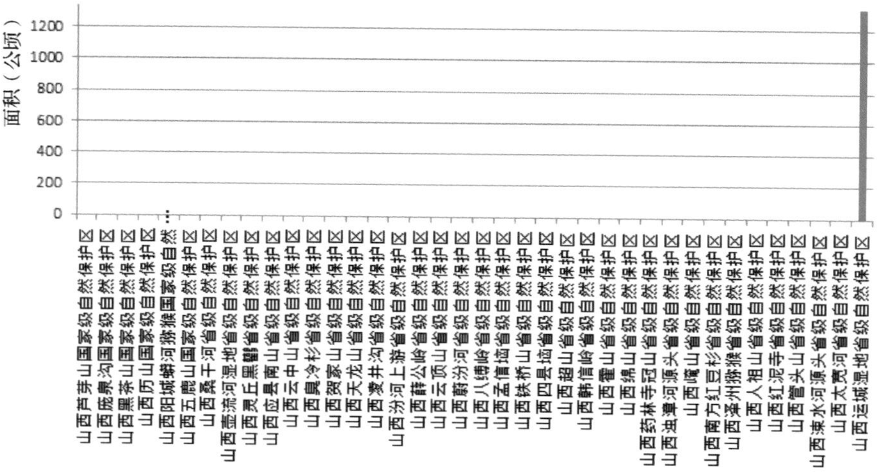

图 **2-22-2** 山西省 **38** 个自然保护区湖泊湿地面积示意图

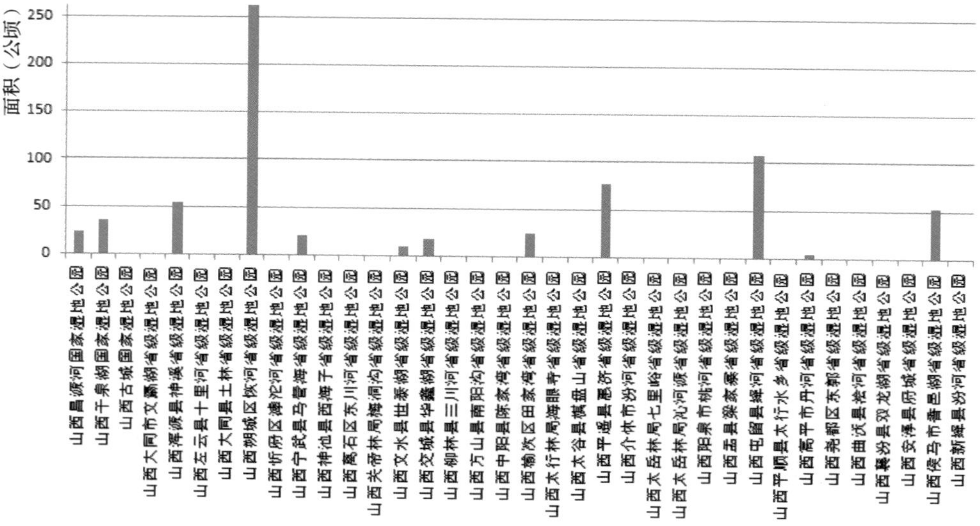

图 **2-23-1** 山西省 **36** 个湿地公园沼泽湿地面积示意图

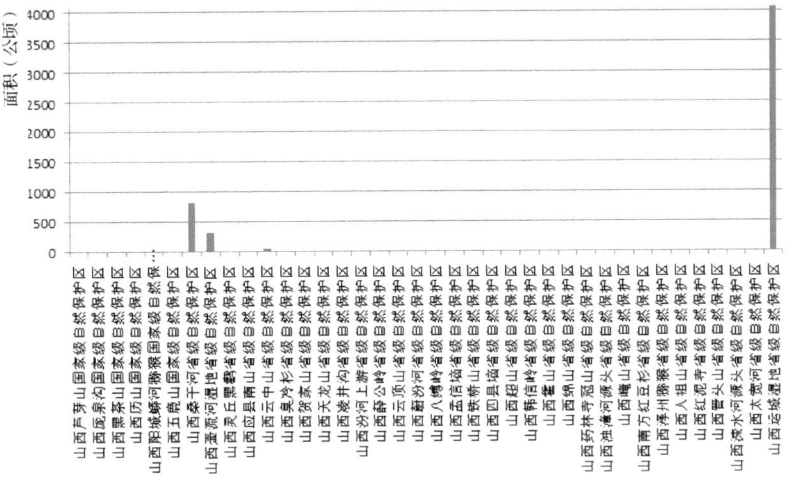

图 **2-23-2**　山西省 **38** 个自然保护区沼泽湿地面积示意图

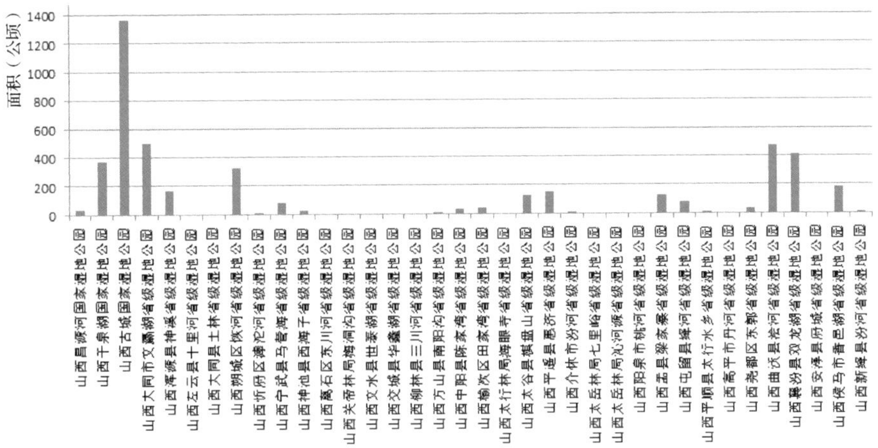

图 **2-24-1**　山西省 **36** 个湿地公园人工湿地面积示意图

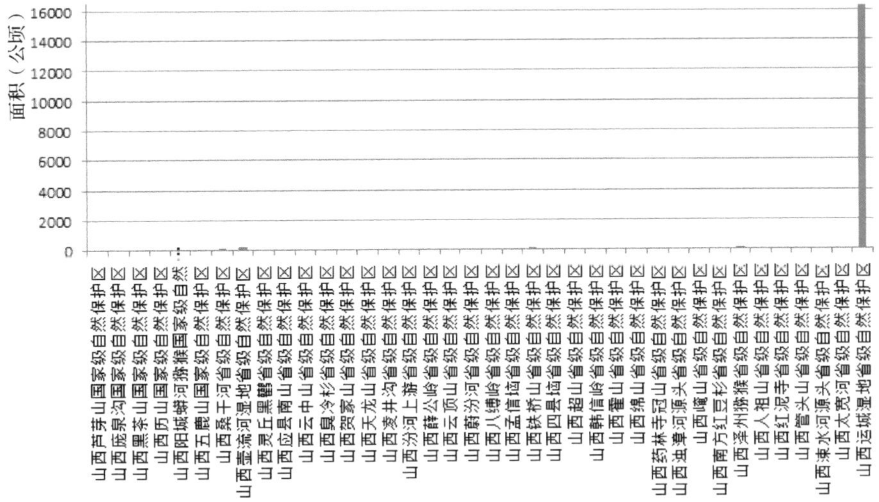

图 **2-24-2**　山西省 **38** 个保护区人工湿地面积示意图

11 一般调查湿地

一般调查湿地共115个，涉及4大湿地类、11种湿地型，湿地斑块2037个。各类型湿地总面积98184.64公顷，占全省湿地总面积的64.62%，见表2-36。

表2-36 山西省各湿地区一般调查湿地概况表

所属市	湿地区＼湿地类	河流湿地（公顷）	湖泊湿地（公顷）	沼泽湿地（公顷）	人工湿地（公顷）	总计（公顷）
大同市	大同市城区零星湿地区	95.10				95.10
	大同市矿区零星湿地区	21.42			4.71	26.13
	南郊区零星湿地区	779.86		113.53	121.83	1015.22
	新荣区零星湿地区	1398.75		437.18	9.35	1845.28
	阳高县零星湿地区	789.38			90.79	880.17
	天镇县零星湿地区	761.57				761.57
	广灵县零星湿地区	48.31			18.51	66.82
	灵丘县零星湿地区	263.87			10.76	274.63
	浑源县零星湿地区	453.51		38.17	62.71	554.39
	左云县零星湿地区	792.11			50.33	842.44
	大同县零星湿地区	2157.12		67.31	1386.12	3610.55
朔州市	朔城区零星湿地区	265.05		208.64	778.64	1252.33
	平鲁区零星湿地区	250.22			47.92	298.14
	山阴县零星湿地区	233.93			253.11	487.04
	应县零星湿地区	351.84			487.45	839.29
	右玉县零星湿地区	2477.28			75.27	2552.55
	怀仁县零星湿地区	757.01		153.99	427.69	1338.69
忻州市	忻府区零星湿地区	351.11	26.25	256.27	362.74	996.37
	定襄县零星湿地区	294.50			132.68	427.18
	五台县零星湿地区	968.21			116.90	1085.11
	代县零星湿地区	631.62		43.35	296.55	971.52
	繁峙县零星湿地区	799.91		66.05	392.49	1258.45
	宁武县零星湿地区	878.62				878.62
	静乐县零星湿地区	1629.9				1629.9
	五寨县零星湿地区	235.71			118.10	353.81
	岢岚县零星湿地区	693.03			30.01	723.04
	河曲县零星湿地区	1990.10			8.88	1998.98
	保德县零星湿地区	1738.61				1738.61
	偏关县零星湿地区	882.75				882.75
	原平市零星湿地区	993.63			204.14	1197.77

（续）

所属市	湿地类 / 湿地区	河流湿地（公顷）	湖泊湿地（公顷）	沼泽湿地（公顷）	人工湿地（公顷）	总计（公顷）
太原市	小店区零星湿地区	258.57			99.97	358.54
	迎泽区零星湿地区	124.67			22.05	146.72
	杏花岭区零星湿地区	88.98			21.30	110.28
	尖草坪区零星湿地区	689.74			120.95	810.69
	万柏林区零星湿地区	329.06			20.48	349.54
	晋源区零星湿地区	73.37			503.52	576.89
	清徐县零星湿地区	284.34			308.10	592.44
	阳曲县零星湿地区	125.64			19.57	145.21
	娄烦县零星湿地区	1027.27			1721.49	2748.76
	古交市零星湿地区	711.87				711.87
吕梁市	离石区零星湿地区	546.72			67.40	614.12
	文水县零星湿地区	411.40			282.36	693.76
	交城县零星湿地区	735.90			422.18	1158.08
	兴县零星湿地区	4594.48				4594.48
	临县零星湿地区	4623.45			71.64	4695.09
	柳林县零星湿地区	1770.03				1770.03
	石楼县零星湿地区	1833.25				1833.25
	岚县零星湿地区	639.10			78.07	717.17
	方山县零星湿地区	632.93		48.27	324.94	1006.14
	中阳县零星湿地区	370.38				370.38
	交口县零星湿地区				19.15	19.15
	孝义市零星湿地区	148.95			206.81	355.76
	汾阳市零星湿地区	130.74			48.22	178.96
晋中市	榆次区零星湿地区	472.49			38.13	510.62
	榆社县零星湿地区	826.85			971.27	1798.12
	左权县零星湿地区	550.90			266.27	817.17
	和顺县零星湿地区	575.40			16.07	591.47
	昔阳县零星湿地区	718.51			196.87	915.38
	寿阳县零星湿地区	1057.98			819.81	1877.79
	太谷县零星湿地区	127.66			82.10	209.76
	祁县零星湿地区	99.85			27.78	127.63

（续）

所属市	湿地类 湿地区	河流湿地（公顷）	湖泊湿地（公顷）	沼泽湿地（公顷）	人工湿地（公顷）	总　计（公顷）
晋中市	平遥县零星湿地区	183.88			215.10	398.98
	灵石县零星湿地区	528.16			117.01	645.17
	介休市零星湿地区	290.34			33.51	323.85
阳泉市	阳泉市城区零星湿地区	20.20				20.20
	阳泉市郊区零星湿地区	181.52				181.52
	平定县零星湿地区	201.69			161.95	363.64
	盂县零星湿地区	190.53				190.53
长治市	长治市郊区零星湿地区	76.99		571.93	2342.12	2991.04
	长治县零星湿地区	71.11		95.69	122.05	288.85
	襄垣县零星湿地区	661.42		52.78	1126.81	1841.01
	屯留县零星湿地区	424.13			514.39	938.52
	平顺县零星湿地区	82.89				82.89
	黎城县零星湿地区	135.07			77.28	212.35
	壶关县零星湿地区	96.91			101.69	198.60
	长子县零星湿地区	380.19			361.32	741.51
	武乡县零星湿地区	771.01			368.67	1139.68
	沁县零星湿地区	290.81			258.47	549.28
	沁源县零星湿地区	1099.14			11.23	1110.37
	潞城市零星湿地区	160.78				160.78
晋城市	晋城市城区零星湿地区	49.15			5.02	54.17
	沁水县零星湿地区	1397.99			739.03	2137.02
	阳城县零星湿地区	702.44			89.12	791.56
	陵川县零星湿地区	135.06			172.32	307.38
	泽州县零星湿地区	195.17			489.73	684.90
	高平市零星湿地区	133.83			46.28	180.11
临汾市	尧都区零星湿地区	336.20			250.93	587.13
	曲沃县零星湿地区	113.68			126.3	239.98
	翼城县零星湿地区	257.97			95.83	353.80
	襄汾县零星湿地区	357.63			116.28	473.91
	洪洞县零星湿地区	935.68			376.48	1312.16
	古县零星湿地区	1089.39				1089.39

（续）

所属市	湿地类 / 湿地区	河流湿地（公顷）	湖泊湿地（公顷）	沼泽湿地（公顷）	人工湿地（公顷）	总　计（公顷）
临汾市	安泽县零星湿地区	1064.38				1064.38
	浮山县零星湿地区	486.68				486.68
	吉县零星湿地区	1563.62				1563.62
	乡宁县零星湿地区	759.83				759.83
	大宁县零星湿地区	1070.21				1070.21
	隰县零星湿地区	534.59				534.59
	永和县零星湿地区	1982.58				1982.58
	蒲县零星湿地区	728.91				728.91
	汾西县零星湿地区	79.21				79.21
	侯马市零星湿地区	524.34			20.89	545.23
	霍州市零星湿地区	397.01				397.01
运城市	盐湖区零星湿地区	21.65	1487.93	22.87	326.58	1859.03
	临猗县零星湿地区				57.12	57.12
	闻喜县零星湿地区	178.83			125.66	304.49
	稷山县零星湿地区	244.23			81.44	325.67
	新绛县零星湿地区	236.72			72.80	309.52
	绛县零星湿地区	229.06				229.06
	垣曲县零星湿地区	1514.87			456.22	1971.09
	夏县零星湿地区	254.12			30.56	284.68
	平陆县零星湿地区	390.62			51.57	442.19
	芮城县零星湿地区	23.62			34.62	58.24
	永济市零星湿地区				52.96	52.96
	河津市零星湿地区	160.51			39.85	200.36
总　计	一般调查湿地总面积占全省湿地总面积的64.62%	72561.06	1514.18	2176.03	21933.37	98184.64

第二节 山西省湿地资源特点及分布规律

山西湿地总面积151936.76公顷，涵盖了河流湿地、湖泊湿地、沼泽湿地、人工湿地4大湿地类的永久性河流、季节性或间歇性河流、洪泛平原湿地、永久性淡水湖、永久性咸水湖、草本沼泽、森林沼泽、库塘、运河/输水渠(干渠)、水产养殖场(鱼池塘)、稻田/冬水田(莲藕池)、盐田共12种湿地型。其中天然湿地所占比例较大，达71.22%。

山西各类湿地分布特征明显，河流湿地广泛分布于省内各湿地区，湖泊湿地零星分布于吕梁市交城县、运城市盐湖区和永济市、忻州市宁武县等湿地区，沼泽湿地绝大多数分布于河流沿岸和水库、湖泊边缘，人工湿地主要分布于人类活动较频繁、经济相对发达与水耗较大的地区。总的特点是：河流湿地众多，季节变化明显，动植物资源丰富，生态区位重要。

究其成因，与山西特殊的地理位置、气候、地形地貌、水文、土壤等自然要素以及经济发展、人为活动等因素密不可分，是这些因素综合作用的结果。

1 湿地类型特点

1.1 河流湿地

山西河流湿地共1902条(块)，面积96923.72公顷，占全省湿地总面积的63.79%。其中：永久性河流1466条(块)，面积76388.71公顷，占河流湿地总面积的78.81%；季节性河流371条(块)，面积5697.66公顷，占河流湿地总面积的5.88%；洪泛平原65块，面积14837.35公顷，占河流湿地总面积的15.31%。

河流湿地是由溪流、河流及其两岸的河漫滩构成，河漫滩在洪水季节接受泛滥河水补给。河流湿地具有丰富的植物多样性，植物的种类依河岸梯度和河水泛滥频度而异。湿地水的温度、水的流速和水质等都影响着动植物的种类、数量、结构和分布情况。这类湿地多呈带状沿河分布，是许多鱼类产卵和幼鱼索饵、成长的场所。由于河流水位在一年中的波动，所以湿地的边缘呈不稳定状态，其植被特征也呈边缘化，尤其是季节性河流植被分布湿地特征不明显。河流湿地通常也是高产的生态系统，每年的泛滥季节，湿地都会接受丰富的营养输入。河流湿地占山西湿地面积比重最大，永久性河流、季节性或间歇性河流、洪泛平原湿地等湿地型均有分布。这是山西湿地的主要组成部分，也是构成山西地表水资源的主体。全省河流除少数支流为内蒙古流入外，绝大多数发源于本省境内。其中流长超过100公里的有9条，分别属于黄河(图2-25)水系和海河水系。属于黄河水系的有汾河(图2-26)、沁河(图2-27)、涑水河、三川河和昕水河；属于海河水系的有桑干河(图2-28)、滹沱河(图2-29)、清漳河、浊漳河(图2-30)。

图 **2-25**　黄　河

图 **2-26**　汾　河

图 **2-27**　沁　河

图 **2-28** 桑干河

图 **2-29** 滹沱河

图 **2-30** 浊漳河

永久性河流主要有黄河、汾河、沁河、涑水河、三川河、昕水河、桑干河、滹沱河、清漳河、浊漳河、苍头河等。除黄河外，均发源于本省地下泉，水流量受季节性的影响明显。

季节性与间歇性河流全省分布较多，主要是黄河和9大河流的支流。如大峪河、昌源河、壶流河、龙凤河、东丹河、阳城河等，这些河流全部或部分河段会出现季节性干涸、断流。

洪泛平原湿地(图2-31)主要分布在山西运城湿地省级自然保护区和山西桑干河省级自然保护区的河岸，如汾河与黄河交汇处形成的连伯滩(河津市南)等。尤其在黄河运城段河道宽阔，水流平缓，在河心沉积有串珠状的沙岛分布，水涨则淹，水落则露，有些沙岛上形成了十分繁茂的香蒲、假苇拂子茅和河柳等比较固定的植物群落。从河津禹门口到芮城风陵渡，有近30个较为固定的大型沙岛。此外，在海河区海河北系桑干河上的永定河册田水库以上流域和海河南系的漳卫河山区流域、子牙河山区流域等也有不少分布。

图 **2-31** 洪泛平原

1.2 湖泊湿地

山西湖泊湿地共12个，面积3130.96公顷，占全省湿地总面积的2.06%。其中：永久性淡水湖10个，面积1643.03公顷，占湖泊湿地总面积的52.48%；永久性咸水湖2个，面积1487.93公顷，占湖泊湿地总面积的47.52%。

湖泊型湿地是由湖泊及岸边湖滨低地构成。这类湿地多有芦苇，或多为盐碱滩等。湖泊湿地具有巨大的洪水调蓄功能，对流域防洪减灾有重要意义。湖泊季节变动的水位给野生动植物的保护创造了得天独厚的条件，因而，许多湖泊型湿地都是鱼类和鸟类重要的繁殖地和栖息地，湖泊型湿地是淡水鱼的主要生产基地。这类湿地还对调节区域小气候、保障农业渔业生产、提供人类休闲环境等诸多方面起着重要的作用。山西省湖泊湿地分淡水湖和咸水湖两大类。

永久性淡水湖又分为高地淡水湖、盆地淡水湖。高地淡水湖主要有管涔山的马营海天然湖泊群(图2-32)，海拔1900～1960米。该天然湖泊群由7处天然湖泊组成，原有总面积约200公顷，但受气候及其他自然条件影响，目前只剩94.52公顷，其水源主要来自于湖底泉。盆地淡水湖分布于海拔低于1000米以下的盆地和近河岸的淡水湖泊，主要有永济的伍姓湖、芮城陌南镇黄河岸边的圣天湖。永济伍姓湖由涑水河和姚进渠汇集形成的天然湖泊，原有水面1400公顷，由于姚进渠断流，涑水河河水流量下降，湖水逐步退缩，水位降低，水面仅有1076.58公顷，其余部分形成芦苇沼泽地。芮城圣天湖是山西省黄河岸边的唯一泻湖，水面面积182.46公顷，该湖背风向阳，人为干扰少，是冬季大天鹅的集中越冬地。

图**2-32** 马营海

永久性咸水湖分布于运城东南部，海拔322米，湖泊周围沉积了较厚的石膏和食盐等矿物，是山西省重要的盐、硝生产基地。运城盐湖(图2-33)包括盐池、硝池、鸭子池以及相邻的北门滩、汤里滩等，夏季产盐、冬季产硝。湖水从黄河提水补给，由运城盐化集团根据生产需要进行补水和排放。

图**2-33** 盐 湖

1.3 沼泽湿地

山西沼泽湿地共 85 块，面积 8151.36 公顷，占全省湿地总面积的 5.37%。其中：草本沼泽湿地 79 块，面积 7761.27 公顷，占沼泽湿地总面积的 95.21%；森林沼泽 6 块，面积 390.09 公顷，占沼泽湿地总面积的 4.79%。

沼泽湿地的形成受地质地貌、气候、水文、植被和土壤等综合因素的影响。对沼泽形成发育而言，最有利于沼泽形成发育的新构造运动配合上升或下降运动过程的持续进行，而下降速度与泥炭堆积速度基本相同时对泥炭沼泽发育最为有利，往往会堆积较厚的泥炭层。山西沼泽主要靠大气降水、地表水和地下水共同补给。此类沼泽受气候、地质地貌等综合因素的作用，一般水量丰富，水质好，沼泽长期处于富营养阶段。这类湿地是由河流下游形成的无尾河发育而成，或是由于处在汇水区域由降水或地下水补给而形成。

沼泽湿地的植被主要由芦苇、三穗薹草一类的挺水型湿生、沼生植物组成，地表经常保持浅薄的水层，水分供应稳定的地段有泥炭积累。沼泽型湿地是重要的野生生物的栖息地，也是重要的蓄洪区。

此类湿地多集中分布于河流两岸。沼泽类湿地地表低洼，接受地表径流和地下水补给，随水的流动为土壤带来丰富的矿物质，沼泽中常见的植物有芦苇、木贼、二柱薹草和异穗薹草等，这些植物的枯落物和残体在土壤嫌气条件下逐年堆积而形成富营养泥炭。

山西省内的沼泽湿地主要有草本沼泽和森林沼泽两种湿地型，山西省沼泽湿地受所处地区自然条件的影响，特别是气候和水文状况影响，沼泽发育仍处于富营养的初级阶段。草本沼泽湿地分布在河流沿岸和水库、湖泊的边缘，以芦苇沼泽、香蒲沼泽为主，并有少许泽泻、水葱沼泽以及假苇拂子茅等。森林沼泽湿地多分布在河岸两侧，地下水位较高，受径流的影响，地表积水多见于雨季。以人工种植的杨、柳林为主，在黄河沿岸沙滩地还分布有人工泡桐、刺槐林等。沼泽湿地的土地所有权大部分为国有（图 2-34 至图 2-37）。

图 **2-34** 莎草沼泽

图 **2-35** 芦苇沼泽

图 **2-36** 盐 沼

图 **2-37** 柽柳沼泽

1.4　人工湿地

山西人工湿地共463块(条)，面积43730.72公顷，占全省湿地总面积的28.78%。其中：库塘248块，面积32621.74公顷，占人工湿地总面积的74.59%；运河/输水河157条，面积2460.32公顷，占人工湿地总面积的5.63%；水产养殖厂39块，面积1626.19公顷，占人工湿地总面积的3.72%；盐田4块，面积6695.71公顷，占人工湿地总面积的15.31%；莲池15块，面积326.76公顷，占人工湿地总面积的0.75%。

根据湿地分类标准，库塘、运河/输水河、水产养殖场、稻田/冬水田、盐田等五种人工湿地在山西均有分布。

水库湿地是山西人工湿地的主体，在农业灌溉、水力发电、渔业生产和防汛调洪等方面都发挥着十分重要的作用，也是水鸟迁徙途经山西省的重要“驿站”。水库湿地的水源补给多为地表径流，土地所有权多为国有。水库的水位变化受季节影响较大，从而在水库上形成了两部分。一是库区永久性积水湿地。其水位是水库的最低水位，枯水期也保持其平均水位，库底不会完全暴露。水中主要生长有沉水植物如穗状狐尾藻、金鱼藻、竹叶眼子菜、菹草等，深水区主要是浮游生物。二是库区可变性积水湿地。汛期水位可达最高，枯水期水位下降，库底暴露。一般是枯水期在入水口处库底暴露，形成香蒲沼泽、藨草沼泽、水莎草沼泽、灯心草沼泽、泽泻沼泽等草本沼泽地(图2-38、图2-39)。

“运河/输水河”湿地是为输水或水运而建造的人工河流湿地，在山西省内主要为以灌溉为主要目的的大型干(灌)渠，集中分布于运城市黄河沿岸和桑干河沿岸的农田。其水源补给主要为人工补给，土地所有权多为国有。

山西湿地中，莲藕田归入了“稻田/冬水田”这一人工湿地中，是比重较小的湿地型，集中分布于黄河区流域内，种植规模较小，面积不多，水源补给主要为人工补给和地下水补给(图2-40)。

盐田是比重最小的湿地型，是为获取盐业资源而修建的晒盐场或盐池，主要分布在运城市盐湖区和永济市(图2-41)。

图**2-38**　库　塘

图 **2-39** 金鱼藻

图 **2-40** 荷 塘

图 **2-41** 盐 田

2 湿地土地权属特点

山西湿地的土地权属基于国有和集体两大类。其中：国有湿地面积140375.5公顷，占湿地总面积的92.39%；集体湿地面积11561.28公顷，占湿地总面积的7.61%，多集中于人工湿地，见表2-37。

表2-37 山西省湿地土地权属概况表

类别＼权属		合 计	国有	集体
合计(公顷)		151936.80	140375.50	11561.28
所占比例(%)			92.39	7.61
湿地类	河流湿地(公顷)	96923.72	93247.37	3676.35
	湖泊湿地(公顷)	3130.96	1486.96	1644.00
	沼泽湿地(公顷)	8151.36	7222.66	928.70
	人工湿地(公顷)	43730.72	38418.49	5312.23
调查类别	一般调查(公顷)	98184.64	88761.50	9423.14
	重点调查(公顷)	53752.12	51613.98	2138.14

3 湿地水源补给特点

山西湿地的水源补给主要是地表径流，见表2-38。

表2-38 山西省湿地水源补给概况表

类别＼水源补给		总 计	地表径流	大气降水	地下水	人工补给	综合补给	地表径流+大气降水	大气降水+地下水
合计(公顷)		151936.76	93569.42	6234.46	22668.32	5288.24	23894.96	136.26	145.10
所占比例(%)			61.58	4.10	14.92	3.48	15.73	0.09	0.10
湿地类	河流湿地(公顷)	96923.72	66408.97	4911.33	9312.10	831.19	15202.37	112.66	145.10
	湖泊湿地(公顷)	3130.96	570.64		1327.67	1232.65			
	人工湿地(公顷)	43730.72	23092.32	1111.09	7767.74	3206.38	8529.59	23.60	
	沼泽湿地(公顷)	8151.36	3497.49	212.04	4260.81	18.02	163.00		

河流湿地主要依赖于地表径流、大气降水、地下水等补给，有少量通过人工补给，还有部分河流湿地水源补给为综合补给。全省河流除少数支流为内蒙古流入外，绝大多数发源于本省境内。

湖泊湿地依靠湖底泉、河流与大气降水补给，地表径流也是湖泊水源补给的一部分。马营海天然湖泊群补水主要来自湖底泉，永济伍姓湖由涑水河和姚进渠汇集形成；芮城圣天湖是山西省黄河岸边的唯一泻湖；运城盐湖包括盐池、硝池、鸭子池，湖水从黄河提水补给。

沼泽湿地水源补给来源于河流泛滥、大气降水和地下水，境内绝大多数沼泽湿地属于以上几种水源综合补给。

人工湿地的补给主要是通过人工工程进行补给，部分也结合河流与大气降水补给。

4 湿地植被面积特点

山西湿地植被面积45783.80公顷，占湿地总面积的30.13%，视湿地类不同分布有所差异。河流湿地植被面积比重很大，占75.08%，见表2-39。

表2-39 山西省湿地植被面积概况表

湿地类	合　计	河流湿地	湖泊湿地	沼泽湿地	人工湿地
植被面积(公顷)	45783.80	34373.08	466.95	6045.58	4898.19
所占比例(%)		75.08	1.02	13.20	10.70

5 湿地受威胁状况特点

5.1 湿地污染现象明显，水体水质普遍下降

山西是一个以煤炭、冶金和重化工为支柱产业的省份。煤炭开采引起的地下水位下降，以及工业废水排放等，导致许多湿地水源的补给减少并受到污染，环境功能有所丧失。除个别人口密度较小、经济相对落后的高山河流湿地外，大部分经济相对发达、人类活动较为频繁的平原、河谷等湿地区，人为排放的含营养物质的工业废水和生活污水，使生物所需的氮、磷等营养物质大量通过河流进入湖泊、水库等缓流水体，导致水体出现富营养化现象，在化学需氧量(COD)、氨氮、挥发酚、氟化物等主要污染因子的影响下，引起水体矿化度升高，水质下降。如阳泉市桃河、平顺县浊漳河、屯留县绛河、新绛县汾河、运城湿地自然保护区的黄河，左云县十里河、广灵县壶流河、侯马市香邑湖、文水县世泰湖等水体普遍呈现pH偏高、矿化度偏高等现象。

5.2 原生湿地面积减少，湿地特征有所减弱

随着山西经济的快速发展和人类生产活动对湿地资源依赖程度的提高，一些地方盲目对河漫滩、湖泊等湿地进行围垦和改造，导致湿地数量减少、生态功能退化，有些重要湿地甚至丧失了湿地功能。从全省总体情况来看，天然湿地数量减少、质量下降的趋势仍在持续，湿地生态系统面临着严重的威胁。

据1997年山西省第一次湿地资源调查，全省除盐碱地外的湿地总面积为214600公顷，占全省国土总面积的1.36%；2012年，全省湿地总面积为151936.76公顷，占全省国土总面积的0.97%。从1997年、2012年两期调查数据来看，全省湿地面积减少了62663.24公顷。

另外，气候变化也是影响湿地面积的重要因素，特别是年降水量400毫米以下的干旱半干旱地区尤为突出。如桑干河自然保护区内，自20世纪80年代以来，降水量明显偏少，再加上上游水库截流蓄水的影响，桑干河中下游大部分河段断流现象严重，每年仅在水库放水期才有短时间

内的水源补给，湿地面积大大缩减，湿地生物多样性受到严重破坏。

6　保护管理及利用等方面的特点

自然保护区和湿地公园是国家湿地保护体系的重要组成部分，也是当前维护和扩大湿地保护面积直接且行之有效的途径之一。

多年来，山西一直致力于湿地保护管理，加快了各类自然保护区和湿地公园的建设步伐，并取得了较大进展。全省15.19万公顷湿地面积中，39.30%的湿地纳入了自然保护区和湿地公园范围，并得到了有效保护。

目前，全省已建立省级以上自然保护区45个，湿地面积4.48万公顷。其中有省级湿地自然保护区2个，即山西壶流河湿地省级自然保护区、山西运城湿地省级自然保护区。位于山西南部的三门峡库区湿地(含山西运城湿地省级自然保护区的一部分和山西古城国家湿地公园的全部)已正式列入了国家重要湿地名录。

截至2012年年底，全省已建立省级以上湿地公园37个(2012年底新增山西文峪河国家湿地公园1个，晋升为国家级2个)，36个湿地公园范围内湿地面积0.89万公顷。根据规划，“十二五”期间山西省还将建立国家湿地公园6处、地方湿地公园30~50处，同时开展湿地公园的基础设施建设，初步建成全省湿地公园主体框架；2016~2030年，规划建立国家湿地公园7处、地方湿地公园30处，开展和完善湿地公园基础设施建设，基本形成布局合理、功能完善的全省湿地公园体系。

基于山西地形地貌、经济社会发展等特点，零星湿地区特别是河流湿地保护管理较差，利用不高。

湿地管理是一项跨部门、跨行业、跨地区的系统工程，目前山西还没有专门的湿地管理法律和专门的省级湿地管理部门，亟待建立和完善。

山西湿地保护管理及利用方面总的特点是：保护取得初步进展，湿地环境有所改善；管理体制急需完善，持续利用有待加强。

7　湿地分布规律

7.1　全省分布广泛，各地面积不均

山西湿地总面积151936.76公顷，仅占全省国土总面积的0.97%，湿地资源相对短缺，但全省11市均有分布。

受各市行政管辖面积和自然因素的影响，各地区湿地资源相对分布不均。比重最大的是运城市，湿地面积占全省湿地面积的近三分之一；比重最小的是阳泉市，湿地面积不到全省湿地总面积的1%；湿地面积占全省湿地面积50%以上的市集中分布在运城市、吕梁市、忻州市三市，见表2-40。

表 2-40 山西省 11 市湿地面积、比重排序表

市	河流湿地（公顷）	湖泊湿地（公顷）	沼泽湿地（公顷）	人工湿地（公顷）	总 计（公顷）	占全省比例（%）	排 序（高→低）
总 计	96923. 72	3130. 96	8151. 36	43730. 72	151936. 76	100. 00%	
运城市	19571. 22	2854. 12	4122. 63	19003. 22	45551. 19	29. 98%	1
吕梁市	16988. 58	156. 07	76. 45	1681. 49	18902. 59	12. 44%	2
忻州市	13630. 44	120. 77	437. 84	1849. 43	16038. 48	10. 56%	3
临汾市	12893. 54		52. 64	2111. 49	15057. 67	9. 91%	4
大同市	9042. 63		1785. 72	2742. 79	13571. 14	8. 93%	5
长治市	4950. 54		863. 95	5745. 90	11560. 39	7. 61%	6
晋中市	6004. 45		125. 04	3275. 70	9405. 19	6. 19%	7
朔州市	5574. 27		681. 93	2470. 29	8726. 49	5. 74%	8
太原市	3998. 81			2837. 43	6836. 24	4. 50%	9
晋城市	3224. 11		5. 16	1720. 26	4949. 53	3. 26%	10
阳泉市	1045. 13			292. 72	1337. 85	0. 88%	11

湿地类面积、比重排序，见表 2-41。

表 2-41 山西省湿地类面积、比重排序表

湿地类	河流湿地	人工湿地	沼泽湿地	湖泊湿地	总 计
面积（公顷）	96923. 72	43730. 72	8151. 36	3130. 96	151936. 76
占全省比例（%）	63. 79	28. 78	5. 37	2. 06	100. 00
排序（高→低）	1	2	3	4	

7.2 类型较为丰富，季节变化明显

山西湿地包括河流湿地、湖泊湿地、沼泽湿地和人工湿地 4 大湿地类、12 个湿地型。其中天然湿地所占比例较大，达 71. 22%。仅河流湿地就占全省湿地面积的 63. 79%，是山西湿地的主要组成部分。

作为一个水资源贫乏的省份，山西水资源补给受大气降水的影响较大。山西地处大陆东岸中纬度的内陆，东距海岸虽只有 300 ~500 公里，但由于受到省境东部太行山等山脉的阻挡，气候受海洋影响较弱，在气候类型上属于温带大陆性季风气候。受此气候影响，全省降水主要集中在夏季 7 ~9 月份。因此，湿地面积和范围也呈现随季节变化而变化的特点，即夏季（丰水期）湿地面积较大，冬季（枯水期）湿地面积较小。

7.3　湿地生物多样，动物植物丰富

湿地生物多样性包括动物、植物、微生物等物种多样性，物种的遗传多样性以及生态系统多样性。调查显示：

山西省湿地维管束植物595种(含变种、变型)，隶属于78科289属，占山西省高等植物科、属、种总数的42.9%、37.3%、21.7%，其中蕨类植物6科6属12种；裸子植物1科1属1种；被子植物71科282属582种(其中单子叶植物17科75属145种；双子叶植物54科207属437种)。列入国家Ⅰ级保护野生植物的有南方红豆杉、国家Ⅱ级保护野生植物有凹舌兰、火烧兰、角盘兰、手参、绶草、沼兰和野大豆；列入山西省重点保护野生植物名录的有反曲贯众和山茱萸。

湿地脊椎动物28目55科231种，其中湿地两栖类1目3科6种；湿地爬行类3目4科18种；湿地鸟类9目20科112种；湿地哺乳类6目11科17种；湿地鱼类9目17科82种(含文献记载种)，其中人工养殖种16种，野生种66种。112种湿地鸟类中，被列为国家Ⅰ级重点保护动物的有2种，被列为国家Ⅱ级重点保护鸟类有共12种，山西省重点保护野生动物8种。

第三章
湿地生物资源

第一节 湿地植物和植被

据《山西珍稀濒危植物(1)》(王银娥和张秋明，2004)，山西省维管束植物有2743种(包括亚种、变种和变型)，隶属于182科775属。其中，蕨类植物22科36属93种；裸子植物9科15属36种；被子植物151科724属2614种。

1 湿地植物

1.1 湿地维管束植物区系的基本组成

经2012年6月初到9月下旬，4个月的野外实地调查采集的标本鉴定，共记录山西省湿地维管束植物609种(含变种、变型)，隶属于79科298属(表3-1)，占山西省高等植物科、属、种总数的43.40%、38.45%、22.20%，其中蕨类植物6科6属12种，分别占全省蕨类植物科的27.27%、属的16.67%、种的12.90%；裸子植物1科1属1种，分别占全省裸子植物科的11.11%、属的6.67%、种的2.78%；被子植物72科291属596种(其中单子叶植物17科76属147种；双子叶植物54科215属449种)，分别占全省被子植物科的47.68%、属的40.19%、种的22.80%，见表3-2。

表3-1 山西省湿地植物科、属、种统计表

类别			科	属	种(变种、变型)
蕨类植物			6	6	12
种子植物	裸子植物		1	1	1
	被子植物	单子叶植物	17	76	147
		双子叶植物	55	215	449
合　计			79	298	609

表 3-2 山西省湿地维管束植物与山西省维管束植物多样性的比较

类别	全省湿地科数	全省科数	湿地占全省科数比例(%)	全省湿地属数	全省属数	湿地占全省属数比例(%)	全省湿地种数	全省种数	湿地占全省种数比例(%)
蕨类植物	6	22	27.27	6	36	16.67	12	93	12.90
裸子植物	1	9	11.11	1	15	6.67	1	36	2.78
被子植物	72	151	47.68	291	724	40.19	596	2614	22.80
合　计	79	182	43.40	298	775	38.45	609	2743	22.20

1.2 湿地植物多样性

1.2.1 科的多样性分析

根据野外调查资料统计可知，在山西湿地维管束植物中，按科所含有的种数统计，含有 50 种以上的科有 2 个，分别是菊科(83 种)和禾本科(54 种)，共 137 种，隶属于 70 属，分别占总科数的 2.53%，总属数的 23.49%，占总种数的 22.49%。

含 20～49 种的科有 8 个，分别是莎草科(40 种)、唇形科(37 种)、蔷薇科(29 种)、蓼科(25 种)、毛茛科(24 种)、玄参科(24 种)、豆科(23 种)、藜科(21 种)，占总科数的 10.13%，这 8 个科共包含 223 种，隶属 88 属，分别占总属数的 29.53%，总种数的 36.62%。

上述 10 科，共包含 158 属 360 种，分别占总属数的 53.02%，总种数的 59.11%。由此可以看出，含 20 种以上的科是山西湿地植物的主要组成部分，在山西湿地植物区系组成中占主导地位。

含 10～19 种的科有 4 个，共 48 种，隶属 27 属，分别占总科数的 5.06%，总属数的 9.06%，占总种数的 7.88%。

含 6～9 种的科有 13 个，共 87 种，隶属 40 属，分别占总科数的 16.46%，总属数的 13.42%，占总种数的 14.29%。

含 2～5 种的科有 27 个，共 89 种，隶属 48 属，分别占总科数的 34.18%，总属数的 16.11%，占总种数的 14.61%。

含 1 属 1 种的科有 25 个，占总科数的 31.64%，总属数的 8.39%，占总种数的 4.11%，见表 3-3。

表 3-3 山西省湿地维管束植物科的统计

科内含种数	科数	占总科数比例(%)	属数	占总属数比例(%)	种数	占总种数比例(%)
>50 种	2	2.53	70	23.49	137	22.49
20～49 种	8	10.13	88	29.53	223	36.62
10～19 种	4	5.06	27	9.06	48	7.88
6～9 种	13	16.46	40	13.42	87	14.29
2～5 种	27	34.18	48	16.11	89	14.61
1 种	25	31.64	25	8.39	25	4.11
合　计	79	100	298	100	609	100

山西省湿地维管束植物科内属的组成，含10属以上的科有菊科(36属)、禾本科(34属)、唇形科(16属)、豆科(14属)、玄参科(13属)、蔷薇科(12属)、莎草科(10属)等7科，仅占总科数的8.86%，而其种数高达290种，占总种数的47.62%，约占总种数的一半，从而在山西湿地植物区系中起主导作用。含10属以下的科共有72科，占总科数的91.14%，而种数只占52.38%，在山西湿地植物区系中为从属地位，见表3-4。

表3-4 山西省湿地植物科内属的组成

科内含属数	科数	占总科数比例(%)	属数	占总属数比例(%)
科内含属数	科数	占总科数比例(%)	属数	占总属数比例(%)
含10属以上	7	8.86	135	45.30
含6~9属	7	8.86	52	17.45
含2~5属	24	30.38	70	23.49
含1属	41	51.90	41	13.76
合 计	79	100	298	100

1.2.2 属的多样性分析

经调查，山西湿地维管束植物中含10~20种以上的属有蒿属(17种)、蓼属(15种)、委陵菜属(11种)共3属43种，分别占属、种总数的1.01%和7.06%；含有5~9种的有26属156种，分别占属、种总数的8.73%和25.61%；包含2~4种的有94属235种，分别占属、种总数的31.54%和38.59%；包含1种的有175属175种，分别占属、种总数的58.72%和28.74%，见表3-5。

表3-5 山西省湿地维管束植物属的统计

属内含种数	属数	占总属数(%)	种数	占总种数(%)
10~20种	3	1.01	43	7.06
5~9种	26	8.73	156	25.61
2~4种	94	31.54	235	38.59
1种	175	58.72	175	28.74
合 计	298	100	609	100

经统计，山西湿地维管束植物中包括8个世界单型属，有翼蓼属、狗筋蔓属、女菀属、碱菀属、款冬属、黑藻属、紫苏属和火烧兰属。

1.3 生活型及生态型分析

1.3.1 生活型分析

按植物生活型类型，湿地维管束植物中：蕨类植物12种，占总种数的1.97%；乔木13种，占总种数的2.13%；灌木19种，占总种数3.12的%；草本植物合计有565种，占总种数的92.78%，在山西湿地维管束植物组成中绝对优势，见表3-6。

表 3-6 山西湿地维管束植物生活型统计

生活型	植物种数	占总种数比例(%)	代表种
蕨类植物	12	1.97	蔓出卷柏、木贼、槐叶苹、满江红等
乔木	13	2.13	南方红豆杉、小青杨、乌柳、白桦、山茱萸等
灌木	19	3.12	华北珍珠梅、绣线菊、茅莓、柽柳、中国沙棘等
草本	565	92.78	酸模、翼蓼、沙蓬、地肤、水毛茛、委陵菜、野大豆、蒲公英、香蒲、芦苇、水葱、黑三棱、眼子菜、绶草等
合　计	609	100	

1.3.2 生态型分析

依据植物与水、基质的关系，以及植物在湿地区域的实际分布状况，将山西湿地维管束植物分为湿生植物、沼生植物、挺水植物、漂浮植物、浮叶植物、沉水植物、盐沼植物和湿地边缘植物，共8类生态型，其中：湿地边缘植物(361种)占59.28%，湿生植物(156种)占25.62%，沼生植物(80种)占13.14%，湿生植物和湿地边缘植物(517种)，占总种数的84.89%，是山西湿地植物的主要组成部分。

沼生植物主要为蓼属、水毛茛属、毛茛属植物等；

挺水植物主要为莲、慈姑、泽泻等；

漂浮植物主要为浮萍、槐叶苹、满江红、紫萍等；

浮叶植物主要为荇菜、浮叶眼子菜、睡莲、萍蓬草、芡实等；

沉水植物主要为金鱼藻、杉叶藻、穗状狐尾藻、狐尾藻、狸藻、大茨藻、小茨藻等；

盐沼植物主要为柽柳及藜科的盐角草、盐地碱蓬、碱地肤、碱蓬、白茎盐生草等。

湿地边缘植物* 通常主要分布于森林、灌丛、草地或农田，如白桦、荆条、早熟禾、肥披碱草等，在与湿地相邻的情况下，它们也常分布于季节性河流、河漫滩、洪泛区、山间河流等湿地区、湿地与陆地交错区。湿地边缘植物在一定时空条件下是湿地植物区系主要组分或生态类型的补充，有时也表现为湿地植被类型的建群种或优势种的功能。在水资源持续减少的一些湿地区，生境的中生化或旱化趋势已经或正在显现，湿地边缘植物对湿地生物多样性保育和生态系统稳定性维持具有重要作用。

1.4 湿地植物属的分布区特征

1.4.1 蕨类植物分布区类型与分析

山西省湿地维管束植物中的蕨类有蔓出卷柏、伏地卷柏、问荆、犬问荆、草问荆、林木贼、木贼、节节草、反曲贯众、苹、槐叶苹、满江红12种，分别属于卷柏属、木贼属、贯众属、苹属、槐叶苹属及满江红属。属于世界广布类型的有卷柏属、槐叶苹属、满江红属；属于北温带分布类型的有木贼属；属于热带亚洲至热带大洋洲分布的有苹属；属于热带亚洲至热带非洲分布的

* 说明：湿地边缘植物是指生长在各类型湿地或湿地区的中生植物和旱生植物的总称，这类植物的特点是生态位较宽，生境泛化，适应性强。

有槐叶萍属；属东亚分布的有贯众属。

1.4.2 种子植物属的分布区类型与分析

根据《中国种子植物属的分布区类型》（吴征镒，1991）进行分析划分，将山西湿地维管束植物分别属于15个分布区类型（含变型），反映了山西省温地植物类型丰富多样，生境类型较为复杂，见表3-7。

（1）世界广布成分：本类型在山西共有65属，该类型以温带分布的草本植物为主，湿生的有酸模属、蓼属、藜属、猪毛菜属、堇菜属、豆瓣菜属、酢浆草属、老鹳草属、泽芹属、茄属、旋花属、鼠尾草属、拉拉藤属、飞蓬属、苍耳属、千里光属、鬼针草属、剪股颖属等，水生或沼生的有眼子菜属、茨藻属、金鱼藻属、狐尾藻属、浮萍属、灯心草属、薹草属、藨草属、莎草属、水莎草属、芦苇属、香蒲属等，中生的有黄耆属、黄芩属、补血草属、龙胆属、槐属等。木本植物很少，有悬钩子属，藤本植物有铁线莲属。

（2）泛热带分布：本类型在山西有28属，常见的有牛膝属、苘麻属、大戟属、凤仙花属、鹅绒藤属、打碗花属、菟丝子属、牡荆属、豨莶属、马齿苋属、鸭跖草属、飘拂草属、鳢肠属、狗牙根属、狗尾草属、水蜈蚣属等。分布在山西的本类型湿地植物不是典型的热带属。

（3）热带亚洲和热带美洲间断分布：本类型在山西仅有1属，为石胡荽属，也不是典型热带属。

（4）旧世界热带分布：本类型在山西有7属，其中包括2属变型。它们是秋葵属、香茶菜属、雨久花属、砂引草属、凤眼蓝属、百蕊草属和水鳖属，后两种为变型。

（5）热带亚洲至热带大洋洲分布：本类型在山西有3属，它们是旋蒴苣苔属、通泉草属和黑藻属。

（6）热带亚洲至热带非洲分布：本类型在山西有5属，它们是蝎子草属、大豆属、类芦属、莠竹属、荩草属。

（7）热带亚洲分布：本类型在山西较贫乏，仅有2属，它们是蛇莓属和苦荬菜属。

（8）北温带分布：本类型在山西分布较多，有108属。有些属是乔木落叶阔叶群落的建群成分和重要组成部分，如杨属、柳属、桦木属，其余大部分为草本植物，有葎草属、虫实属、薄荷属、泽泻属、茵草属、葛缕子属、蓟属、披碱草属、画眉草属、地笋属、风毛菊属、地肤属、藨草属、荨麻属、水毛茛属、慈姑属、锦葵属、播娘蒿属、委陵菜属、蚊子草属、草莓属、棘豆属、独活属、扁蓄属、花葱属、夏枯草属、马先蒿属、玄参属、蒿属、蒲公英属、拂子茅属、稗属、葱属等，在此类型中包括有盐角草属、野豌豆属、金莲花属、茜草属、黑三棱属、赖草属、看麦娘属等变型。

本类型在山西湿地维管束植物区系中占主导地位，也是重要的湿地资源。许多草本植物是湿地植被的建群种或优势种，具有对河流、湖泊保持水土、涵养水源、改善环境等生态功能，有的种类为重要的中药材，具有一定的开发潜力，如薄荷属、当归属、枸杞属等。

（9）东亚和北美间断的分布：本类型山西有6属，包括菖蒲属、珍珠梅属、腹水草属、短星菊属、大丁草属、扯根菜属等。

（10）旧大陆温带分布：本类型山西有39属，包括5属变型，它们是荞麦属、鹅肠菜属、菱属、水芹属、荆芥属、益母草属、川续断属、款冬属、橐吾属、旋覆花属、鹅观草属、萱草属、花蔺属等，间断分布的有窃衣属、百脉根属、苜蓿属、蛇床属等；灌木有水柏枝属、柽柳属和沙棘属等。

(11)温带亚洲分布：本类型山西有9属，包括繁缕属、地蔷薇属、附地菜属、裂叶荆芥属、马兰属、女菀属、刺儿菜属、米口袋属、苦马豆属，其中米口袋属为变型。

(12)地中海区、西亚至中亚分布：本类型山西有5属，它们是盐生草属、疗齿草属、菊苣属、獐毛属、甘草属。

(13)中亚分布：本类型山西有2属，皆为变型，它们是沙蓬属和角蒿属。前者为中亚比较古老的荒漠植物区系分布成分，后者为中亚至喜马拉雅分布的成分。

(14)东亚(东喜马拉雅—日本)成分：本类型山西有11属，它们是斑种草属、地黄属、紫苏属、败酱属、泥胡菜属、沿阶草属、阴行草属、鸡眼草属、芡属、萝藦属和泡桐属。其中阴行草属、鸡眼草属、萝藦属为变型。

(15)中国特有分布：本类型在山西湿地仅有1属，为翼蓼属。

表3-7　山西省湿地种子植物属的分布区类型及变型

分布区类型及其变型	属数	占总属数比例(%)
1. 世界分布	65	22.26
2. 泛热带分布	28	9.59
3. 热带亚洲和热带美洲间断分布	1	0.34
4. 旧世界热带分布	7	2.40
5. 热带亚洲至大洋洲分布	3	1.03
6. 热带亚洲至热带非洲分布	5	1.71
7. 热带亚洲分布	2	0.68
8. 北温带分布	108	36.99
9. 东亚和北美洲间断分布	6	2.05
10. 旧世界温带分布	39	13.36
11. 温带亚洲分布	9	3.08
12. 地中海区、西亚至中亚分布	5	1.71
13. 中亚分布	2	0.68
14. 东亚分布	11	3.77
15. 中国特有分布	1	0.34
合　计	292	100

1.5　湿地植物区系特点

1.5.1　分布区类型的多样性

在中国种子植物属的15个分布区类型里，山西省湿地种子植物15个分布区类型齐全。以属的区系成分来看，以北温带及其变型最多，达108属，占种子植物总属数的36.99%，加上旧世界温带分布类型、温带亚洲分布类型等温带分布类型为主的属共有156属，占种子植物总属数的53.42%，体现了山西湿地植物的典型温带性质；热带分布及以热带分布为主的属共有46属，占总属数的15.75%，这也从属级水平体现了山西湿地植物具有典型的温带性质和热带亲缘性。

1.5.2 单一性是山西湿地植物区系的显著特征

山西省位于内陆腹地，地处华北西部的黄土高原东翼。湿地资源相对匮乏，湿地类型较少，湿地植物区系也显示出明显的单一性，但在中国湿地植物区系研究中占有重要的地位和作用。

1.5.3 单型、寡型科众多，世界广布型植物较多

仅含1种的科有25科，占总科数的31.65%。仅含1属的科有41科，占总科数的51.90%。

山西湿地种子植物中世界广布属较多，达65属，占种子植物总属数的22.26%，这也是湿地植物，尤其是水生植物区系的一个共性，大多数挺水植物、漂浮植物、沉水植物都属于世界分布型，如芦苇属、香蒲属、藨草属、眼子菜属、金鱼藻属、狐尾藻属、浮萍属等。

1.5.4 属特有种匮乏

山西省湿地植物中无中国特有科，分布的中国特有属只有翼蓼属1属，只占种子植物总属数的0.34%，表明山西湿地植物区系的个性特征不明显。

1.5.5 草本植物丰富

在山西湿地种子植物物种组成中，草本植物合计有565种，占总种数的92.78%，其中菊科最多，有83种，占草本植物总数的14.69%；其次是禾本科与莎草科，两科分别有54种和40种，分别占草本植物总数的9.56%和7.08%。总体上，草本植物种类的特点是科数、属数及种数均较多。湿地木本植物中栽培种较多，且木本植物主要集中在杨柳科、蔷薇科、柽柳科等少数几个科中，因此，草本植物在山西湿地植物物种组成中占有绝对优势。

1.5.6 多数湿地植物群落盖度大、优势种明显

在湿地环境下，植物群落均有较为明显的优势种，有时往往形成单优势种群落，且具有分布范围广，盖度大的特点。尤其以单子叶植物最为典型，如芦苇、长苞香蒲等，不仅分布范围广，而且其植被盖度多在70%以上，有时可达100%。其次，沼泽湿地里的各种薹草群系、藨草群系盖度也大多在70%～100%之间。

1.6 珍稀濒危湿地植物

根据国家重点保护野生植物名录、山西省重点保护野生植物名录等资料，山西省共有国家和省级重点保护野生湿地植物10种，占湿地植物总种数的1.64%。这些国家和山西省重点保护的野生植物中，列入国家Ⅰ级保护野生植物的有南方红豆杉、国家Ⅱ级保护野生植物有凹舌兰、火烧兰、角盘兰、手参、绶草、沼兰和野大豆；列入山西省重点保护野生植物名录的有反曲贯众和山茱萸，见表3-8。

山西湿地植物中草本植物占优势，木本植物较少，所以湿地植物中国家和省级重点保护植物较少，这也与山西湿地植物区系草本植物占有绝对优势的特征相一致。

表 3-8　山西省分布的国家和省级重点保护野生植物

保护等级 / 植物名称	国家重点保护野生植物等级	山西重点保护野生植物名录	备　注
南方红豆杉	Ⅰ		野生
野大豆	Ⅱ		野生
凹舌兰	Ⅱ		野生*
火烧兰	Ⅱ		野生*
角盘兰	Ⅱ		野生
手参	Ⅱ		野生*
沼兰	Ⅱ		野生*
绶草	Ⅱ		野生
反曲贯众		▲	野生
山茱萸		▲	

注：* 为以往资料记载和第一次调查结果收录，但本次未见种。

2　湿地植被类型、面积和分布

2.1　湿地植被类型

根据《中国植被》的植被分类原则与系统，并参照《中国湿地植被》确定的湿地植被分类原则和依据，同时参考《山西植被》等相关植被分类专著，结合山西湿地植被的形成、发育、分布特点及湿地样方调查数据，将山西湿地植被划分为 5 个植被型组、10 个植被型、156 个主要群系。其中：草丛湿地植被型组所含群系数最多，为 131 个，占总群系数的 83.97%，在山西省湿地植被中占有比较重要的地位；其次是浅水植物湿地植被型组含 8 个群系，仅占 5.13%；第三是灌丛湿地植被型组，有 7 个群系，占 4.49%；第四是阔叶林湿地植被型组，含 6 个群系，占 3.85%；第五是针叶林湿地植被型组仅含 1 个群系，占 0.64%，见表 3-9。

表 3-9　山西省湿地植物植被类型统计表

植被型组(5 个)	植被型(10 个)	全省湿地植物群系数	所占比例(%)
针叶林湿地植被型组	暖温性针叶林湿地植被型	1	0.64
阔叶林湿地植被型组	落叶阔叶林湿地植被型	6	3.85
灌丛湿地植被型组	落叶阔叶灌丛湿地植被型	6	3.85
	盐生灌丛湿地植被型	1	0.64
	小　计	7	4.49

（续）

植被型组(5个)	植被型(10个)	全省湿地植物群系数	所占比例(%)
草丛湿地植被型组	莎草型湿地植被型	11	7.05
	禾草型湿地植被型	24	15.38
	杂类草湿地植被型	94	60.26
	盐沼湿地植被型	2	1.28
	小 计	131	83.97
浅水植物湿地植被型组	浮叶植被型	8	5.13
	沉水植被型	3	1.92
	小 计	11	7.05
合 计		156	100

2.2 湿地植被面积

山西湿地植被面积为15324.44公顷。在山西湿地植被中，以分布于沼泽湿地禾草型湿地植被、杂类草湿地植被和莎草型湿地植被面积最大，主要建群植物的属是芦苇属、藨草属、薹草属、拂子茅属以及披碱草属等；其次为浅水湿地植被面积，主要建群植物有眼子菜科、茨藻科、水鳖科及睡莲科等科植物和阔叶湿地植被型，其余类型的湿地植被分布较零星，且面积较小。

2.3 湿地植被类型分布

山西湿地维管束植物有79科298属609种，156个群系。依次阐述如下。

2.3.1 针叶林湿地植被型组

2.3.1.1 暖温性针叶林湿地植被型

(1)南方红豆杉群系：分布于山西南方红豆杉省级自然保护区，近湿地边缘植物，平均高度3米，平均冠幅200厘米，平均胸径6厘米，分布面积分散。

2.3.2 阔叶林湿地植被型组

2.3.2.1 落叶阔叶林湿地植被型

(2)白桦群系：分布于山西庞泉沟国家级自然保护区，平均高度7米，平均冠幅250厘米，平均胸径15厘米，分布面积较小。

(3)旱柳群系：分布于山西臭冷杉省级自然保护区、山西关帝林局梅洞沟省级湿地公园、山西芦芽山国家级自然保护区、山西平顺县太行水乡省级湿地公园、山西千泉湖国家湿地公园、山西桑干河省级自然保护区、山西朔城区恢河省级湿地公园、山西太宽河省级自然保护区、山西屯留县绛河省级湿地公园、山西忻府区滹沱河省级湿地公园、山西新绛县汾河省级湿地公园、山西薛公岭省级自然保护区、山西药林寺冠山省级自然保护区、山西盂县梁家寨省级湿地公园、山西运城湿地省级自然保护区、山西中阳县陈家湾省级湿地公园，平均高度6米，平均胸径5厘米，平均冠幅25厘米，伴生有油松、野山楂、青毛杨等。

(4)青毛杨群系：分布于山西关帝林局梅洞沟省级湿地公园、山西庞泉沟国家级自然保护区、山西云中山省级自然保护区，平均胸径 18 厘米，平均冠幅 300 厘米，平均高度 13 米，伴生有辽东栎、青杆、云杉等。

(5)小叶杨群系：分布于山西关帝林局梅洞沟省级湿地公园、山西桑干河省级自然保护区、山西太宽河省级自然保护区、山西屯留县绛河省级湿地公园、山西忻府区滹沱河省级湿地公园、山西云中山省级自然保护区，平均高度 14 米，平均冠幅 200 厘米，平均胸径 16 厘米，多为纯林。

(6)青毛杨群系：分布于山西昌源河国家湿地公园、山西臭冷杉省级自然保护区、山西汾河上游省级自然保护区、山西古城国家湿地公园、山西灵丘黑鹳省级自然保护区、山西凌井沟省级自然保护区、山西芦芽山国家级自然保护区、山西庞泉沟国家级自然保护区、山西平顺县太行水乡省级湿地公园、山西千泉湖国家湿地公园、山西桑干河省级自然保护区、山西朔城区恢河省级湿地公园、山西太宽河省级自然保护区、山西天龙山省级自然保护区、山西屯留县绛河省级湿地公园、山西忻府区滹沱河省级湿地公园、山西新绛县汾河省级湿地公园、山西薛公岭省级自然保护区、山西崦山省级自然保护区、山西药林寺冠山省级自然保护区、山西应县南山省级自然保护区、山西盂县梁家寨省级湿地公园、山西云顶山省级自然保护区、山西云中山省级自然保护区、山西运城湿地省级自然保护区、山西泽州猕猴省级自然保护区、山西中阳县陈家湾省级湿地公园、山西浊漳河源头省级自然保护区、山西左云县十里河省级湿地公园，平均高度 10 米，平均胸径 14 厘米，平均冠幅 200 厘米，常伴生有旱柳、柽柳、刺槐等。

(7)中国黄花柳群系：分布于山西云中山省级自然保护区，平均高度 1 米，平均冠幅 75 厘米，平均胸径 2 厘米。

2.3.3　灌丛湿地植被型组

2.3.3.1　落叶阔叶灌丛湿地植被型

(8)荆条群系：分布于山西历山国家级自然保护区、山西绵山省级自然保护区、山西南方红豆杉省级自然保护区、山西太宽河省级自然保护区、山西天龙山省级自然保护区、山西崦山省级自然保护区、山西阳城蟒河猕猴国家级自然保护区、山西药林寺冠山省级自然保护区、山西云中山省级自然保护区、山西运城湿地省级自然保护区、山西泽州猕猴省级自然保护区，平均高度 2 米，平均冠幅 150 厘米，生长较密，伴生有黄刺玫、杠柳、山莓等。

(9)木香薷群系：分布于山西历山国家级自然保护区、山西薛公岭省级自然保护区，平均高度 0.8 米，伴生有胡枝子、大火草、蒲公英、茜草等。

(10)三裂绣线菊群系：分布于山西铁桥山省级自然保护区、山西云中山省级自然保护区，平均高度 1.5 米，平均冠幅 200 厘米。

(11)中国沙棘群系：分布于山西臭冷杉省级自然保护区、山西方山县南阳沟省级湿地公园、山西汾河上游省级自然保护区、山西关帝林局梅洞沟省级湿地公园、山西黑茶山国家级自然保护区、山西凌井沟省级自然保护区、山西芦芽山国家级自然保护区、山西宁武县马营海省级湿地公园、山西庞泉沟国家级自然保护区、山西桑干河省级自然保护区、山西四县垴省级自然保护区、山西铁桥山省级自然保护区、山西蔚汾河省级自然保护区、山西薛公岭省级自然保护区、山西榆次区田家湾省级湿地公园、山西云顶山省级自然保护区、山西云中山省级自然保护区、山西左云县十里河省级湿地公园，平均高度 2 米，平均冠幅 150 厘米，伴生有山荆子、旱柳、黄刺玫、蒿柳等。

(12)山莓群系：分布于山西南方红豆杉省级自然保护区，平均高度1米，平均冠幅约125厘米。

(13)乌柳群系：分布于山西铁桥山省级自然保护区，平均高度4米，平均冠幅200厘米，分布较少。

2.3.3.2 盐生灌丛湿地植被型

(14)柽柳群系：分布于山西八缚岭省级自然保护区、山西昌源河国家湿地公园、山西超山省级自然保护区、山西臭冷杉省级自然保护区、山西汾河上游省级自然保护区、山西黑茶山国家级自然保护区、山西芦芽山国家级自然保护区、山西桑干河省级自然保护区、山西四县垴省级自然保护区、山西蔚汾河省级自然保护区、山西忻府区滹沱河省级湿地公园、山西云中山省级自然保护区、山西运城湿地省级自然保护区，平均高度一般1.5米，平均冠幅150厘米，伴生有中国沙棘、蒿柳、旱柳等。

2.3.4 草丛湿地植被型组

2.3.4.1 莎草型湿地植被型

(15)白鳞莎草群系：分布于山西泽州猕猴省级自然保护区，平均高度65厘米，平均盖度65%，伴生有金鱼藻、柳叶菜、长苞香蒲等。

(16)扁秆藨草群系：分布于山西宁武县马营海省级湿地公园、山西桑干河省级自然保护区、山西朔城区恢河省级湿地公园、山西运城湿地省级自然保护区，平均高度55厘米，平均盖度40%，伴生有芦苇、稗、灯心草等。

(17)藨草群系：分布于山西安泽县府城省级湿地公园、山西超山省级自然保护区、山西高平市丹河省级湿地公园、山西管头山省级自然保护区、山西黑茶山国家级自然保护区、山西红泥寺省级自然保护区、山西壶流河湿地省级自然保护区、山西浑源县神溪省级湿地公园、山西灵丘黑鹳省级自然保护区、山西芦芽山国家级自然保护区、山西孟信垴省级自然保护区、山西宁武县马营海省级湿地公园、山西平遥县惠济省级湿地公园、山西千泉湖国家湿地公园、山西曲沃县浍河省级湿地公园、山西桑干河省级自然保护区、山西太谷县棋盘山省级湿地公园、山西太行林局海眼寺省级湿地公园、山西铁桥山省级自然保护区、山西蔚汾河省级自然保护区、山西五鹿山国家级自然保护区、山西云中山省级自然保护区、山西中阳县陈家湾省级湿地公园、山西左云县十里河省级湿地公园，平均高度80厘米，平均盖度20%，群落边缘常见种有稗草、狼杷草、酸模叶蓼、水芹、水莎草等。

(18)黑三棱群系：分布于山西交城县华鑫湖省级湿地公园、山西泽州猕猴省级自然保护区，平均高度85厘米，平均盖度45%，伴生有香蒲、藨草、隐子草等。

(19)红鳞扁莎群系：分布于山西汾河上游省级自然保护区、山西凌井沟省级自然保护区、山西千泉湖国家湿地公园、山西忻府区滹沱河省级湿地公园、山西浊漳河源头省级自然保护区，平均高度25厘米，平均盖度25%，伴生有画眉草、车前、藨草等。

(20)荆三棱群系：分布于山西壶流河湿地省级自然保护区、山西人祖山省级自然保护区、山西运城湿地省级自然保护区，平均高度65厘米，平均盖度15%，伴生有长苞香蒲等。

(21)莎草群系：分布于山西八缚岭省级自然保护区、山西超山省级自然保护区、山西方山县南阳沟省级湿地公园、山西黑茶山国家级自然保护区、山西侯马市香邑湖省级湿地公园、山西凌井沟省级自然保护区、山西平遥县惠济省级湿地公园、山西曲沃县浍河省级湿地公园、山西四县垴省级自然保护区、山西太谷县棋盘山省级湿地公园、山西铁桥山省级自然保护区、山西蔚汾河省级自然保护区、山西榆次区田家湾省级湿地公园、山西中阳县陈家湾省级湿地公园，平均高度45 厘米，平均盖度 20%，伴生有藨草、薄荷、旋覆花等。

(22)水葱群系：分布于山西介休市汾河省级湿地公园、山西宁武县马营海省级湿地公园，平均高度 65 厘米，平均盖度 45%。

(23)水莎草群系：分布于山西八缚岭省级自然保护区、山西超山省级自然保护区、山西方山县南阳沟省级湿地公园、山西汾河上游省级自然保护区、山西黑茶山国家级自然保护区、山西侯马市香邑湖省级湿地公园、山西平遥县惠济省级湿地公园、山西太谷县棋盘山省级湿地公园、山西太宽河省级自然保护区、山西太岳林局七里峪省级湿地公园、山西铁桥山省级自然保护区、山西蔚汾河省级自然保护区、山西泽州猕猴省级自然保护区、山西中阳县陈家湾省级湿地公园，平均高度 40 厘米，平均盖度 30%，常伴生有水芹、狼杷草、酸模叶蓼、芦苇等。

(24)薹草群系：分布于山西臭冷杉省级自然保护区、山西壶流河湿地省级自然保护区、山西霍山省级自然保护区、山西芦芽山国家级自然保护区、山西庞泉沟国家级自然保护区、山西桑干河省级自然保护区、山西铁桥山省级自然保护区、山西蔚汾河省级自然保护区、山西五鹿山国家级自然保护区、山西榆次区田家湾省级湿地公园、山西云中山省级自然保护区、山西运城湿地省级自然保护区、山西中阳县陈家湾省级湿地公园，伴生有莳萝蒿、车前、紫菀等，平均高度 40 厘米，平均盖度 45%。

(25)头状穗莎草群系：分布于山西介休市汾河省级湿地公园、山西千泉湖国家湿地公园，平均高度 35 厘米，平均盖度 40%，伴生稗草，泽泻等。

2.3.4.2 禾草型湿地植被型

(26)白茅群系：分布于山西运城湿地省级自然保护区，平均高度 55 厘米，平均盖度 15%，常见伴生种有中华小苦荬、芦苇等。

(27)稗群系：分布于山西超山省级自然保护区、山西汾河上游省级自然保护区、山西韩信岭省级自然保护区、山西壶流河湿地省级自然保护区、山西浑源县神溪省级湿地公园、山西交城县华鑫湖省级湿地公园、山西灵丘黑鹳省级自然保护区、山西柳林县三川河省级湿地公园、山西芦芽山国家级自然保护区、山西千泉湖国家湿地公园、山西桑干河省级自然保护区、山西朔城区恢河省级湿地公园、山西涑水河源头省级自然保护区、山西蔚汾河省级自然保护区、山西襄汾县双龙湖省级湿地公园、山西忻府区滹沱河省级湿地公园、山西新绛县汾河省级湿地公园、山西阳泉市桃河省级湿地公园、山西盂县梁家寨省级湿地公园、山西榆次区田家湾省级湿地公园、山西云顶山省级自然保护区、山西云中山省级自然保护区、山西运城湿地省级自然保护区、山西泽州猕猴省级自然保护区等地，平均高度 35 厘米，平均盖度 25%，常见伴生种有狼杷、酸模叶蓼等。

(28)荻群系：分布于山西朔城区恢河省级湿地公园，平均高度 70 厘米，平均盖度 5%，常见伴生种有益母草、猪毛蒿等。

(29)鹅观草群系：分布于山西八缚岭省级自然保护区、山西昌源河国家湿地公园、山西芦芽山国家级自然保护区、山西太行林局海眼寺省级湿地公园、山西铁桥山省级自然保护区等地，平均高度40厘米，平均盖度15%，常见伴生种有白莲蒿、画眉草等。

(30)拂子茅群系：分布于山西汾河上游省级自然保护区、山西灵丘黑鹳省级自然保护区、山西孟信垴省级自然保护区、山西朔城区恢河省级湿地公园、山西五鹿山国家级自然保护区、山西应县南山省级自然保护区、山西榆次区田家湾省级湿地公园，平均高度35厘米，平均盖度10%，常见伴生种有车前、花苜蓿等。

(31)狗尾草群系：分布于山西安泽县府城省级湿地公园、山西臭冷杉省级自然保护区、山西汾河上游省级自然保护区、山西贺家山省级自然保护区、山西凌井沟省级自然保护区、山西孟信垴省级自然保护区、山西绵山省级自然保护区、山西天龙山省级自然保护区、山西忻府区滹沱河省级湿地公园、山西榆次区田家湾省级湿地公园、山西云顶山省级自然保护区、山西云中山省级自然保护区、山西运城湿地省级自然保护区等地，平均高度45厘米，平均盖度15%，常见伴生种有野艾蒿、白羊草等。

(32)狗牙根群系：分布于山西古城国家湿地公园、山西桑干河省级自然保护区、山西运城湿地省级自然保护区，平均高度60厘米，平均盖度30%，常见伴生种有荆三棱、车前等。

(33)画眉草群系：分布于山西昌源河国家湿地公园、山西大同县土林省级湿地公园、山西汾河上游省级自然保护区、山西韩信岭省级自然保护区、山西凌井沟省级自然保护区、山西庞泉沟国家级自然保护区、山西太谷县棋盘山省级湿地公园、山西铁桥山省级自然保护区、山西云顶山省级自然保护区、山西中阳县陈家湾省级湿地公园等地，平均高度30厘米，平均盖度15%，伴生有蕨麻、龙芽草等。

(34)假苇拂子茅群系：分布于山西八缚岭省级自然保护区、山西超山省级自然保护区、山西臭冷杉省级自然保护区、山西汾河上游省级自然保护区、山西黑茶山国家级自然保护区、山西历山国家级自然保护区、山西灵丘黑鹳省级自然保护区、山西凌井沟省级自然保护区、山西芦芽山国家级自然保护区、山西孟信垴省级自然保护区、山西宁武县马营海省级湿地公园、山西桑干河省级自然保护区、山西涞水河源头省级自然保护区、山西五鹿山国家级自然保护区、山西忻府区滹沱河省级湿地公园、山西榆次区田家湾省级湿地公园、山西云中山省级自然保护区、山西运城湿地省级自然保护区，平均高度60厘米，平均盖度30%，常见伴生种有节节草、苍耳等。

(35)剪股颖群系：分布于山西桑干河省级自然保护区，平均高度35厘米，平均盖度15%，常见伴生种有花苜蓿、荻等。

(36)看麦娘群系：分布于山西运城湿地省级自然保护区，平均高度30厘米，平均盖度15%，伴生种有飞蓬、齿果酸模等。

(37)赖草群系：分布于山西贺家山省级自然保护区、山西凌井沟省级自然保护区、山西芦芽山国家级自然保护区、山西宁武县马营海省级湿地公园、山西千泉湖国家湿地公园、山西桑干河省级自然保护区、山西屯留县绛河省级湿地公园、山西五鹿山国家级自然保护区、山西忻府区滹沱河省级湿地公园、山西薛公岭省级自然保护区、山西云顶山省级自然保护区等地，平均高度60厘米，平均盖度40%，常见伴生种有糙隐子草、画眉草等。

(38)芦苇群系：分布于山西八缚岭省级自然保护区、山西昌源河国家湿地公园、山西臭冷杉省级自然保护区、山西大同市文瀛湖省级湿地公园、山西大同县土林省级湿地公园、山西方山县南阳沟省级湿地公园、山西高平市丹河省级湿地公园、山西管头山省级自然保护区、山西侯马市香邑湖省级湿地公园、山西壶流河湿地省级自然保护区、山西浑源县神溪省级湿地公园、山西交城县华鑫湖省级湿地公园、山西介休市汾河省级湿地公园、山西历山国家级自然保护区、山西灵丘黑鹳省级自然保护区、山西凌井沟省级自然保护区、山西柳林县三川河省级湿地公园、山西芦芽山国家级自然保护区、山西孟信垴省级自然保护区、山西南方红豆杉省级自然保护区、山西宁武县马营海省级湿地公园、山西平顺县太行水乡省级湿地公园、山西平遥县惠济省级湿地公园、山西千泉湖国家湿地公园、山西桑干河省级自然保护区、山西神池县西海子省级湿地公园、山西朔城区恢河省级湿地公园、山西四县垴省级自然保护区、山西涑水河源头省级自然保护区、山西太谷县棋盘山省级湿地公园、山西太行林局海眼寺省级湿地公园、山西铁桥山省级自然保护区、山西屯留县绛河省级湿地公园、山西文水县世泰湖省级湿地公园、山西襄汾县双龙湖省级湿地公园、山西忻府区滹沱河省级湿地公园、山西新绛县汾河省级湿地公园、山西薛公岭省级自然保护区、山西尧都区东郭省级湿地公园、山西药林寺冠山省级自然保护区、山西孟县梁家寨省级湿地公园、山西榆次区田家湾省级湿地公园、山西云顶山省级自然保护区、山西云中山省级自然保护区、山西运城湿地省级自然保护区、山西泽州猕猴省级自然保护区、山西中阳县陈家湾省级湿地公园、山西浊漳河源头省级自然保护区、山西左云县十里河省级湿地公园等地，平均高度50厘米，平均盖度20%，伴生种有野大豆、野艾蒿等。

（39）马唐群系：分布于山西运城湿地省级自然保护区，平均高度30厘米，平均盖度20%，常见伴生种有野艾蒿、芦苇等。

（40）芒群系：分布于山西大同县土林省级湿地公园、山西千泉湖国家湿地公园，平均高度40厘米，平均盖度15%，常见伴生种有画眉草、黄芩等。

（41）披碱草群系：分布于山西昌源河国家湿地公园、山西贺家山省级自然保护区、山西黑茶山国家级自然保护区、山西介休市汾河省级湿地公园、山西灵丘黑鹳省级自然保护区、山西绵山省级自然保护区、山西桑干河省级自然保护区、山西铁桥山省级自然保护区、山西蔚汾河省级自然保护区、山西忻府区滹沱河省级湿地公园、山西云中山省级自然保护区等地，平均高度50厘米，平均盖度15%，常见伴生种有旋覆花、狗尾草等。

（42）莔草群系：分布于山西宁武县马营海省级湿地公园，平均高度70厘米，平均盖度25%，常见伴生种有酸模叶蓼、稗等。

（43）蚊子草群系：分布于山西八缚岭省级自然保护区、山西昌源河国家湿地公园、山西方山县南阳沟省级湿地公园、山西管头山省级自然保护区、山西韩信岭省级自然保护区、山西绵山省级自然保护区、山西四县垴省级自然保护区、山西太行林局海眼寺省级湿地公园、山西太岳林局七里峪省级湿地公园、山西太岳林局沁河源省级湿地公园、山西铁桥山省级自然保护区、山西蔚汾河省级自然保护区、山西中阳县陈家湾省级湿地公园，平均高度40厘米，平均盖度30%，伴生有野大豆、蕨麻等。

（44）羊草群系：分布于山西汾河上游省级自然保护区、山西云顶山省级自然保护区，平均高度20厘米，平均盖度15%，常见伴生种有旋覆花、薄荷等。

（45）獐毛群系：分布于山西运城湿地省级自然保护区，平均高度75厘米，平均盖度15%，常见伴生种有罗布麻、中华小苦荬等。

（46）碱茅群系：分布于山西汾河上游省级自然保护区、山西凌井沟省级自然保护区、山西薛公岭省级自然保护区、山西云顶山省级自然保护区，平均高度 30 厘米，平均盖度 30%，常见伴生种有野艾蒿、蛇莓等。

(47)莎草群系：分布于山西昌源河国家湿地公园、山西超山省级自然保护区、山西高平市丹河省级湿地公园、山西黑茶山国家级自然保护区、山西红泥寺省级自然保护区、山西历山国家级自然保护区、山西芦芽山国家级自然保护区、山西平顺县太行水乡省级湿地公园、山西四县垴省级自然保护区、山西涑水河源头省级自然保护区、山西屯留县绛河省级湿地公园、山西忻府区滹沱河省级湿地公园、山西崦山省级自然保护区、山西阳城蟒河猕猴国家级自然保护区、山西药林寺冠山省级自然保护区、山西云中山省级自然保护区、山西浊漳河源头省级自然保护区等地，平均高度 45 厘米，平均盖度 20%，常见伴生种有画眉草、芦苇等。

(48)发草群系：分布于山西汾河上游省级自然保护区，平均高度 15 厘米，平均盖度 35%。

(49)锋芒草群系：分布于山西汾河上游省级自然保护区，平均高度 45 厘米，平均盖度 30%，伴生有披碱草、狗尾草等。

2.3.4.3 杂类草湿地植被型

(50)阿尔泰狗娃花群系：分布于山西臭冷杉省级自然保护区、山西薛公岭省级自然保护区，平均高度 45 厘米，平均盖度 30%，常伴生有赖草、野艾蒿、堪察加景天、龙芽草等。

(51)艾群系：分布于山西霍山省级自然保护区，平均高度 60 厘米，平均盖度 30%，常伴生有白莲蒿、野艾蒿、蕨麻、大菟丝子、荆条等。

(52)巴天酸模群系：分布于山西臭冷杉省级自然保护区、山西芦芽山国家级自然保护区，平均高度 120 厘米，平均盖度 50%，伴生有地榆、水金凤、天蓝苜蓿、糙隐子草等。

(53)萹蓄群系：分布于山西臭冷杉省级自然保护区、山西贺家山省级自然保护区、山西霍山省级自然保护区、山西芦芽山国家级自然保护区、山西薛公岭省级自然保护区，平均高度 10 厘米，平均盖度 70%，伴生有藜、白蒿、狗尾草、香薷等。

(54)小果博落回群系：分布于山西涑水河源头省级自然保护区、山西阳城蟒河猕猴国家级自然保护区，平均高度 150 厘米，平均盖度 70%，伴生有野艾蒿、白蒿、黄刺玫、山莓等。

(55)苍耳群系：分布于山西臭冷杉省级自然保护区、山西大同市文瀛湖省级湿地公园、山西侯马市香邑湖省级湿地公园、山西交城县华鑫湖省级湿地公园、山西南方红豆杉省级自然保护区、山西桑干河省级自然保护区、山西蔚汾河省级自然保护区、山西阳泉市桃河省级湿地公园、山西云中山省级自然保护区、山西运城湿地省级自然保护区，平均高度 120 厘米，平均盖度 40% 左右，伴生有阿尔泰狗娃花、狗尾草、野艾蒿、苦苣菜、蔗草、酸模叶蓼、扁秆藨草、藜等。

(56)草地风毛菊群系：分布于山西庞泉沟国家级自然保护区、山西太岳林局沁河源省级湿地公园，平均高度 140 厘米，平均盖度 20%，常伴生有车前、萹蓄、鼠掌老鹳草、薄荷、蕨麻等。

(57)车前群系：分布于山西黑茶山国家级自然保护区、山西壶流河湿地省级自然保护区、山西灵丘黑鹳省级自然保护区、山西宁武县马营海省级湿地公园、山西桑干河省级自然保护区、山西涑水河源头省级自然保护区、山西蔚汾河省级自然保护区、山西云顶山省级自然保护区、山西云中山省级自然保护区、山西运城湿地省级自然保护区、山西中阳县陈家湾省级湿地公园，平均高度 40 厘米，平均盖度 30%，伴生有扁秆藨草、萹蓄、苍耳、硬质早熟禾、酸模叶蓼、稗、匍匐委陵菜等。

(58)齿果酸模群系：分布于山西运城湿地省级自然保护区，平均高度120厘米，平均盖度20%，常伴生有芦苇、蚊子草、鹅观草、猪毛菜等。

(59)刺儿菜群系：分布于山西孟信垴省级自然保护区、山西铁桥山省级自然保护区、山西榆次区田家湾省级湿地公园，平均高度60厘米，平均盖度70%左右，伴生有葎草、鹅观草、白莲蒿等。

(60)大车前群系：分布于山西云中山省级自然保护区，平均高度70厘米，平均盖度20%，常伴生有酸模叶蓼、狼杷等。

(61)大丁草群系：分布于山西云中山省级自然保护区，平均高度120厘米，平均盖度30%，伴生有柳叶菜、糙隐子草等。

(62)地肤群系：分布于山西离石区东川河省级湿地公园、山西灵丘黑鹳省级自然保护区、山西阳泉市桃河省级湿地公园，平均高度50厘米，平均盖度30%左右，伴生有白莲蒿、酸模叶蓼、水莎草、野艾蒿等。

(63)地椒群系：分布于山西汾河上游省级自然保护区，平均高度30厘米，平均盖度10%左右，伴生有山蒿、狗尾草等。

(64)地榆群系：分布于山西八缚岭省级自然保护区、山西超山省级自然保护区、山西臭冷杉省级自然保护区、山西四县垴省级自然保护区、山西太行林局海眼寺省级湿地公园、山西太岳林局七里峪省级湿地公园、山西铁桥山省级自然保护区、山西阳城蟒河猕猴国家级自然保护区、山西药林寺冠山省级自然保护区、山西榆次区田家湾省级湿地公园、山西云中山省级自然保护区，平均高度100厘米，平均盖度60%左右，伴生有旋覆花、蚊子草、鹅观草、毛茛、蕨麻、龙芽草、狗尾草等。

(65)鹅绒委陵菜群系：分布于山西昌源河国家湿地公园、山西臭冷杉省级自然保护区、山西大同县土林省级湿地公园、山西汾河上游省级自然保护区、山西黑茶山国家级自然保护区、山西浑源县神溪省级湿地公园、山西霍山省级自然保护区、山西灵丘黑鹳省级自然保护区、山西芦芽山国家级自然保护区、山西宁武县马营海省级湿地公园、山西庞泉沟国家级自然保护区、山西桑干河省级自然保护区、山西朔城区恢河省级湿地公园、山西太岳林局七里峪省级湿地公园、山西铁桥山省级自然保护区、山西蔚汾河省级自然保护区、山西薛公岭省级自然保护区、山西应县南山省级自然保护区、山西云顶山省级自然保护区、山西云中山省级自然保护区、山西泽州猕猴省级自然保护区，平均高度50厘米，平均盖度50%，伴生有画眉草、白莲蒿、披碱草、湿生蔊菜、梅花草等。

(66)二色补血草群系：分布于山西运城湿地省级自然保护区，平均高度40厘米，平均盖度40%，伴生有猪毛蒿等。

(67)翻白草群系：分布于山西五鹿山国家级自然保护区，平均高度50厘米，平均盖度20%左右，常伴生有赖草、黄背草。

(68)反枝苋群系：分布于山西黑茶山国家级自然保护区、山西历山国家级自然保护区、山西蔚汾河省级自然保护区，平均高度50厘米，平均盖度60%左右，伴生有藜、风轮菜、红火麻、繁缕等。

(69)风毛菊群系：分布于山西芦芽山国家级自然保护区、山西五鹿山国家级自然保护区、山西阳城蟒河猕猴国家级自然保护区、山西药林寺冠山省级自然保护区，平均高度120厘米，平均盖度50%，常伴生有假苇拂子茅、大车前、苍耳、酸模叶蓼、蕨麻等。

(70)甘菊群系：分布于山西方山县南阳沟省级湿地公园，平均高度80厘米，平均盖度30%，伴生有铁线莲、笔管草等。

(71)拐芹群系：分布于山西臭冷杉省级自然保护区，平均高度100厘米，平均盖度45%左右，伴生有野艾蒿、糙隐子草、狭叶荨麻、鼠掌老鹳草等。

(72)鬼针草群系：分布于山西黑茶山国家级自然保护区、山西太谷县棋盘山省级湿地公园、山西铁桥山省级自然保护区、山西蔚汾河省级自然保护区、山西运城湿地省级自然保护区、山西中阳县陈家湾省级湿地公园，平均高度120厘米，平均盖度70%左右，伴生有酸模叶蓼、旋覆花、蔗草、假苇拂子茅等。

(73)旱麦瓶草群系：分布于山西桑干河省级自然保护区，平均高度120厘米，平均盖度10%，常伴生有牛皮消、剪股颖。

(74)和尚菜群系：分布于山西南方红豆杉省级自然保护区、山西庞泉沟国家级自然保护区，平均高度50厘米，平均盖度30%，伴生有千屈菜、旋覆花、大车前、狗尾草等。

(75)红蓼群系：分布于山西交城县华鑫湖省级湿地公园、山西文水县世泰湖省级湿地公园、山西药林寺冠山省级自然保护区，平均高度120厘米，平均盖度60%，伴生有猪毛蒿、狗尾草等。

(76)菖蒲群系：分布于山西高平市丹河省级湿地公园，平均高度170厘米，平均盖度30%左右，伴生有小香蒲、红鳞扁莎等。

(77)花苜蓿群系：分布于山西臭冷杉省级自然保护区、山西五鹿山国家级自然保护区，平均高度30厘米，平均盖度30%左右，伴生有瓣蕊唐松草、鼠掌老鹳草等。

(78)黄花蒿群系：分布于山西臭冷杉省级自然保护区、山西汾河上游省级自然保护区、山西凌井沟省级自然保护区、山西千泉湖国家湿地公园、山西薛公岭省级自然保护区、山西崦山省级自然保护区、山西云顶山省级自然保护区、山西云中山省级自然保护区、山西运城湿地省级自然保护区、山西泽州猕猴省级自然保护区，平均高度120厘米，平均盖度50%左右，伴生有苍耳、荆条、猪毛蒿、狗尾草等。

(79)灰绿藜：分布于山西古城国家湿地公园、山西柳林县三川河省级湿地公园，平均高度10厘米，平均盖度10%，伴生有猪毛蒿。

(80)苦苣菜群系：分布于山西桑干河省级自然保护区、山西云中山省级自然保护区，平均高度40厘米，平均盖度30%，有时伴生有碱蓬、臭蒿、阿尔泰狗娃花等。

(81)狼杷草群系：分布于山西汾河上游省级自然保护区、山西高平市丹河省级湿地公园、山西凌井沟省级自然保护区、山西平顺县太行水乡省级湿地公园、山西千泉湖国家湿地公园、山西朔城区恢河省级湿地公园、山西太宽河省级自然保护区、山西屯留县绛河省级湿地公园、山西崦山省级自然保护区、山西药林寺冠山省级自然保护区、山西盂县梁家寨省级湿地公园、山西云顶山省级自然保护区、山西浊漳河源头省级自然保护区，平均高度120厘米，平均盖度60%左右，伴生有旋覆花、稗、扁秆蔗草、头状穗莎草等。

(82)藜群系：分布于山西臭冷杉省级自然保护区、山西贺家山省级自然保护区、山西朔城区恢河省级湿地公园、山西尧都区东郭省级湿地公园、山西运城湿地省级自然保护区，平均高度100厘米，平均盖度75%左右，伴生有鼠掌老鹳草、狭叶荨麻、反枝苋、狗尾草等。

(83)鳢肠群系：分布于山西平遥县惠济省级湿地公园，平均高度10厘米，平均盖度40%左右，伴生有鬼针草、头状穗莎草等。

(84)柳兰群系：分布于山西臭冷杉省级自然保护区，平均高度100厘米，平均盖度40%左右，伴生有龙芽草。

(85)柳叶菜群系：分布于山西铁桥山省级自然保护区，平均高度165厘米，平均盖度100%左右。

(86)葎草群系：分布于山西安泽县府城省级湿地公园、山西侯马市香邑湖省级湿地公园、山西交城县华鑫湖省级湿地公园、山西历山国家级自然保护区、山西南方红豆杉省级自然保护区、山西平顺县太行水乡省级湿地公园、山西千泉湖国家湿地公园、山西曲沃县浍河省级湿地公园、山西太宽河省级自然保护区、山西天龙山省级自然保护区、山西文水县世泰湖省级湿地公园、山西襄汾县双龙湖省级湿地公园、山西新绛县汾河省级湿地公园、山西崦山省级自然保护区、山西阳泉市桃河省级湿地公园、山西药林寺冠山省级自然保护区、山西盂县梁家寨省级湿地公园、山西云中山省级自然保护区、山西运城湿地省级自然保护区、山西泽州猕猴省级自然保护区，平均盖度80%左右，伴生有藨草、苍耳、鬼针草等。

(87)毛茛群系：分布于山西历山国家级自然保护区、山西庞泉沟国家级自然保护区，平均高度60厘米，平均盖度40%左右，伴生有黄刺玫、车前等。

(88)蒙古蒿群系：分布于山西薛公岭省级自然保护区，平均高度15厘米，平均盖度15%，常伴生有车前、蕨麻、蒲公英等。

(89)密花香薷群系：分布于山西汾河上游省级自然保护区，平均高度50厘米，平均盖度20%，伴生有车前、酸模叶蓼等。

(90)牛蒡群系：分布于山西芦芽山国家级自然保护区、山西铁桥山省级自然保护区，平均高度50厘米，平均盖度40%，伴生有香薷、巴天酸模等。

(91)牛皮消群系：分布于山西运城湿地省级自然保护区，平均盖度60%左右，伴生有赖草、车前等。

(92)牛膝群系：分布于山西运城湿地省级自然保护区，平均高度20厘米，平均盖度5%左右，伴生有罗布麻、刺儿菜等。

(93)匍匐委陵菜群系：分布于山西人祖山省级自然保护区，平均盖度20%，常伴生有野大豆、荩草、车前等。

(94)蒲公英群系：分布于山西汾河上游省级自然保护区、山西蔚汾河省级自然保护区、山西薛公岭省级自然保护区，平均盖度25%，常伴生有稗、苍耳、车前等。

(95)千屈菜群系：分布于山西千泉湖国家湿地公园，平均高度150厘米，平均盖度35%，伴生有鬼针草、旋覆花等。

(96)苘麻群系：分布于山西昌源河国家湿地公园、山西古城国家湿地公园、山西曲沃县浍河省级湿地公园、山西襄汾县双龙湖省级湿地公园，平均高度30厘米，平均盖度30%左右，伴生有黄花蒿、灰绿藜、酸模叶蓼等。

(97)犬问荆群系：分布于山西泽州猕猴省级自然保护区，平均高度60厘米，平均盖度2%左右。

(98)砂珍棘豆群系：分布于山西应县南山省级自然保护区，平均高度30厘米，平均盖度25%，常伴生有野艾蒿、猪毛蒿等。

(99)山野豌豆群系：分布于山西云中山省级自然保护区、山西泽州猕猴省级自然保护区，平均高度60厘米，平均盖度10%，常伴生有地榆、野大豆等。

(100)蛇床群系：分布于山西臭冷杉省级自然保护区、山西千泉湖国家湿地公园、山西云中山省级自然保护区，平均高度35厘米，平均盖度25%左右，伴生有车前等。

(101)蛇莓群系：分布于山西霍山省级自然保护区、山西庞泉沟国家级自然保护区、山西薛公岭省级自然保护区，平均盖度35%左右，伴生有三穗薹草等。

(102)鼠掌老鹳草群系：分布于山西臭冷杉省级自然保护区、山西红泥寺省级自然保护区，平均高度40厘米，平均盖度30%，常伴生有益母草、地榆等。

(103)水苦荬群系：分布于山西南方红豆杉省级自然保护区、山西朔城区恢河省级湿地公园、山西应县南山省级自然保护区，平均高度30厘米，平均盖度20%，常伴生有葎草、蛇床等。

(104)水蓼群系：分布于山西红泥寺省级自然保护区、山西历山国家级自然保护区、山西柳林县三川河省级湿地公园、山西运城湿地省级自然保护区，平均高度110厘米，平均盖度40%，伴生有藜、红蓼等。

(105)水毛花群系：分布于山西四县垴省级自然保护区，平均高度80厘米，平均盖度60%，伴生有野大豆、水芹、鬼针草等。

(106)水芹群系：分布于山西昌源河国家湿地公园、山西管头山省级自然保护区、山西红泥寺省级自然保护区、山西历山国家级自然保护区、山西孟信垴省级自然保护区、山西南方红豆杉省级自然保护区、山西千泉湖国家湿地公园、山西人祖山省级自然保护区、山西四县垴省级自然保护区、山西太行林局海眼寺省级湿地公园、山西太岳林局沁河源省级湿地公园、山西铁桥山省级自然保护区、山西蔚汾河省级自然保护区、山西泽州猕猴省级自然保护区、山西浊漳河源头省级自然保护区，平均高度30厘米，平均盖度35%左右，伴生有稗、藨草等。

(107)酸模群系：分布于山西朔城区恢河省级湿地公园、山西太行林局海眼寺省级湿地公园、山西运城湿地省级自然保护区，平均高度70厘米，平均盖度40%左右，伴生有野艾蒿、旋覆花等。

(108)酸模叶蓼群系：分布于在山西安泽县府城省级湿地公园、山西八缚岭省级自然保护区、山西臭冷杉省级自然保护区、山西大同市文瀛湖省级湿地公园、山西汾河上游省级自然保护区、山西韩信岭省级自然保护区、山西黑茶山国家级自然保护区、山西壶流河湿地省级自然保护区、山西霍山省级自然保护区、山西历山国家级自然保护区、山西灵丘黑鹳省级自然保护区、山西柳林县三川河省级湿地公园、山西芦芽山国家级自然保护区、山西孟信垴省级自然保护区、山西宁武县马营海省级湿地公园、山西千泉湖国家湿地公园、山西四县垴省级自然保护区、山西涑水河源头省级自然保护区、山西太宽河省级自然保护区、山西铁桥山省级自然保护区、山西薛公岭省级自然保护区、山西阳泉市桃河省级湿地公园、山西左云县十里河省级湿地公园，平均高度70厘米，平均盖度40%，常伴生有牛蒡、藜等。

(109)天蓝苜蓿群系：分布于山西臭冷杉省级自然保护区、山西宁武县马营海省级湿地公园、山西盂县梁家寨省级湿地公园，平均高度60厘米，平均盖度50%，伴生有野大豆、野艾蒿等。

(110)橐吾群系：分布于山西臭冷杉省级自然保护区、山西黑茶山国家级自然保护区，平均高度110厘米，平均盖度50%左右，常伴生有野艾蒿、地榆。

(111)问荆群系：分布于山西芦芽山国家级自然保护区、山西汾河上游省级自然保护区、山西运城湿地省级自然保护区，平均高度50厘米，平均盖度2%左右，伴生有笔管草等。

(112)狭叶荨麻群系：分布于山西臭冷杉省级自然保护区，平均高度130厘米，平均盖度50%，常伴生有牛蒡。

(113)香薷群系：分布于山西臭冷杉省级自然保护区、山西霍山省级自然保护区、山西铁桥山省级自然保护区、山西运城湿地省级自然保护区，平均高度45厘米，平均盖度60%，伴生有巴天酸模、大车前等。

(114)小窃衣群系：分布于山西历山国家级自然保护区，平均高度90厘米，平均盖度10%左右，伴生有水芹、贝加尔唐松草等。

(115)旋覆花群系：分布于山西超山省级自然保护区、山西臭冷杉省级自然保护区、山西韩信岭省级自然保护区、山西灵丘黑鹳省级自然保护区、山西南方红豆杉省级自然保护区、山西宁武县马营海省级湿地公园、山西千泉湖国家湿地公园、山西桑干河省级自然保护区、山西薛公岭省级自然保护区、山西崦山省级自然保护区、山西云中山省级自然保护区、山西泽州猕猴省级自然保护区、山西中阳县陈家湾省级湿地公园，平均高度60厘米，平均盖度30%左右，伴生有画眉草、鬼针草等。

(116)沿阶草群系：分布于山西臭冷杉省级自然保护区，平均高度80厘米，平均盖度45%，伴生有地榆、葎草等。

(117)野艾蒿群系：分布于山西臭冷杉省级自然保护区、山西汾河上游省级自然保护区、山西古城国家湿地公园、山西贺家山省级自然保护区、山西霍山省级自然保护区、山西历山国家级自然保护区、山西灵丘黑鹳省级自然保护区、山西凌井沟省级自然保护区、山西芦芽山国家级自然保护区、山西南方红豆杉省级自然保护区、山西宁武县马营海省级湿地公园、山西平顺县太行水乡省级湿地公园、山西桑干河省级自然保护区、山西太宽河省级自然保护区、山西天龙山省级自然保护区、山西忻府区滹沱河省级湿地公园、山西阳城蟒河猕猴国家级自然保护区、山西阳泉市桃河省级湿地公园、山西盂县梁家寨省级湿地公园、山西云顶山省级自然保护区、山西云中山省级自然保护区、山西运城湿地省级自然保护区、山西泽州猕猴省级自然保护区、山西浊漳河源头省级自然保护区，平均高度70厘米，平均盖度60%左右，常伴生有荩草、狗牙根等。

(118)野大豆群系：分布于山西安泽县府城省级湿地公园、山西洊源县神溪省级湿地公园、山西芦芽山国家级自然保护区、山西孟信垴省级自然保护区、山西太宽河省级自然保护区、山西屯留县绛河省级湿地公园、山西蔚汾河省级自然保护区、山西忻府区滹沱河省级湿地公园、山西云中山省级自然保护区、山西运城湿地省级自然保护区、山西中阳县陈家湾省级湿地公园以及山西壶流河湿地省级自然保护区、山西运城湿地省级自然保护区，平均高度40厘米，平均盖度55%，常伴生有芦苇、黄花蒿、薄荷等。

(119)野苜蓿群系：分布于山西古城国家湿地公园，平均高度30厘米，平均盖度20%，常伴生有狗牙根、小蓬草等。

(120)毒芹群系：分布于山西南方红豆杉省级自然保护区山西历山国家级自然保护区，平均高度85厘米，平均盖度25%，伴生有稗、酸模叶蓼等。

(121)益母草群系：分布于山西高平市丹河省级湿地公园、山西贺家山省级自然保护区、山西千泉湖国家湿地公园、山西四县垴省级自然保护区、山西云顶山省级自然保护区、山西云中山省级自然保护区，平均高度110厘米，平均盖度50%左右，伴生有狗尾草、牛蒡等。

(122)茵陈蒿群系：分布于山西忻府区滹沱河省级湿地公园，平均高度80厘米，平均盖度80%左右。

(123)早开堇菜群系：分布于山西汾河上游省级自然保护区、山西忻府区滹沱河省级湿地公园、山西运城湿地省级自然保护区，平均高度40厘米，平均盖度10%，伴生有黄花蒿、葎草等。

(124)酢浆草群系：分布于山西古城国家湿地公园，平均高度20厘米，平均盖度10%，伴生有赖草、杠柳等。

(125)獐牙菜群系：分布于山西芦芽山国家级自然保护区，平均高度35厘米，平均盖度10%左右，伴生有花苜蓿、莎草、野艾蒿等。

(126)长叶碱毛茛群系：分布于山西大同县土林省级湿地公园、山西桑干河省级自然保护区、山西忻府区滹沱河省级湿地公园，平均高度35厘米，平均盖度30%左右，伴生有赖草、黄背草等。

(127)长鬃蓼群系：分布于山西历山国家级自然保护区，平均高度60厘米，平均盖度25%，常伴生有红火麻、沿阶草等。

(128)沼生蔊菜群系：分布于山西泽州猕猴省级自然保护区，平均高度60厘米，平均盖度25%，常伴生有稗。

(129)沼生柳叶菜群系：分布于山西芦芽山国家级自然保护区，平均高度55厘米，平均盖度15%，伴生有莎草、薄荷等。

(130)皱叶酸模群系：分布于山西铁桥山省级自然保护区、山西蔚汾河省级自然保护区，平均高度35厘米，平均盖度15%，常伴生有地榆、鹅观草等。

(131)猪毛菜群系：分布于山西运城湿地省级自然保护区，平均高度30厘米，平均盖度25%左右，伴生有大叶补血草等。

(132)猪毛蒿群系：分布于山西绵山省级自然保护区、山西平顺县太行水乡省级湿地公园、山西千泉湖国家湿地公园、山西涑水河源头省级自然保护区、山西襄汾县双龙湖省级湿地公园、山西薛公岭省级自然保护区、山西尧都区东郭省级湿地公园、山西云顶山省级自然保护区、山西运城湿地省级自然保护区、山西左云县十里河省级湿地公园，平均高度45厘米，平均盖度25%左右，伴生有车前等。

(133)百里香群系：分布于山西宁武县马营海省级湿地公园，平均高度55厘米，平均盖度35%，伴生有蒲公英、薄荷等。

(134)香蒲群系：分布于山西八缚岭省级自然保护区、山西昌源河国家湿地公园、山西方山县南阳沟省级湿地公园、山西管头山省级自然保护区、山西壶流河湿地省级自然保护区、山西浑源县神溪省级湿地公园、山西介休市汾河省级湿地公园、山西柳林县三川河省级湿地公园、山西宁武县马营海省级湿地公园、山西平遥县惠济省级湿地公园、山西曲沃县浍河省级湿地公园、山西人祖山省级自然保护区、山西桑干河省级自然保护区、山西朔城区恢河省级湿地公园、山西四县垴省级自然保护区、山西铁桥山省级自然保护区、山西蔚汾河省级自然保护区、山西文水县世泰湖省级湿地公园、山西尧都区东郭省级湿地公园、山西榆次区田家湾省级湿地公园、山西云顶山省级自然保护区、山西运城湿地省级自然保护区、山西泽州猕猴省级自然保护区、山西中阳县陈家湾省级湿地公园、山西浊漳河源头省级自然保护区、山西左云县十里河省级湿地公园，平均高度 155 厘米，平均盖度 60% 左右，伴生有芦苇、莎草等。

（135）小香蒲群系：分布于山西大同县土林省级湿地公园、山西汾河上游省级自然保护区、山西壶流河湿地省级自然保护区、山西介休市汾河省级湿地公园、山西芦芽山国家级自然保护区、山西宁武县马营海省级湿地公园、山西庞泉沟国家级自然保护区、山西太岳林局七里峪省级湿地公园、山西铁桥山省级自然保护区、山西忻府区滹沱河省级湿地公园、山西薛公岭省级自然保护区、山西药林寺冠山省级自然保护区、山西云中山省级自然保护区、山西运城湿地省级自然保护区、山西浊漳河源头省级自然保护区，平均高度 120 厘米，平均盖度 45%，常伴生有金鱼藻、泽泻等。

（136）长苞香蒲群系：分布于山西昌源河国家湿地公园、山西高平市丹河省级湿地公园、山西管头山省级自然保护区、山西壶流河湿地省级自然保护区、山西浑源县神溪省级湿地公园、山西芦芽山国家级自然保护区、山西南方红豆杉省级自然保护区、山西宁武县马营海省级湿地公园、山西平顺县太行水乡省级湿地公园、山西千泉湖国家湿地公园、山西曲沃县浍河省级湿地公园、山西桑干河省级自然保护区、山西神池县西海子省级湿地公园、山西屯留县绛河省级湿地公园、山西忻府区滹沱河省级湿地公园、山西盂县梁家寨省级湿地公园、山西云顶山省级自然保护区、山西云中山省级自然保护区、山西运城湿地省级自然保护区，平均高度 150 厘米，平均盖度 70%，伴生有泽泻、灯心草等。

（137）灯心草群系：分布于山西方山县南阳沟省级湿地公园、山西芦芽山国家级自然保护区、山西宁武县马营海省级湿地公园、山西涑水河源头省级自然保护区，平均高度 75 厘米，平均盖度 25%，常伴生有薄荷、问荆等。

（138）慈姑群系：分布于山西昌源河国家湿地公园，平均高度 65 厘米，平均盖度 20%，常伴生有芦苇、稗等。

（139）矮蒿群系：分布于山西汾河上游省级自然保护区，平均高度 20 厘米，平均盖度 25%，常伴生有狗尾草、车前等。

（140）老鹳草群系：分布于山西红泥寺省级自然保护区，平均高度 50 厘米，平均盖度 15%，分布面积较小。

（141）林荫千里光群系：分布于山西历山国家级自然保护区，平均高度 50 厘米，平均盖度 30%，分布面积较小。

（142）马蔺群系：分布于山西庞泉沟国家级自然保护区，平均高度 70 厘米，平均盖度 25%，分布面积较小。

（143）委陵菜群系：主要分布在山西方山县南阳沟省级湿地公园、山西关帝林局梅洞沟省级湿地公园、山西黑茶山国家级自然保护区、山西壶流河湿地省级自然保护区、山西庞泉沟国家级自然保护区、山西桑干河省级自然保护区、山西铁桥山省级自然保护区、山西蔚汾河省级自然保护区，平均高度12厘米，平均盖度30%左右，常伴生有车前、荩草等。

2.3.4.4 盐沼湿地植被型

（144）碱蓬群系：分布于山西曲沃县浍河省级湿地公园、山西桑干河省级自然保护区、山西忻府区滹沱河省级湿地公园、山西运城湿地省级自然保护区，平均高度60厘米，平均盖度55%，伴生有藜、地肤、猪毛菜等。

（145）盐地碱蓬群系：分布于山西运城湿地省级自然保护区，平均高度35厘米，平均盖度10%。

2.3.5 浅水植物湿地植被型组

2.3.5.1 浮叶植被型

（146）穿叶眼子菜群系：分布于山西朔城区恢河省级湿地公园，平均盖度10%，伴生有眼子菜等。

（147）浮萍群系：分布于山西侯马市香邑湖省级湿地公园、山西新绛县汾河省级湿地公园，平均盖度35%，常见的伴生种有莲、水莎草等。

（148）莲群系：分布于山西高平市丹河省级湿地公园、山西侯马市香邑湖省级湿地公园、山西文水县世泰湖省级湿地公园、山西襄汾县双龙湖省级湿地公园、山西新绛县汾河省级湿地公园、山西尧都区东郭省级湿地公园、山西运城湿地省级自然保护区、山西浊漳河源头省级自然保护区，平均高度120厘米，平均盖度60%左右，群落边缘伴生有藨草、芦苇。

（149）篦齿眼子菜群系：分布于山西宁武县马营海省级湿地公园、山西桑干河省级自然保护区，平均高度50厘米左右，平均盖度50%以上，群落边缘伴生有旋覆花、狗尾草。

（150）睡莲群系：分布于山西侯马市香邑湖省级湿地公园、山西交城县华鑫湖省级湿地公园、山西介休市汾河省级湿地公园、山西襄汾县双龙湖省级湿地公园，平均高度40厘米，平均盖度70%左右。常伴生有金鱼藻、浮萍、水蓼。

（151）荇菜群系：分布于山西宁武县马营海省级湿地公园、山西屯留县绛河省级湿地公园，伴生有穿叶眼子菜等。

（152）眼子菜群系：分布于山西安泽县府城省级湿地公园、山西千泉湖国家湿地公园、山西铁桥山省级自然保护区、山西屯留县绛河省级湿地公园。

（153）格菱群系：分布于山西千泉湖国家湿地公园、山西屯留县绛河省级湿地公园，平均盖度15%，常伴生有芦苇等。

2.3.5.2 沉水植被型

（154）金鱼藻群系：分布于山西安泽县府城省级湿地公园、山西八缚岭省级自然保护区、山西臭冷杉省级自然保护区、山西红泥寺省级自然保护区、山西壶流河湿地省级自然保护区、山西交城县华鑫湖省级湿地公园、山西介休市汾河省级湿地公园、山西宁武县马营海省级湿地公园、山西铁桥山省级自然保护区、山西榆次区田家湾省级湿地公园、山西云中山省级自然保护区、山西泽州猕猴省级自然保护区，常见的伴生种有眼子菜、水莎草等。

（155）小茨藻群系：分布于山西超山省级自然保护区、山西韩信岭省级自然保护区、山西太谷县棋盘山省级湿地公园、山西蔚汾河省级自然保护区、山西榆次区田家湾省级湿地公园，群落边缘伴生有水芹、水蓼。

(156)菹草群系：分布于山西高平市丹河省级湿地公园、山西屯留县绛河省级湿地公园，常伴生有菱。

2.4　常见的湿地植被类型及其分布规律

2.4.1　典型植被类型

山西省湿地典型植被类型有10个，落叶阔叶林湿地植被型主要是一些杨柳科，如小青杨、青毛杨、小叶杨、旱柳、中国黄花柳、密齿柳、乌柳等，这些植物适应性强，除一些高海拔地区外全省普遍分布，是很好的绿化固堤树种，也是重要的木材资源，并在水土保持等方面具有重要作用。

暖温性针叶林湿地植被型指南方红豆杉群系，主要分布在自然保护区重要湿地的边缘，建群种为南方红豆杉，具有极高的美学观赏和经济价值。

落叶阔叶灌丛湿地植被型主要为荆条、中国沙棘、木香薷、三裂绣线菊、悬钩子等。

盐生灌丛湿地型能形成较大群落的为柽柳群落，分布于山西省山西运城湿地省级自然保护区、山西桑干河省级自然保护区、山西超山省级自然保护区、山西蔚汾河省级自然保护区、山西臭冷杉省级自然保护区。

莎草型湿地植被型中的藨草属、薹草属、水莎草属为沼泽湿地、沼泽化草甸的优势物种，主要分布于山西运城湿地省级自然保护区、山西芦芽山国家级自然保护区、山西泽州猕猴省级自然保护区等，常见的有扁秆藨草、藨草、三穗薹草、水莎草、荆三棱、红鳞扁莎等。

禾草型湿地植物型一般分布较广，在全省范围内均有分布，主要分布于沼泽化草甸和河滩，常见的有芦苇、稗草、假苇拂子茅、赖草等。

杂类草湿地植物型、盐沼湿地植被型、浮水型湿地植物型以及沉水型湿地植物型大多为广布型湿地植物，广布全省，这也体现了水生植物的隐域性特征。

2.4.2　垂直地带性分布规律

由于山西境内芦芽山、庞泉沟等地海拔较高，海拔在2000米以上，而运城市平均海拔在500米以下，湿地植被随海拔高度的增加亦呈现出明显的垂直分布特征：

在海拔2000米以上的庞泉沟等地分布较广的有青杄、白杄、华北落叶松、中国沙棘、嵩草、三穗薹草、地榆等高山植物群系；海拔1000～2000米的马营海等中海拔地区主要分布有榆树、连翘、青杨、荆条等植物群系；在海拔1000米以下的运城等区域则主要分布有柽柳、莲、紫穗槐等植物群系。

除此之外，由于湿地植物对水环境条件依赖性大，尤其是水生植物、沼生植物，如常见的香蒲科、莎草科、眼子菜科植物以及芦苇等，水生植物广布性较高，所以山西湿地植被分布还有明显的隐域性特征。

2.5　湿地植被的保护现状

山西的河流湿地既是各种野生动物的重要栖息地，也是湿地植物资源分布较集中的地方。河流湿地分布有野大豆、绶草等国家级重点保护植物。

山西的人工湿地主要是库塘、鱼池、莲池等，湿地植物分布虽少，但是野生动物集中分布的地方。

山西的沼泽湿地面积不大，但湿地植物分布较多，为湿地动物尤其是珍稀水鸟提供了觅食、繁殖、越冬、栖息等场所。

山西的湖泊湿地主要是马营海、世泰湖、华鑫湖等，主要分布的植物群落有芦苇、香蒲、三穗薹草、藨草、拂子茅群落等。

由于以往对湿地资源过度、无序的开发利用，例如过度放牧、垦荒、修建水库、人为揭取沼泽草皮、河床挖沙等，对湿地植物及植被资源造成了严重的破坏。其次，生活垃圾污染及工业污水对河流湿地的破坏，使得湿地植物多样性降低，湿地生态效益大打折扣，湿地的功能逐渐退缩。

为此，到 2013 年年底，山西省先后建立各级自然保护区 45 处、湿地公园 46 处，并制定了相关的法规、制度，这些措施对保护湿地植物及植被资源及整个湿地生态系统、恢复湿地应有的生态功能具有重要意义。

第二节
湿地野生动物资源

1　湿地野生动物种类和特点

1.1　湿地野生动物组成

全省共有脊椎动物 39 目 111 科 549 种，其中哺乳类为 7 目 18 科 65 种；鸟类为 18 目 64 科 357 种；爬行类共 3 目 7 科 32 种；两栖类为 2 目 5 科 13 种；鱼类为 9 目 17 科 82 种。其中，湿地脊椎动物 26 目 52 科 232 种，约占山西省脊椎动物总种数的 42.26%。包括：

湿地鸟类 10 目 25 科 129 种，占全省湿地脊椎动物总种数的 55.60%；

湿地两栖类 2 目 5 科 13 种，占全省湿地脊椎动物总种数的 5.60%；

湿地爬行类 2 目 2 科 5 种，占全省湿地脊椎动物总种数的 2.16%；

湿地哺乳类 3 目 3 科 3 种，占全省湿地脊椎动物总种数的 1.29%；

湿地鱼类 9 目 17 科 82 种（含文献记载种），占全省湿地脊椎动物总种数的 35.34%，其中人工养殖种 16 种，野生种 66 种。

各类湿地脊椎动物的组成如图 3-1 所示。

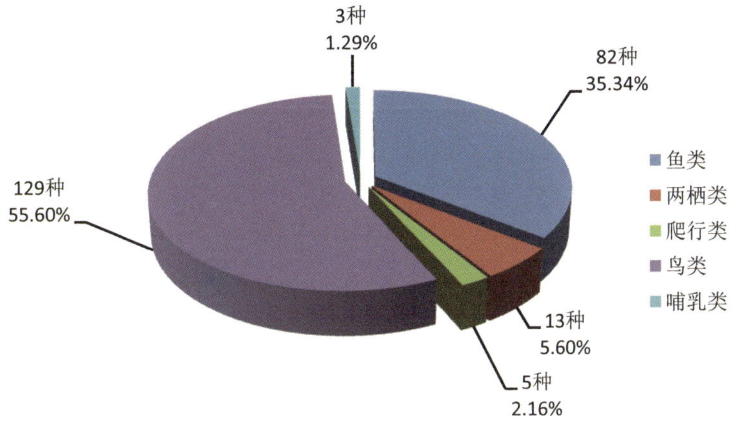

图 **3-1**　山西省湿地调查统计的湿地脊椎动物组成

本次调查，实地记录的米仓山龙蜥、铜蜓蜥为山西爬行类新记录种。

1.2　常见湿地动物种类

1.2.1　鱼　类

经实地调查并结合以往的文献资料，共收录山西湿地中的鱼类 9 目 17 科 82 种，其中人工养殖种 16 种，野生种 66 种。常见野生鱼类有白条鱼、麦穗鱼、棒花鮈、鲫鱼、鲤鱼、拉氏鲅、马口鱼、泥鳅、粗壮高原鳅、武威高原鳅等。

1.2.2　两栖类

山西省两栖类共 2 目 5 科 13 种。本次实地调查中，共记录统计到两栖类 2 目 3 科 6 种，占山西省两栖类总种数(13 种)的 46.15%。常见两栖类有中国林蛙、中华蟾蜍、黑斑蛙。

1.2.3　爬行类

山西省爬行动物共 3 目 7 科 32 种。本次实地调查中，共记录统计到爬行动物 3 目 7 科 18 种，占山西爬行类总种数(32 种)的 56.25%。其中米仓山龙蜥、铜蜓蜥为山西省新纪录种。常见爬行动物有丽斑麻蜥、蓝尾石龙子、虎斑颈槽蛇、白条锦蛇、黑眉锦蛇、中介蝮等。

1.2.4　鸟　类

山西省鸟类共 18 目 64 科 357 种。本次实地调查，结合以往水鸟调查的记载，共记录统计到山西省湿地鸟类 10 目 24 科 117 种，占山西鸟类总种数(357 种)的 32.77%。

常见留鸟有斑嘴鸭、苍鹭、斑头秋沙鸭、白骨顶、凤头麦鸡、灰头麦鸡、小䴙䴘、池鹭、夜鹭等。

常见夏候鸟有金眶鸻、白腰草鹬、小白鹭、矶鹬、黑水鸡、普通翠鸟、须浮鸥、黑翅长脚鹬、普通燕鸥。

常见旅鸟有丘鹬、鹤鹬、红脚鹬、金[斑]鸻、鸬鹚、红嘴鸥、鸿雁、银鸥、黑尾鸥。

常见冬候鸟有绿翅鸭、大天鹅、红头潜鸭、豆雁、罗纹鸭、绿头鸭、普通秋沙鸭、鹊鸭、凤头潜鸭、赤膀鸭、赤颈鸭、赤麻鸭。

1.2.5 哺乳动物

据文献记载，山西省哺乳动物共7目18科65种。本次实地调查中，共记录统计到哺乳类6目11科17种，占山西哺乳动物总种数的26.15%。常见哺乳类有刺猬、草兔、花鼠、岩松鼠、黄鼬、猪獾。

1.3 湿地中陆栖脊椎动物区系

根据本次湿地调查的记录统计，山西省湿地中，共有湿地脊椎动物26目52科232种，包括鱼类9目17科82种(含文献记载种)，湿地陆栖脊椎动物17目35科150种。在150种陆栖湿地脊椎动物中，属于古北界的有108种，占调查的陆栖湿地脊椎动物总种数的72.00%；东洋界16种，占总种数的10.67%；广布种26种，占总种数的17.33%，如图3-2。

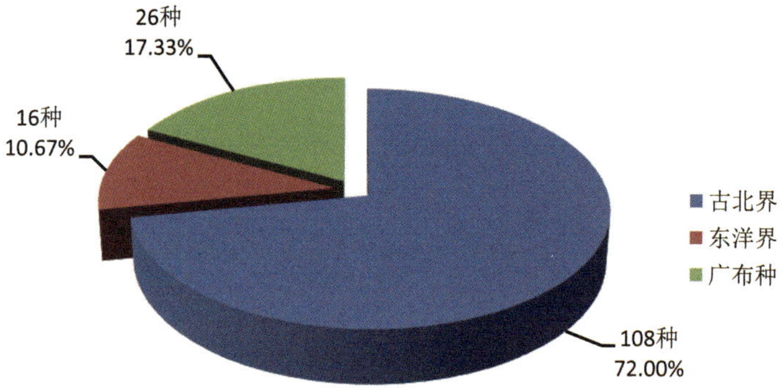

图3-2 山西省陆栖脊椎动物区系分析

1.4 湿地重点保护野生动物

山西湿地脊椎动物中，被列为国家Ⅰ级保护动物的有白尾海雕、黑鹳、遗鸥3种。

被列为国家Ⅱ级保护野生动物的有角䴙䴘、斑嘴鹈鹕、白琵鹭、白额雁、大天鹅、小天鹅、鸳鸯、鹗、灰鹤、蓑羽鹤、小杓鹬、小鸥、水獭共13种。

山西省重点保护野生动物有苍鹭、池鹭、金眶鸻、鹮嘴鹬、冠鱼狗、蓝翡翠、褐河乌、白顶溪鸲共8种。

被《濒危野生动植物种国际贸易公约》(CITES)附录Ⅰ收录的有东方白鹳、遗鸥、白尾海雕、大鲵、水獭。附录Ⅱ收录种的有黑鹳、白琵鹭、花脸鸭、鹗、灰褐、蓑羽鹤。

列入世界自然保护联盟(IUCN)濒危动物红色名录濒危种(CR)的有东方白鹳；极危种(EN)的有大鲵；易危种(VU)的有斑嘴鹈鹕、花脸鸭、水獭；近危种(NT)的有白眼潜鸭。

被《中国濒危动物红皮书》列为极危种(CR)的有大鲵；濒危种(EN)的有东方白鹳、黑鹳；渐危种的有大天鹅；易危种(VU)的有白琵鹭、小天鹅、鸳鸯、水獭。

被《中国物种红色名录》列为极危种(CR)的有大鲵；濒危种(EN)的有北方铜鱼、东方白鹳、水獭；列为易危种(VU)的有黄河雅罗鱼、黄河鮈 、青鳉、鳖、乌梢蛇、鸿雁、花脸鸭、斑嘴鹈鹕；列为近危种(NT)的有黑斑蛙、隆肛蛙、鸳鸯、大天鹅、小天鹅、罗纹鸭、白眼潜鸭。

中国特有种有锈链腹链蛇、乌梢蛇。

主要分布于中国的物种有鳖、赤链蛇、虎斑颈槽蛇、鸿雁、花脸鸭、罗纹鸭、鸳鸯。

2 湿地鸟类

2.1 湿地鸟类的种类和确定依据

湿地鸟类又称"水鸟"，是指在生态上依赖于湿地，且在形态和行为上对湿地形成适应特征的鸟类。

本次调查的湿地鸟类根据国家林业局《全国湿地资源调查技术规程》附录10"中国主要水鸟名录"中确定的种类进行调查统计。

据以往文献记述，山西湿地鸟类共有10目25科131种，本次调查并结合近几年野外实地监测，实地查得湿地鸟类129种，占山西湿地鸟类总种数的98.47%。根据多年的调查资料，将山西省湿地鸟类分为山西境内已绝迹种、现存种。

(1)山西境内恐已绝迹种：指山西境内近30年未被发现，文献资料确定山西省不是其分布区的湿地鸟类，有朱鹮、丹顶鹤。

(2)现存种：指本次或者近几年调查，山西境内见到实体的鸟类，共有9目20科112种。

2.1.1 湿地鸟类组成

山西省现存湿地鸟类10目25科129种，占山西省鸟类总种数(357种)的36.13%。山西湿地鸟类以鸻形目鸟类最多，共7科40种，占山西省湿地鸟类总种数(129种)的31.01%；其次是雁形目，共1科31种，占湿地鸟类总种数的24.03%；鹳形目3科15种，占11.63%；鸥形目2科13种，占10.08%；雀形目4科10种，占7.75%；鹤形目2科9种，占6.98%；鹈鹕目1科4种，占3.10%；佛法僧目1科3种，占2.33%；䴙形目2科2种，占1.55%；隼形目2科2种，占1.55%，如图3-3。

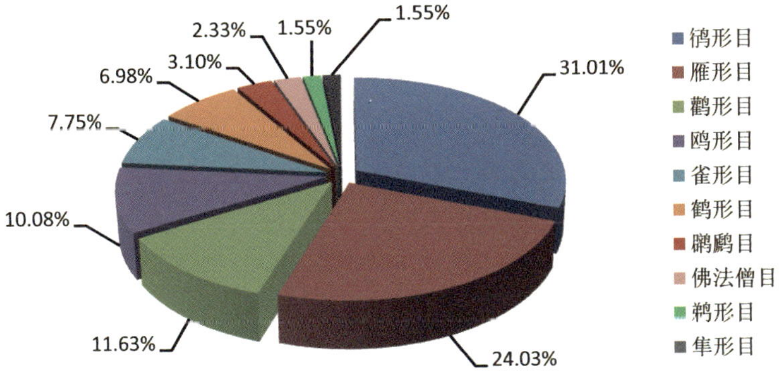

图3-3 山西湿地鸟类组成

山西省湿地鸟类最大的科为鸭科，共31种；其次为鹬科，共22种；鹭科12种；鸥科12种；鸻科11种；秧鸡科7种；鹈鹕科、鸊科各4种；反嘴鹬科、翠鸟科、莺科各3种；鹳科、鹤科、雀科各2种；䴙䴘科、鸬鹚科、鹮科、鹗科、鹰科、雉鸻科、彩鹬科、瓣蹼鹬科、燕鸻科、贼鸥科、河乌科各1种。

2.1.2 湿地保护鸟类

山西129种湿地鸟类，被列为国家Ⅰ级保护动物的有白尾海雕、黑鹳、遗鸥3种。被列为国家Ⅱ级保护动物的有角䴙䴘、斑嘴鹈鹕、白琵鹭、白额雁、大天鹅、小天鹅、鸳鸯、鹗、灰鹤、蓑羽鹤、小杓鹬、小鸥共12种。

山西省重点保护野生动物有苍鹭、池鹭、金眶鸻、鸥嘴鹬、冠鱼狗、蓝翡翠、褐河乌、白顶溪鸲共8种。

被《濒危野生动植物种国际贸易公约》(CITES)附录Ⅰ收录的鸟类有东方白鹳、小杓鹬。附录Ⅱ收录的有黑鹳、白琵鹭、花脸鸭、蓑羽鹤。附录Ⅲ收录的有大白鹭、小白鹭、牛背鹭、针尾鸭、绿翅鸭、赤颈鸭、白眉鸭、琵嘴鸭。

列入世界自然保护联盟(IUCN)濒危动物红色名录濒危种(CR)的有东方白鹳、鸿雁，易危种(VU)有斑嘴鹈鹕、花脸鸭，近危种(NT)有白眼潜鸭。

被《中国濒危动物红皮书》列为濒危种(CR)的有东方白鹳、黑鹳，渐危种有大天鹅，易危种(VU)有白琵鹭、小天鹅、鸳鸯。

被《中国物种红色名录》列为濒危种(EN)有东方白鹳，列为易危种(VU)的有鸿雁、花脸鸭、斑嘴鹈鹕，列为近危种(NT)有鸳鸯、大天鹅、小天鹅、罗纹鸭、白眼潜鸭。

被国际鸟类保护联盟发布的受胁鸟类：濒危种(EN)有东方白鹳，易危种(VU)有斑嘴鹈鹕、鸿雁、花脸鸭，接近受胁种(NT)有紫背苇鳽、鸳鸯、灰头麦鸡。

中澳候鸟保护协定中的保护对象有苍鹭、水雉、彩鹬、剑鸻、金眶鸻、红胸鸻、小杓鹬、针尾沙锥、白翅浮鸥、大白鹭、牛背鹭、黄斑苇鳽、白眉鸭、琵嘴鸭、灰斑鸻、金斑鸻、蒙古沙鸻、铁嘴沙鸻、白腰杓鹬、斑尾塍鹬、红脚鹬、青脚鹬、林鹬、矶鹬、翘嘴鹬、翻石鹬、大沙锥、红胸滨鹬、长趾滨鹬、尖尾滨鹬、灰瓣蹼鹬、普通燕鸻、中贼鸥、普通燕鸥、白额燕鸥共35种。

中日候鸟保护协定中的保护对象有角䴙䴘、黑颈䴙䴘、凤头䴙䴘、草鹭、夜鹭、紫背苇鳽、大麻鳽、东方白鹳、黑鹳、白琵鹭、鸿雁、豆雁、大天鹅、小天鹅、赤麻鸭、翘鼻麻鸭、针尾鸭、绿翅鸭、花脸鸭、罗纹鸭、绿头鸭、赤膀鸭、赤颈鸭、红头潜鸭、凤头潜鸭、斑背潜鸭、斑脸海番鸭、长尾鸭、鹊鸭、斑头秋沙鸭、普通秋沙鸭、灰鹤、普通秧鸡、红胸田鸡、小田鸡、董鸡、黑水鸡、凤头麦鸡、鹤鹬、白腰草鹬、孤沙锥、扇尾沙锥、丘鹬、乌脚滨鹬、弯嘴滨鹬、黑翅长脚鹬、反嘴鹬、海鸥、银鸥、红嘴鸥、大白鹭、牛背鹭、黄斑苇鳽、白眉鸭、琵嘴鸭、灰斑鸻、金斑鸻、蒙古沙鸻、铁嘴沙鸻、白腰杓鹬、斑尾塍鹬、红脚鹬、青脚鹬、林鹬、矶鹬、翘嘴鹬、翻石鹬、大沙锥、红腹滨鹬、长趾滨鹬、尖尾滨鹬、灰瓣蹼鹬、普通燕鸻、中贼鸥、普通燕鸥、白额燕鸥、黑眉苇莺、苇鹀、芦鹀等共79种。

"三有"动物有小䴙䴘、草鹭、大麻鳽、绿翅鸭、白眉鸭、普通秧鸡、灰斑鸻、白腰草鹬、黑翅长脚鹬、须浮鸥、蓝翡翠等共111种。

主要分布有中国鸿雁、花脸鸭、罗纹鸭、鸳鸯。

2.1.3 湿地鸟类区系及地理型

从鸟类区系组成分析，山西129种湿地鸟类属于古北界有96种，占山西省湿地鸟类总种数的

74.42%；东洋界13种，占10.08%；广布种20种，占15.50%。湿地鸟类组成以古北界成分占优势，仅有少量东洋界种类侵入，动物区系明显属于古北界，如图3-4。

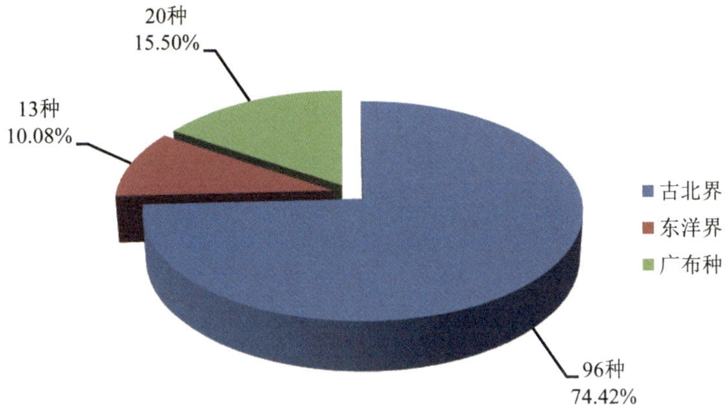

图3-4　山西湿地鸟类区系组成

根据《中国动物地理》，山西省湿地鸟类可划分为以下地理型：古北型39种，全北型27种，东北型12种，特殊型18种，东洋型22种，高地型2种，季风型2种，中亚型6种。

2.1.4　湿地鸟类居留型

以居留类型分析，山西129种湿地鸟类以旅鸟为最多，共有56种，占山西省湿地鸟类总种数的43.41%；夏候鸟次之，共34种，占总种数的26.36%；留鸟23种，占总种数的17.83%，冬候鸟16种，占总种数的12.40%，如图3-5。

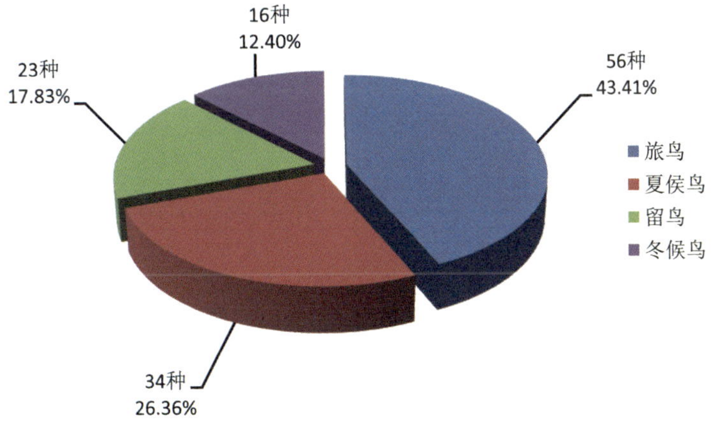

图3-5　山西湿地鸟类居留型

2.2　湿地鸟类数量及分布

2.2.1　留　鸟

2.2.1.1　优势种

(1)斑嘴鸭：共记录752只(繁殖期数量199只+越冬区数量553只)。主要分布于河流、湖泊湿地，以山西曲沃县浍河省级湿地公园、山西运城湿地省级自然保护区、山西浑源县神溪省级湿地公园为主要繁殖区。以山西运城湿地省级自然保护区、山西壶流河湿地省级自然保护区、山西平顺县太行水乡省级湿地公园为主要越冬地。

(2)苍鹭：调查共记录704只(夏季数量467只+冬季数量237只)。广泛分布于山西境内河流、湖泊湿地。以山西运城湿地省级自然保护区、山西方山县南阳沟省级湿地公园为主要繁殖地。以山西运城湿地省级自然保护区、山西古城国家湿地公园、山西浑源县神溪省级湿地公园为主要越冬地。

2.2.1.2 常见种

(3)小䴙䴘：共记录587只(夏季数量318只+冬季数量269只)。广泛分布于河流、湖泊湿地。以山西宁武县马营海省级湿地公园(计42只)、山西大同市文瀛湖省级湿地公园(计34只)、山西运城湿地省级自然保护区为主要繁殖地。以山西运城湿地省级自然保护区为主要越冬地。

(4)赤麻鸭：共记录422只(夏季数量10只+冬季数量412只)。主要分布于河流、湖泊湿地。繁殖期仅见于山西桑干河省级自然保护区大同御河段。以山西宁武县马营海省级湿地公园、山西壶流河湿地省级自然保护区、山西古城国家湿地公园、山西平顺县太行水乡省级湿地公园为主要越冬地。

(5)白骨顶：共记录413只(夏季数量211只+冬季数量202只)。主要分布于河流、湖泊湿地。以山西桑干河省级自然保护区(怀仁马港村水库)、山西神池县西海子省级湿地公园、山西浑源县神溪省级湿地公园为主要繁殖地。以山西运城湿地省级自然保护区、山西桑干河省级自然保护区(神头镇)为主要越冬地。

(6)绿头鸭：共记录347只(夏季数量132只+冬季数量215只)。夏季多见于山西榆次区田家湾省级湿地公园、山西太行林局海眼寺省级湿地公园、山西黑茶山国家级自然保护区。以山西古城国家湿地公园、山西壶流河湿地省级自然保护区、山西浑源县神溪省级湿地公园、山西平顺县太行水乡省级湿地公园为主要越冬地。

(7)黑翅长脚鹬：共记录267只(夏季数量198只+冬季数量69只)。主要分布于河流、湖泊湿地。以山西桑干河省级自然保护区(怀仁马港村水库)、山西运城湿地省级自然保护区(运城盐湖)、山西浑源县神溪省级湿地公园、山西大同县土林省级湿地公园为主要繁殖地。以山西运城湿地省级自然保护区为主要越冬地。

2.2.1.3 偶见种

(8)凤头麦鸡：共记录161只(夏季数量64只+冬季数量97只)。主要分布于河流、湖泊湿地。以山西桑干河省级自然保护区(怀仁马港村水库)、山西壶流河湿地省级自然保护区为主要繁殖地。以山西运城湿地省级自然保护区为主要越冬地。

(9)斑头秋沙鸭：共记录144只(夏季数量13只+冬季数量131只)。主要分布于河流、湖泊湿地。以山西平顺县太行水乡省级湿地公园、山西桑干河省级自然保护区神头(三泉湾)为繁殖地。以山西运城湿地省级自然保护区、山西古城国家湿地公园为主要越冬地。

(10)灰头麦鸡：共记录138只(夏季数量113只+冬季数量25只)。主要分布于河流、湖泊湿地。以山西运城湿地省级自然保护区、山西浑源县神溪省级湿地公园为主要繁殖地。以山西运城湿地省级自然保护区为主要越冬地。

(11)黑鹳：共记录109只(夏季数量62只+冬季数量47只)。山西境内分布范围较广，主要分布于河流、湖泊湿地。以山西黑茶山国家级自然保护区、山西宁武县马营海省级湿地公园、山西芦芽山国家级自然保护区、山西太宽河省级自然保护区、山西灵丘黑鹳省级自然保护区、山西壶流河湿地省级自然保护区为主要繁殖地。以山西运城湿地省级自然保护区、山西灵丘黑鹳省级自然保护区、山西太宽河省级自然保护区、山西壶流河湿地省级自然保护区为主要越冬地。

2.2.1.4　稀有种

(12)鹮嘴鹬：共记录6只(夏季数量2只+冬季数量4只)。仅见于山西芦芽山国家级自然保护区境内汾河支流。

2.2.2　夏候鸟

2.2.2.1　优势种

(13)普通燕鸥：共记录300只。常见夏候鸟，主要布于河流、湖泊湿地，以山西运城湿地省级自然保护区、山西桑干河省级自然保护区为主要分布区。

(14)池鹭：共记录161只。河流、湖泊湿地均有分布，以山西运城湿地省级自然保护区、山西尧都区东郭省级湿地公园、山西文水县世泰湖省级湿地公园数量较多。

(15)须浮鸥：共记录129只。以山西大同市文瀛湖省级湿地公园、山西运城湿地省级自然保护区为主要繁殖区。

2.2.2.2　常见种

(16)普通翠鸟：共记录123只。山西省广泛分布于河流、湖泊湿地。

(17)小白鹭：共记录114只。主要分布于河流、湖泊湿地，以山西曲沃县浍河省级湿地公园、山西运城湿地省级自然保护区数量较多。

(18)鸳鸯：共记录90只(旅鸟41只+夏候鸟49只)。以旅鸟为主，迁徙期山西湿地数量较多，少数在山西境内繁殖。主要分布于河流湿地，夏季多见于山西孟信垴省级自然保护区、山西中阳县陈家湾省级湿地公园、山西盂县梁家寨省级湿地公园、山西太宽河省级自然保护区等地。

(19)凤头䴙䴘：以旅鸟为主，迁徙期间广泛分布于水面开阔的河流、河流湖泊及湖泊型湿地。夏季调查共记录77只，以山西壶流河湿地省级自然保护区(下河湾水库)、山西桑干河省级自然保护区(怀仁马港村水库、神头三泉湾)、山西浑源县神溪省级湿地公园、山西千泉湖国家湿地公园、山西大同文瀛湖省级湿地公园为主要繁殖区。

(20)夜鹭：夏季调查共记录77只。主要分布于河流、湖泊湿地，以龙门至三门峡干流区间、汾河流域为主要分布区。

(21)金眶鸻：共记录67只，常见夏候鸟，山西境内广泛分布于河流、湖泊湿地，以山西运城湿地省级自然保护区数量较多。

(22)普通燕鸻：共记录69只，仅见于山西运城湿地省级自然保护区。

(23)黑水鸡：共记录66只。常见夏候鸟，主要分布于多水草的河流、湖泊湿地。以山西桑干河省级自然保护区(怀仁马港村水库、神头三泉湾)、山西运城湿地省级自然保护区为主要繁殖地。

2.2.2.3　偶见种

(24)蓝翡翠：共记录52只。山西境内分布较为广泛，主要分布于河流、湖泊湿地。

(25)大白鹭：共记录40只。主要分布于河流、湖泊湿地，多见于山西运城湿地省级自然保护区、山西安泽县府城省级湿地公园。

(26)反嘴鹬：共记录36只。主要分布于河流、湖泊湿地，以山西运城湿地省级自然保护区为主要繁殖区，山西桑干河省级自然保护区大同御河段也有少量分布。

(27)黄斑苇鳽：共记录33只。分布于山西运城湿地省级自然保护区(平陆毛津滩)、山西浑源县神溪省级湿地公园、山西桑干河省级自然保护区(神头三泉湾)、山西云中山省级自然保护区等地。

(28)牛背鹭：共记录23只。仅见于山西运城湿地省级自然保护区芮城禹村渡口、平陆五里堆。

(29)白额燕鸥：共记录17只。主要分布于山西运城湿地省级自然保护区。

2.2.2.4 稀有种

(30)白胸苦恶鸟：共记录7只。偶见夏候鸟，主要分布于湖泊湿地，见于山西天龙山省级自然保护区、山西运城湿地省级自然保护区、山西文水县世泰湖省级湿地公园、山西榆次区田家湾省级湿地公园、山西交城县华鑫湖省级湿地公园。

(31)冠鱼狗：共记录7只。山西偶见夏候鸟，分布于山西汾河上游省级自然保护区、山西四县垴省级自然保护区、山西运城湿地省级自然保护区、山西历山国家级自然保护区、山西阳城蟒河猕猴国家级自然保护区、山西安泽县府城省级湿地公园。

(32)大麻鳽：共记录3只。山西偶见夏候鸟，见于山西壶流河湿地省级自然保护区、山西云中山省级自然保护区、山西运城湿地省级自然保护区(平陆三湾)。

(33)红胸田鸡：仅记录1只。偶见夏候鸟，分布于山西忻府区滹沱河省级湿地公园、山西天龙山省级自然保护区(晋祠湖)。

(34)白眼潜鸭：共记录2只。罕见夏候鸟，见于山西天龙山省级自然保护区、太原汾河公园。

(35)草鹭：仅见到2只。见于山西运城湿地省级自然保护区(芮城圣天湖、万荣段)。

(36)董鸡：共记录3只。罕见夏候鸟，见于山西运城湿地省级自然保护区(平陆毛津滩)、山西桑干河省级自然保护区(三泉湾)。

(37)环颈鸻：夏季仅见到2只。见于山西壶流河湿地省级自然保护区、山西宁武县马营海省级湿地公园，迁徙季节广泛分布。

(38)栗苇鳽：共记录2只。山西罕见夏候鸟，见于山西忻府区滹沱河省级湿地公园、山西文水县世泰湖省级湿地公园。

(39)水雉：共记录2只。罕见夏候鸟，仅见于山西运城湿地省级自然保护区(芮城圣天湖)。

(40)紫背苇鳽：共记录1只。山西罕见夏候鸟，仅见于山西桑干河省级自然保护区(神头三泉湾)。

(41)小田鸡：偶见夏候鸟，据以往资料，分布于汾河流域太原段。

(42)彩鹬：偶见夏候鸟，仅见于太原晋源区。

2.2.3　旅　鸟

2.2.3.1　优势种、常见种

(44)翘鼻麻鸭：多见于永定河册田水库至三家店区间。

(45)红嘴鸥：迁徙季节广泛分布。

(46)黑尾鸥：迁徙季节广泛分布。多见于水面开阔的河流、湖泊湿地。

(47)弯嘴滨鹬：据以往资料，分布于永定河册田水库以上区域。

(48)扇尾沙锥：迁徙季节广泛分布，夏季调查期间仅见到4只，见于山西侯马市香邑湖省级湿地公园。

(49)针尾沙锥：迁徙季节广泛分布。

(50)青脚鹬：迁徙季节广泛分布，夏季调查仅见到6只，见于山西宁武县马营海省级湿地公园、山西壶流河湿地省级自然保护区。

(51)矶鹬：共记录64只(夏季数量22只+冬季数量42只)。以旅鸟为主，迁徙季节较为常，夏季记录到25只，见于山西浑源县神溪省级湿地公园、山西桑干河省级自然保护区、山西平顺县太行水乡省级湿地公园。冬季记录到42只，主要分布于山西运城湿地省级自然保护区。

(52)林鹬：迁徙季节广泛分布。夏季调查共记录15只，见于山西宁武县马营海省级湿地公园、山西壶流河湿地省级自然保护区、山西交城县华鑫湖省级湿地公园。

(53)红脚鹬：迁徙季节广泛分布。

(54)鹤鹬：迁徙季节广泛分布。

(55)金[斑]鸻：分布于册田水库、山西壶流河湿地省级自然保护区。

(56)银鸥：分布于永定河册田水库至三家店区间、子牙河山区、龙门至三门峡干流区间。

(57)琵嘴鸭：旅鸟，罕见在山西越冬，越冬期仅遇见2个越冬小群，计13只，见于山西庞泉沟国家级自然保护区、山西宁武县马营海省级湿地公园。

(58)白翅浮鸥：分布于山西壶流河湿地省级自然保护区、龙门至三门峡干流区间。

2.2.3.2　偶见种

(59)白琵鹭：迁徙季节分布较为广泛，多见于永定河册田水库至三家店区间、龙门至三门峡干流区间、三门峡至小浪底水库区间。

(60)普通秧鸡：分布于汾河、子牙河山区。

(61)丘鹬：迁徙季节分布广泛，多见于潮湿的山地森林。

(62)灰[斑]鸻：主要分布于永定河册田水库至三家店区间、子牙河山区。

(63)海鸥：分布于永定河册田水库至三家店区间、龙门至三门峡干流区间、三门峡至小浪底水库区间。

(64)红胸鸻：分布于永定河册田水库至三家店区间。

(65)赤嘴潜鸭：分布于汾河、龙门至三门峡干流区间。

(66)斑背潜鸭：分布于龙门至三门峡干流区间。

(67)斑脸海番鸭：见于永定河册田水库至三家店区间、山西壶流河省级自然保护区。

(68)长尾鸭：见于汾河、山西超山省级自然保护区。

(69)剑鸻：分布于永定河册田水库至三家店区间、汾河、三门峡至小浪底水库区间。

(70)蒙古沙鸻：分布于永定河册田水库至三家店区间、汾河、三门峡至小浪底水库区间。

(71)翘嘴鹬：分布于河口镇至龙门左岸、三门峡至小浪底水库区间。

(72)翻石鹬：分布于永定河册田水库至三家店区间、汾河、子牙河山区。

(73)赤膀鸭：旅鸟，迁徙季节较为常见，少数在山西越冬，越冬期调查总数量21只，罕见于山西古城国家湿地公园、山西浑源县神溪省级湿地公园、山西泽州猕猴省级自然保护区。

(74)孤沙锥：迁徙季节广泛分布。

(75)大沙锥：迁徙季节广泛分布。

(76)铁嘴沙鸻：分布于永定河册田水库以上、永定河册田水库至三家店区间。

(77)黑尾塍鹬：分布于永定河册田水库以上、永定河册田水库至三家店区间、三门峡至小浪底水库区间。

(78)红腹滨鹬：分布于永定河册田水库以上。

(79)乌脚滨鹬：迁徙季节广泛分布。

(80)灰瓣蹼鹬：见于山西壶流河湿地省级自然保护区。

2.2.3.3 稀有种

(81)小天鹅：见于山西惠济河省级湿地公园、山西世泰湖省级湿地公园、汾河、山西运城湿地省级自然保护区。

(82)角䴙䴘：分布于永定河册田水库以上。

(83)黑颈䴙䴘：夏季仅见到2只(山西千泉湖国家湿地公园)，迁徙期间多见于永定河册田水库以上。

(84)斑嘴鹈鹕：见于永定河册田水库至三家店区间。

(85)东方白鹳：见于山西太宽河省级自然保护区、三门峡至小浪底水库区间。

(86)花脸鸭：分布于永定河册田水库以上、汾河、三门峡至小浪底水库区间。

(87)鹗：分布于山西壶流河湿地省级自然保护区、山西历山国家级自然保护区、三门峡至小浪底水库区间。

(88)蓑羽鹤：文献记录分布于龙门至三门峡干流区间。

(89)小杓鹬：分布于汾河。

(90)白腰杓鹬：分布于永定河册田水库至三家店区间。

(91)长趾滨鹬：分布于永定河册田水库以上、永定河册田水库至三家店区间、汾河。

(92)尖尾滨鹬：迁徙季节广泛分布。

(93)中贼鸥：文献记录分布于龙门至三门峡干流区间。

(94)棕头鸥：文献记录分布于永定河册田水库以上、永定河册田水库至三店区间。

(95)黑雁：在大同县、繁峙县、娄烦县、河津河岸湿地曾有分布记载。

(96)白额雁：在阳高县、天镇县、原平、代县、太原小店区、长治及运城湿地自然保护区有分布记载。

(97)灰雁：在大同县、代县、长治、高平及运城湿地自然保护区有分布记载。

(98)小鸥：在大同县、朔州、忻州、宁武、运城盐湖区曾有分布记载。

2.2.4 冬候鸟

(99)大天鹅：越冬期调查总数量 1563 只，主要分布于山西运城湿地省级自然保护区，以山西运城湿地省级自然保护区平陆三湾河段为集中越冬地。山西交城县华鑫湖省级湿地公园、山西桑干河省级自然保护区、山西太宽河省级自然保护区也有少量分布。

(100)红头潜鸭：越冬期调查总数量 1237 只，主要分布于山西运城湿地省级自然保护区、山西古城国家湿地公园。山西浑源县神溪省级湿地公园、山西桑干河省级自然保护区(神头段)、山西泽州猕猴省级自然保护区也有少量分布。

(101)罗纹鸭：越冬期调查遇见数 952 只，主要分布于山西运城湿地省级自然保护区。山西古城国家湿地公园、山西浑源县神溪省级湿地公园、山西桑干河省级自然保护区、山西壶流河湿地省级自然保护区、山西太宽河省级自然保护区也有少量分布。

(102)赤颈鸭：越冬期调查总数量 711 只，主要分布于山西运城湿地省级自然保护区。山西古城国家湿地公园、山西浑源县神溪省级湿地公园也有少量分布。

(103)灰鹤：越冬期调查总数量 668 只，主要分布于山西运城湿地省级自然保护区河津段(620 只)。

(104)鹊鸭：越冬期调查遇见数 319 只，主要分布于山西运城湿地省级自然保护区、山西古城国家湿地公园。山西浑源县神溪省级湿地公园、山西宁武县马营海省级湿地公园、山西南方红豆杉省级自然保护区、山西桑干河省级自然保护区、山西壶流河湿地省级自然保护区、山西阳城蟒河猕猴国家级自然保护区、山西四县垴省级自然保护区、山西太宽河省级自然保护区、山西天龙山省级自然保护区、山西泽州猕猴省级自然保护区、山西铁桥山省级自然保护区也有少量分布。

(105)普通秋沙鸭：越冬期调查遇见数 185 只，主要分布于山西运城湿地省级自然保护区、山西古城国家湿地公园。山西红泥寺省级自然保护区、山西浑源县神溪省级湿地公园、山西宁武县马营海省级湿地公园、山西桑干河省级自然保护区、山西壶流河湿地省级自然保护区、山西芦芽山国家级自然保护区、山西涑水河源头省级自然保护区、山西太宽河省级自然保护区、山西天龙山省级自然保护区、山西药林寺冠山省级自然保护区、山西泽州猕猴省级自然保护区、山西浊漳河源头省级自然保护区也有少量分布。

(106)凤头潜鸭：越冬期调查总数量 153 只，分布于山西运城湿地省级自然保护区、山西古城国家湿地公园。

(107)豆雁：越冬期数量 98 只，见于山西桑干河省级自然保护区(太平窑水库)、山西壶流河湿地省级自然保护区。

(108)绿翅鸭：迁徙季节数量较多，越冬期调查遇见数 74 只，分布于山西平顺县太行水乡省级湿地公园、山西古城国家湿地公园、山西宁武县马营海省级湿地公园。

(109)白腰草鹬：冬候鸟，越冬期调查总数量 71 只，主要分布于山西运城湿地省级自然保护区。山西红泥寺省级自然保护区、山西历山国家级自然保护区仅有少量分布。

(110)针尾鸭：偶见冬候鸟，越冬期调查遇见数 53 只，偶见于山西运城湿地省级自然保护区、山西古城国家湿地公园。

(111)白眉鸭：以旅鸟为主，少数在山西越冬，越冬期调查总数量 33 只，偶见于山西运城湿地省级自然保护区、山西古城国家湿地公园。

(112)普通鸬鹚：迁徙季节广泛分布于山西河流湖泊、湖泊型湿地。

其他依赖湿地环境的鸟类：

➢白尾海雕：越冬期调查仅见到1只，分布于山西壶流河湿地省级自然保护区。

➢此外依赖湿地环境的鸟类还有褐河乌、红尾溪鸲、黑背燕尾、大苇莺等，它们的生活和湿地密切相关，必须依赖湿地环境才能生存。

2.3 栖息地及其保护状况

2.3.1 栖息地面临的威胁

根据实地调查，山西湿地鸟类主要分布于山西运城湿地省级自然保护区黄河流域河津、万荣、临猗、永济、芮城、平陆、垣曲河段；桑干河流域朔州神头、怀仁、大同河段；壶流河流域及其附属水体；汾河流域及其附属水体；沁河流域及其附属水体；漳河流域及附属水体等。

根据山西湿地生态环境特点，将湿地鸟类栖息地分为以下类型，对不同类型栖息地分布的湿地鸟类以及面临的环境问题进行概要分析。

2.3.1.1 山间溪流型河流栖息地

溪源栖息地是山西省众多河流的发源地或水源涵养地，其特点是地处海拔较高区域，水温较低。这类湿地多位于自然保护区和森林公园境内，受到了较好的保护，水质清新，有机物含量较少，鱼虾资源丰富，如山西芦芽山国家级自然保护区、山西庞泉沟国家级自然保护区、山西太宽河省级自然保护区、山西涑水河源头省级自然保护区、山西太岳林局七里峪省级湿地公园等。山间溪流型湿地是国家Ⅰ级重点保护动物黑鹳，国家Ⅱ级重点保护鸟类鸳鸯，山西省重点保护动物蓝翡翠、褐河乌等鸟类的重要繁殖地。

这类湿地面临的问题有：

(1)部分保护区外围河段近几年开发的漂流旅游项目对湿地鸟类造成了人为干扰，还带来了更多的环境污染。

(2)山西境内部分山间溪流型河流还面临着水源短缺、旱季易出现季节性断流，如山西历山国家级自然保护区东峡段，山西天龙山省级自然保护区境内旱季多处溪流断流等。

(3)个别保护区境内还存在着非法开矿、污染河道的现象，对湿地生态环境和湿地鸟类栖息造成了不利影响，应予以整治。

2.3.1.2 盆地平原河流栖息地

山西省黄河、汾河、桑干河、滹沱河、漳河、壶流河、丹河等流域，这类河流河谷中具有较厚的冲积层，河面开阔，河谷多有发育完好的河漫滩，河水平缓，河道两岸植被发育较好，食物资源丰富，适宜多种水鸟的觅食、繁衍，是山西湿地鸟类繁殖、迁徙最为重要的栖息地生境类型。如山西运城湿地省级自然保护区黄河段不仅是白额燕鸥、斑嘴鸭、苍鹭、池鹭、大白鹭、反嘴鹬、黑翅长脚鹬、黄斑苇鳽、灰头麦鸡、牛背鹭、普通燕鸻、普通燕鸥、小白鹭、须浮鸥等鸟类集中繁殖地，同时也是大天鹅、斑嘴鸭、绿头鸭、红头潜鸭、赤膀鸭等重要越冬地，近几年大天鹅越冬种群数量近万只；壶流河湿地是我国Ⅰ级重点保护动物黑鹳重要繁殖地；山西桑干河省级自然保护区神头河段是凤头䴙䴘、小䴙䴘、斑嘴鸭、白骨顶等鸟类的重要繁殖地。

盆地平原河流面临的威胁主要有：

(1)部分河道沿岸分布有洗煤厂、化工厂、造纸厂等重污染企业，河道及其附属水体不同程度受到污染，如汾河、丹河、桑干河流域及其附属水库、人工湖泊等。

(2)水源供给不足，河水流量减少，河道及其附属水体湿地面积减少，如桑干河干流河段、山西榆次区田家湾省级湿地公园。

(3)多数平原型河流位于我省农业经济区，普遍存在农药、化肥、生活污水等面源污染，农业生产活动干扰现象。

(4)部分河道及其附属湿地缺乏管理，目前仍存在偷着毒杀、猎杀湿地鸟类和其他野生动物的现象。

2.3.1.3 自然湖泊水库栖息地

如山西宁武县马营海省级湿地公园、山西神池县西海子省级湿地公园等。这类自然湖泊水质条件较好，湖面开阔，两岸水生植物繁茂，鱼虾资源丰富，是白骨顶、凤头䴙䴘等湿地鸟类重要繁殖地。

自然湖泊型湿地面临的主要威胁有：

(1)水源补给不足，湿地面积有逐渐减小的趋势。如山西宁武县马营海省级湿地公园、山西神池县西海子省级湿地公园，较20世纪90年代，湖面有明显的减少趋势。

(2)随着旅游业的发展，湿地水域污染，人为干扰活动增多，过度利用湿地野生动物资源的现象日趋突出。

2.3.1.4 人工湿地栖息地

包括人工湖、人工建立的湿地类型风景区、水库等。人工湿地是山西省湿地生态系统的重要组成部分，这类湿地的特点是水面开阔，食物资源丰富，是山西省湿地鸟类的重要栖息地。如山西大同市文瀛湖省级湿地公园、山西曲沃县浍河省级湿地公园、山西屯留县降河省级湿地公园、山西侯马市香邑湖省级湿地公园等，是须浮鸥、凤头䴙䴘、小䴙䴘、白骨顶等多种湿地鸟类的重要繁殖地。

人工湿地面临的主要威胁有：

(1)部分平原河流、附属水库，如桑干河流域多数附属水库等，存在不同程度的水质污染。

(2)水体缺乏交换，有机物含量较高，水库富营养化，浮游生物、枝角类大量繁殖，水库水体缺氧，甚至造成鱼类翻塘死亡的现象，如桑干河流域怀仁马港村水库缺氧，鱼类大量死亡等。

(3)水源补给有限，湿地面积减少，如桑干河干流多处河段断流，被临时开辟成农田。

2.3.2 主要栖息地评价

按照山西省流域分类区划，依据各区域湿地鸟类多样性组成、湿地生态环境特点、水质污染程度、面临的干扰以及保护力度，对山西湿地鸟类主要栖息地及其保护状况进行简要评价。

2.3.2.1 山西运城湿地省级自然保护区

涉及龙门至三门峡干流区间、三门峡至小浪底水库区间、小浪底至花园口干流区间。本区域湿地鸟类多样性丰富，是小䴙䴘、普通燕鸥、白额燕鸥、须浮鸥、黑翅长脚鹬、反嘴鹬、普通燕鸻、白胸苦恶鸟、水雉等多种水鸟的重要繁殖区，是山西省候鸟迁徙的重要驿站，是大天鹅等雁鸭类重要的集群越冬地，大天鹅越冬种群数量达1万多只。特别是黄河流域平陆河段，是我国大天鹅主要越冬地，被中国野生动物保护协会授予“中国大天鹅之乡”荣誉，具有十分重要的保护价值。

该区域目前受到了良好的保护，生态环境较好，在山西省湿地生态系统中具有独特的保护价值。本区域面临的问题主要有：

(1)湿地面积随三门峡水库的蓄水和放水变动较大，对湿地鸟类的栖息、繁衍造成了较大的不利影响。

(2)黄河两岸的排污，使本区湿地受到一定程度的污染。

(3)黄河两岸为农业经济区，人为干扰、化肥、农药污染的现象比较突出。

2.3.2.2 山西桑干河省级自然保护区

涉及永定河册田水库以上和永定河册田水库至三家店区间两个区域。本区域湿地面积较大，湿地鸟类资源较为丰富，是黑翅长脚鹬、白骨顶、斑嘴鸭等湿地鸟类的重要繁殖区，也是斑嘴鹈鹕、白琵鹭、鸿雁、豆雁等鸟类重要的迁徙通道。目前，山西境内斑嘴鹈鹕仅见于该区域。

本区涉及的桑干河上游神头和三泉湾、山西大同市文瀛湖省级湿地公园、山西浑源县神溪省级湿地公园是凤头䴙䴘、白骨顶、须浮鸥、小䴙䴘等湿地鸟类重要繁殖地；山西壶流河湿地省级自然保护区(广灵)是国家Ⅰ级重点保护动物黑鹳的重要繁殖地，也是凤头䴙䴘、小䴙䴘等水禽的重要繁殖地。此外，山西壶流河湿地省级自然保护区还分布有国家Ⅰ级重点保护动物白尾海雕，国家Ⅱ级重点保护动物大天鹅、白琵鹭等。上述区域是山西湿地生态系统保护较为完好、湿地鸟类多样性较为丰富的区域，具有比较重要的保护价值。

该区域现存的问题主要有：

(1)桑干河主河道存在污染现象。

(2)河水补给不足，已存在季节性断流，湿地面积明显减少。

(3)位于农业生产区，有挖沙现象，需治理。

2.3.2.3 汾河流域

本流域包括多个自然保护区和湿地公园，其中山西芦芽山国家级自然保护区、山西庞泉沟国家级自然保护区、山西宁武县马营海省级湿地公园、山西汾河上游省级自然保护区、山西四县垴省级自然保护区、山西绵山省级自然保护区、山西太岳林局七里峪省级湿地公园等受到了良好的保护，水质清新，湿地环境较好。本区域面积较大，是山西候鸟迁徙重要通道。

该区域现存的主要问题有：

(1)汾河主河道存在污染现象，已鲜见鱼虾等水生动物的分布。

(2)河水补给不足，面临着季节性断流。

(3)位于农业生产区，人为干扰活动频繁，有挖沙现象，需治理。

2.3.2.4 大清河山区

本区域涉及山西灵丘黑鹳省级自然保护区。该区是国家一级重点保护动物黑鹳的集中分布区和重要繁殖地，被中国野生动物保护协会授予“中国黑鹳之乡”，具有重要的保护价值。本区域保护得力，人为干扰较少，湿地水质条件及生态系统较好。

该区域现存的问题主要有：

(1)周围存在着工矿企业，湿地面临水体污染的威胁。

(2)农耕干扰活动比较频繁。

2.3.2.5 河口镇至龙门左岸流域

本区域虽然面积较大，但湿地面积较小，湿地保护价值一般。本区域湿地环境较好的区域主要有山西黑茶山国家级自然保护区，是国家Ⅰ级保护野生动物黑鹳重要的觅食地；山西方山县南阳沟省级湿地公园，是山西省重点保护野生动物苍鹭重要的繁殖地。

本区域存在的问题主要有：水域污染、河水补给不足、人为干扰活动较为严重。

2.3.2.6 子牙河山区

主要是滹沱河流域，涉及山西忻府区滹沱河省级湿地公园、山西盂县梁家寨省级湿地公园。本区湿地面积较大，是山西省多种水禽的迁徙通道。但是由于滹沱河沿岸多被开辟为农田，农业生产干扰严重，在此繁殖的湿地鸟类较少，保护价值一般。

该区域现存的问题主要有：主河道湿地水域污染、人为干扰活动较严重、部分河道存在挖沙现象。

2.3.2.7 漳卫河山区

主要包括清漳河、浊漳河流域。本区域涉及的山西铁桥山省级自然保护区、山西太行林局海眼寺省级湿地公园、山西盂信垴省级自然保护区，位于潇河、漳河上游河段，水量充沛、水质条件良好，湿地生态环保护完好，是国家Ⅱ级重点保护动物鸳鸯的重要繁殖地和迁徙通道，具有较高的保护价值。

该区域现存的问题主要有：主河道存在水域污染、主河道两岸农业生产干扰活动、漂流项目影响湿地鸟类栖息。

2.3.2.8 沁丹河

主要包括沁河、丹河流域。涉及山西浊漳河源头省级自然保护区、山西太岳林局沁河源省级湿地公园、山西红泥寺省级自然保护区、山西泽州猕猴省级自然保护区，湿地生态环境保护较好。其中山西泽州猕猴省级自然保护区是国家Ⅰ级重点保护动物黑鹳的重要分布区。

该区域现存的问题主要有：丹河主河道下游水域存在污染现象，丹河流域多处地段建立了水电站，水电站的运行对本区湿地鸟类造成了一定的不利影响，沁河、丹河主河道两岸存在着农业生产干扰问题，丹河流域存在电捕鱼类现象。

3 鱼 类

3.1 种类和主要分布

山西省地处我国华北区黄土高原亚区，境内以山地、丘陵为主，水资源比较匮乏，鱼类养殖及研究工作相对滞后，目前关于鱼类资源调查报告仅见1989年《山西省渔业资源和渔业区划》(山西省水利厅渔业资源和渔业区划编写组编，油印版)，《汾河水库渔业资源调查报告》(李震泉，1984)，《漳河水库渔业生产可持续发展对策探讨》(牛潞娜，2012)，《山西省水库渔业特点及发展意见》(薛克玮，1984)，《山西省渔业发展特点及存在问题探析》(马禧，2011)等。

为了客观反映山西省鱼类资源现状，实地调查期间，我们在汾河、文峪河、清漳河、浊漳河、桑干河、丹河、黄河干流河段、山西浑源县神溪省级湿地公园、山西太宽河省级自然保护区、山西历山国家级自然保护区、山西庞泉沟国家级自然保护区、山西阳城猕猴国家级自然保护区、山西太岳林局七里峪省级湿地公园等区域，采用网捕采集鱼类标本，实验室分类鉴定。本次调查，实地采的鱼类标本 8 目 15 科 47 种，经实地调查并结合以往的文献资料，共收录山西湿地鱼类 9 目 17 科 82 种，其中人工养殖种 16 种，野生种 66 种。为了客观反映山西野生鱼类区系特点，分析时剔除了人工放养的经济种类。

3.1.1 鱼类种类

山西省 66 种野生鱼类隶属于 6 目 11 科，其中以鲤形目占绝大多数，共计 55 种，占本区野生鱼类总数的 83.3%；鲶形目、鲈形目各 4 种，各占总数的 6.1%；刺鱼目、鳉形目、合鳃鱼目各 1 种，各占总数的 1.5%。

山西鱼类最大的科为鲤科，共 42 种，占本区野生鱼类总数(66 种)的 63.6%；其次为鳅科，共 13 种，占总数的 19.7%；鲿科、鰕虎鱼科各 2 种，各占总数的 3.0%；刺鱼科、青鳉科、合鳃科、鲶科、鳢科、塘鳢科各 1 种，各占总数的 1.5%。

山西鱼类中，被《中国物种红色名录》列为濒危种(EN)的有北方铜鱼，列为易危种(VU)的有黄河雅罗鱼、黄河鮈、青鳉。

3.1.2 鱼类主要分布

据调查，山西境内不同水系，鱼类种类组成有着明显差异。山西省 66 种野生鱼类，分布于黄河水系的鱼类共 63 种，占山西省野生鱼类总数的 95.5%，分布于海河水系的鱼类共 33 种，占山西省野生鱼类总数的 50.0%。仅见于黄河水系的鱼类共 35 种，仅见于海河水系的鱼类有 2 种。

根据渔获量及分布特点，将山西野生鱼类大致划分为优势种、常见种、偶见种、稀有种 4 个数量级别，并简要给出其分布现状。

3.1.2.1 优势种

(1)白条鱼：也称鰲鲦，山西境内广泛分布，以黄河干流及其附属水体产量较大。

(2)麦穗鱼：山西境内广泛分布，多个水域优势种。

(3)鲫：山西境内广泛分布，资源量较大。

3.1.2.2 常见种

(4)马口鱼：主要分布于清漳河、浊漳河、沁河、丹河、汾河、黄河干流及附属水体。

(5)中华鳑鲏：主要分布于清漳河、浊漳河流域。

(6)棒花鮈：山西境内广泛分布。

(7)棒花鱼：山西境内广泛分布。

(8)鲤：山西境内广泛分布。

(9)岷县高原鳅：主要分布于文峪河、清漳河、浊漳河、丹河、汾河等河道上游的山涧溪流河段。

(10)隆头高原鳅：主要分布于文峪河、清漳河、浊漳河、汾河等河道上游的山涧溪流河段。

(11)粗壮高原鳅：主要分布于文峪河、清漳河、浊漳河、丹河、汾河等河道上游的山涧溪流河段。

(12)达里湖高原鳅：主要分布于文峪河、清漳河、浊漳河、丹河、汾河等河道上游的山涧溪流河段。

(13)泥鳅：广泛分布于山西各平原河流，水库及人工湖泊。

(14)中华花鳅：广泛分布于山西各平原河流，水库及人工湖泊。

(15)黄黝鱼：山西境内广泛分布。

(16)普栉鰕虎鱼：广泛分布于山西各平原河流，水库及人工湖泊。

(17)鲇：主要分布于黄河干流、文峪河干流河段。

(18)拉氏鱥：主要分布于文峪河、清漳河、浊漳河、汾河等河道上游的山涧溪流河段。

(19)稀有麦穗鱼：主要分布于文峪河、清漳河、浊漳河、汾河等河道上游的山涧溪流河段。

(20)武威高原鳅：主要分布于文峪河、清漳河、浊漳河、汾河等河道上游的山涧溪流河段。

3.1.2.3 偶见种

(21)黄河雅罗鱼：主要分布于黄河干流及附属水体。

(22)黑龙江鳑鲏：分布于黄河干流、山西浑源县神溪省级湿地公园、浊漳河及附属水体。

(23)彩石鳑鲏：分布于山西浑源县神溪省级湿地公园、山西汾河上游自然保护区、浊漳河及附属水体。

(24)花䱻：主要分布于黄河干流、浊漳河及附属水体。

(25)短尾高原鳅：主要分布于沁河河道上游的山涧溪流河段。

(26)酒泉高原鳅：主要分布于沁河上游的山涧溪流河段。

(27)北方花鳅：分布于汾河、桑干河上游河段。

(28)黄颡鱼：分布于黄河干流、山西阳城蟒河猕猴国家级自然保护区。

(29)波氏栉鰕虎鱼：广泛分布于山西各平原河流，水库及人工湖泊。

(30)赤眼鳟：分布于黄河干流及附属水体。

(31)似鱎：分布于黄河干流及附属水体。

(32)银鲴：分布于黄河干流及附属水体。

(33)唇䱻：分布于黄河干流及附属水体。

(34)黄河鮈：分布于黄河干流及附属水体。

(35)似铜鮈：分布于黄河干流及附属水体。

(36)南方鮈：分布于黄河干流及附属水体。

(37)犬首鮈：分布于黄河干流及附属水体。

(38)吻鮈：分布于黄河干流及附属水体。

(39)寡鳞飘鱼：分布于黄河干流及附属水体。

(40)银飘鱼：分布于黄河干流及附属水体。

(41)多纹颌须鮈：分布于黄河干流及附属水体。

(42)光泽黄颡鱼：分布于黄河干流及附属水体。

(43)兰州鲶：分布于黄河干流及附属水体。

(44)黄鳝：分布于黄河干流及附属水体。

(45)乌鳢：分布于黄河干流及附属水体。

3.1.2.4 稀有种

(46)东北雅罗鱼：主要分布于黄河干流、浊漳河、桑干河上游河段及附属水体。

(47)翘嘴红鲌：主要分布于黄河干流、浊漳河及附属水体。

(48)青鳉：仅见于汾河上游河段。

(49)宽鳍鱲：仅见于山西阳城蟒河猕猴国家级自然保护区蟒湖。

(50)中华多刺鱼：仅见于桑干河上游神头镇、三泉湾。

(51)红鳍原鲌：分布于黄河干流及附属水体。

(52)清徐胡鮈：仅见于汾河上游汾河一库。

(53)刺鮈：分布于黄河干流及附属水体。

(54)铜鱼：分布于黄河干流及附属水体。

(55)北方铜鱼：分布于黄河干流及附属水体。

(56)大鼻吻鮈：分布于黄河干流及附属水体。

(57)平鳍鳅鮀：分布于黄河干流及附属水体。

(58)大鳞副泥鳅：分布于黄河干流及附属水体。

(59)乌苏里拟鲿：分布于沁河干流及附属水体。

3.2 经济种类的利用情况

鱼类为典型的水生脊椎动物，是水生生态系统的重要组分，是湿地生态系统物质循环和能量流动的重要环节，在维护湿地生态平衡中扮演着重要角色。鱼类资源丰富度能够直接评价湿地生态系统的优劣。

3.2.1 经济鱼类人工养殖及规模

山西省是我国能源重化工基地，水资源匮乏，河道污染严重，野生鱼类资源稀少，山西省渔业主要依赖人工养殖业(表3-10)。

表3-10 山西省引进经济鱼类及原产地

目	科	种	原产地
鲤形目	鲤科	青鱼 *Mylopharyngodon piceus*	长江流域
		草鱼 *Ctenopharyngodon idellus*	长江流域
		团头鲂 *Megalobrama amblycephale*	长江流域
		长春鳊 *Parabramis pekinensis*	黑龙江流域
		鲢 *Hypophthalmichthys molitrixAristichthys*	长江流域
		鳙 *Hypophthalmichthys nobilis*	长江流域
鲑形目	胡瓜鱼科	池沼公鱼 *Hypomesus olidus*	黑龙江流域
	鲑科	虹鳟 *salmo irideus*	美洲
	银鱼科	银鱼 *Protosalanx chinensis*	太湖
鲈形目	丽鱼科	尼罗罗非鱼 *Tilapia nilotica*	非洲
		莫桑比克罗非鱼 *Tilapia Mossambica*	非洲
鲟形目	鲟科	俄罗斯鲟 *Acipenser gueldenstaedti*	俄罗斯

山西渔业同全国一样，经历了由计划经济向市场经济转变的历史时期，在探索中不断发展，养殖规模不断扩大，渔业产量从新中国成立初期的不足1吨，发展到2010年的3.17万吨，为山西经济发展和人民生活的改善作出了很大贡献。

目前，青鱼、草鱼、鲢、鳙、鲫、鲤、团头鲂、鳊等温水性鱼类养殖规模已遍及山西多个水库和人工湖泊，是山西省传统的人工养殖经济鱼类和水产业支柱。

冷水性鱼类养殖始于20世纪70年代，1971年山西首次从黑龙江引进朝鲜品系虹鳟并试养成功，1973年繁殖成功，成为山西省重点发展的冷水鱼品种之一。目前山西冷水鱼养殖品种包括虹鳟、金樽、红点鲑 、哲罗鲑、俄罗斯鲟 、西伯利亚鲟等，鳟鱼养殖区主要集中在朔州神头和晋城的陵川、泽州、沁水等地。鲟鱼养殖主要集中在阳泉的娘子关和长治的平顺、黎城等地。

山西省具有丰富的电热资源，为罗非鱼等温水性鱼类养殖奠定了基础。山西传统温水型鱼类养殖品种有尼罗罗非鱼、莫桑比克罗非鱼。2006年山西首次引进新吉富罗非鱼并试养成功，目前山西罗非鱼养殖规模已辐射到阳泉、运城、临汾、太原、长治、朔州和大同多个市县，经济效益显著。

3.2.2 野生经济鱼类资源利用情况

山西省野生经济鱼类主要有黄鳝、赤眼鳟、花䱻、鲫、鲤、乌鳢、黄颡鱼、鲇、白条鱼、翘嘴红鲌、黄河雅罗鱼、银鲴 、马口鱼等。

野生鱼类主要分布于黄河干流以及清漳河、浊漳河、沁河、桑干河、汾河上游河段的附属水库和人工湖泊。由于污染严重，汾河中下游、桑干河中下游河段已鲜见鱼类分布。

目前，野生鱼类资源利用现状是，长期的过渡捕捞以及外来经济鱼类的引进和养殖，导致野生经济鱼类资源的迅速枯竭。据文献记载，20世纪60年代初，汾河水库野生鲤、鲫产量约占渔获物一半，1984年野生鲤、鲫的产量已降至渔获总量5%以下，且野生鱼类的个体很小。

鲇曾是山西重要的野生经济鱼类，广泛分布于汾河、漳河流域。汾河水库1965年以前一网可捕获250~300公斤鲇，而1982年在3万公斤渔获中仅检出1尾5公斤重的鲇。目前，山西境内河流及水库已鲜见鲇踪迹。

翘嘴红鲌、蒙古红鲌及青梢红鲌个体较大，肉味鲜美，曾是山西省重要的野生经济鱼类，广布于汾河、漳河、丹河、黄河流域，目前仅在后湾水库有少量的翘嘴红鲌分布，多数水域上述鱼类已经绝迹。

花䱻、鲫、白条鱼曾是浊漳河附属水体云竹水库重要野生经济鱼类，具有很高产量，近几年由于引入大银鱼，大量使用化肥导致河水富营养化，改变了库区水质，上述鱼类已明显减少，花䱻已面临绝迹的危险。

黄河是山西省野生经济鱼类的重要分布区，其中以鲇、黄颡鱼、鲫、鲤、赤眼鳟个体价值高，是当地渔民主要捕捞对象。白条鱼虽然个体小，但其数量多，在黄河鱼类资源严重匮乏的今天，当地渔民主要采用地笼方式捕捞白条鱼。

黄河鱼类资源不仅有逐年下降的趋势，鲇、黄颡鱼、鲤、鲫、赤眼鳟等主要经济鱼类的体重、体长相比过去都有明显的变小，且以幼体居多。鱼类小型化、低龄化趋势显著。在对山西运城湿地省级自然保护区调查过程中，据当地渔民反应，20世纪80年代，一组渔民(6人)每天能捕捞黄河鱼1000公斤左右，捕捞的品种主要为鲇、黄河鲤、赤眼鳟、鲫等大型鱼类，捕获的黄河鲤体重多在 2 ~3 公斤，捕获最大的黄河鲤体重达 10 多公斤；鲇的体重普遍在 3 ~4 公斤左右。20 世纪 90 年代，黄河鱼类资源逐渐减少，主要经济鱼类也呈现低龄化和小型化趋势，每天的捕获量也降为 500 公斤左右，鲇的体重多在 1.5 ~2.5 公斤。到目前，由于大型经济鱼类资源的枯竭，运气好时，每天仅能捕获黄河鲤、鲇、赤眼鳟、黄颡鱼等经济鱼类 5 ~8 公斤，运气不好时常空手而归。为了维持生计，黄河沿岸渔民将捕捞对象转移到白条鱼、船钉鱼等小型野杂鱼，每天捕获小杂鱼 500 公斤左右，晒干后作为鱼粉原料出售。

3.3 外来鱼种现状及危害

随着水产养殖业的发展，外来经济鱼类的引入，山西很多水体均发现了外来鱼种，外来鱼种生态入侵问题日益突出。

以黄河湿地为例，20 世纪 90 年代本区黄河鱼类比较纯，多为本区土著鱼类，很少见到外来鱼种。20 世纪 90 年代之后，黄河鱼类逐步变杂，外来鱼种逐渐增多。黄河河段除了常见的青鱼、草鱼、鲢、鳙、团头鲂、三角鲂原产于长江流域的人工养殖鱼类之外，还捕获过俄罗斯鲟、巴西鲶、银鱼、金鱼、锦鲤等外来鱼种。这些外来鱼种的输入主要有以下几个途径：

(1)黄河上游河段、支流及附属水库人工养殖鱼类的逃逸，主要是青鱼、草鱼、鲢、鳙、团头鲂、三角鲂、银鱼等。

(2)人为放生，如俄罗斯鲟、巴西鲶、锦鲤、乌鳢、泥鳅等。

从目前山西运城湿地省级自然保护区黄河段所发现的外来鱼种食性来看，除了巴西鲶等少数种类，多数外来鱼种为植食性、杂食性或滤食性鱼类，它们主要是在食物和空间生态位与土著鱼类存在竞争，还可能吞食土著鱼类的鱼卵。而巴西鲶是凶猛的肉食性鱼类，如果在山西定居繁衍，将会对山西土著鱼类造成极大的威胁。巴西鲶是否能在山西越冬、定居、繁衍还有待于今后长期监测。黄河流域外来鱼种入侵的问题应引起当地相关管理部门的高度重视。

3.4 野生鱼类资源及保护

野生鱼类肉味鲜美，比人工养殖种具有更高的经济价值，也是食客高价品食的目标。野生鱼类高额价值所导致的过渡捕捞，是野生经济鱼类资源枯竭的重要原因。

据走访黄河沿岸渔民，20 世纪 80 年代，由于受经济条件限制，两岸周边居民对黄河鱼类的需求量较少，虽然当时黄河鱼类资源丰富，但捕获的鱼常没有销路。20 世纪 90 年代初，人们对黄河鱼类需求量增大，大规模捕捞情况开始出现。至 90 年代中后期，黄河鱼类资源开始锐减。目前，黄河鲤、黄河鲶、黄颡鱼、赤眼鳟等黄河主要经济鱼类体重超过 0.25 公斤的个体，黄河岸边收购价已达到 80 元/公斤。体重达到 1 公斤以上的黄河鱼类，收购价高达 200 元/公斤。在高额利润的刺激下，沿岸渔民不断加大捕捞强度，导致本区鱼类特别是黄河鲤、黄河鲶、黄颡鱼、赤眼鳟等重要经济鱼类资源的迅速枯竭。目前野生鱼类资源面临的威胁主要有：①环境污染；②湿地面积较小甚至消失；③野生鱼类资源的过度捕捞以及外来鱼种的入侵等。

为此，建议采取如下措施保护山西野生鱼类资源：

(1)加强环境治理力度，保护湿地水域环境。山西省是我国能源重化工基地，随着工业的快速发展，大量污染物排入湿地，已造成山西湿地水质严重污染。湿地水质条件是野生鱼类的生存之根本，建议环保、水利等相关部门加大湿地环境治理力度，改善湿地水质条件。

(2)合理捕捞：①严格禁止酷渔滥捕，如毒鱼、电鱼和采用地笼捕鱼等。这些方法均能大量的杀伤幼鱼，严重破坏鱼类资源，且污染水质，对人类健康造成潜在危害，应严格取缔。②适当增加网目，捕大留小。③加强对休渔期的监管，禁止在繁殖期捕捞。

(3)控制外来鱼类。外来鱼种的生态入侵已在山西湿地生态系统初现苗头并有可能造成严重生态学问题，因此建议相关部门加大湿地鱼类资源动态监测力度，对外来鱼种进行专项调查研究。

目前对外来鱼类的控制，除了人工捕杀外，尚无理想方法。对于湿地外来鱼类的生态入侵问题，一方面要加大宣传力度，严格禁止人们放生外来鱼类，另一方面号召渔民对外来鱼类进行捕杀，保证本区湿地生态系统的安全。

4 两栖类、爬行类、哺乳类

4.1 两栖类

两栖类是由水生向陆生的过渡类群，虽然已出现四肢登陆生活，但必须依赖水域才能完成繁殖和变态发育。由于两栖类必须借助裸露湿润的皮肤进行辅助呼吸，不能有效防治体内水分散失，只能在湿地环境生存、繁衍。

4.1.1 两栖类种类

山西省分布的两栖类共2目5科13种，实地调查共记录湿地两栖类2目3科6种。实地记录的6种两栖类包括有尾目1科1种，占实地记录两栖类总种数的16.67%；无尾目2科5种，占实地记录总种数的83.33%。实地记录的6种两栖类，属于古北界的有2种，占总种数的33.33%；东洋界1种，占16.67%；广布种3种，占50.00%，如图3-6所示。

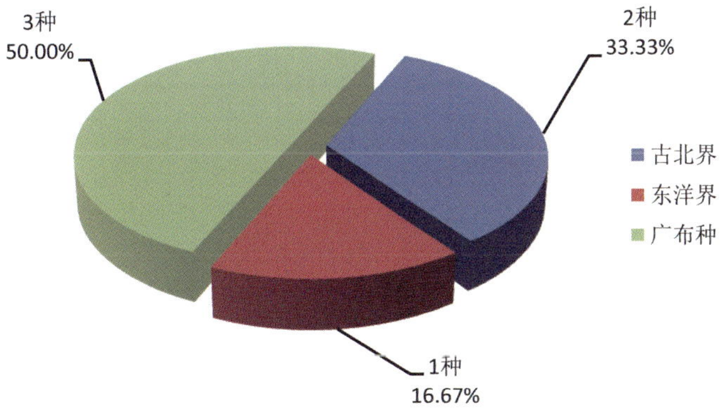

图3-6 山西省湿地调查统计到的两栖类区系分析

实地记录的6种两栖类分属于以下地理型：①东北—华北型2种；②季风型3种；③南中国型1种。

山西湿地记录的6种两栖类，被《中国濒危动物红皮书》列为极危种(CR)的有大鲵 。被《中国物种红色名录》列为极危种(CR)的有大鲵 ；列为近危种(NT)有黑斑蛙、隆肛蛙。

4.1.2 两栖类分布

4.1.2.1 优势种

(1)黑斑蛙：共记录615只，广布于山西境内各湿地生境，但山涧溪流数量较少。

(2)中国林蛙：共记录729只，广布于山西境内水质清新的山涧溪流河段，平川河段数量较少。

4.1.2.2 常见种

(3)中华蟾蜍：共记录79只，数量较少，但分布区域广泛，广布于山西境内各湿地生境。

(4)花背蟾蜍：共记录75只，主要分布于山西左云县十里河省级湿地公园及山西桑干河省级自然保护区局部区域。

4.1.2.3 稀有种

(5)隆肛蛙：共记录26只，集中分布于山西历山国家级自然保护区山涧溪流。

4.1.2.4 罕见种

(6)大鲵：据访问调查，2005年前，垣曲马家河尚有分布，目前野生种群难觅踪迹。

4.1.3 两栖类经济种类的利用情况

黑斑蛙、中国林蛙、中华蟾蜍、花背蟾蜍、隆肛蛙虽具有一定的药用价值，但它们是湿地生态系统的重要组分，能大量捕食害虫，在生物防治、维护生态平衡中发挥着重要的作用，应加强保护。

4.2 爬行类

4.2.1 爬行类种类

山西分布的爬行动物共有3目7科32种，本次调查，在山西湿地共记录爬行动物3目7科18种，其中米仓山龙蜥、铜蜓蜴为山西爬行类新记录种。

山西湿地记录的18种爬行动物，真正完全依赖湿地环境的爬行动物仅有鳖1种，其余种类均为能适应湿地生境的爬行动物。18种爬行动物，属于古北界的有5种，占总种数的27.78%；东洋界6种，占总种数33.33%；广布种7种，占总种数的38.89%，如图3-7。

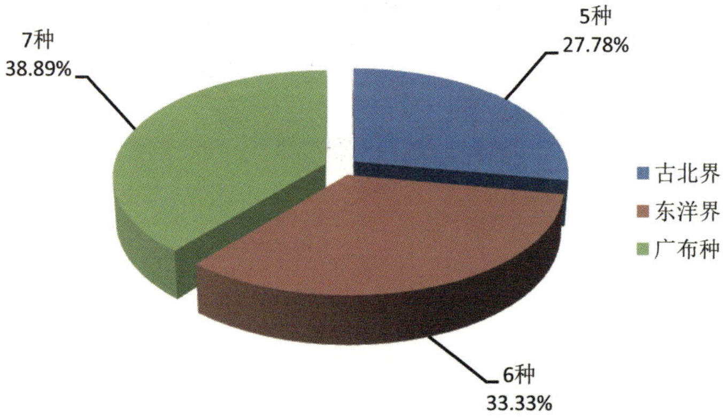

图3-7 山西省湿地调查统计到的爬行类区系分析

实地记录的18种爬行动物分属于以下地理型：①东北—华北型2种；②东洋型3种；③古北型2种；④季风型4种；⑤南中国型6种；⑥中亚型1种。

调查记录的18种爬行动物中，被《中国濒危动物红皮书》列为易危种（VU）有黑眉锦蛇、赤峰锦蛇、王锦蛇、玉斑锦蛇。被《中国物种红色名录》列为易危种（VU）的有鳖、玉斑锦蛇、王锦蛇、赤峰锦蛇、黑眉锦蛇、中介蝮、乌梢蛇。

中国特有种有米仓山龙蜥、蓝尾石龙子、锈链腹链蛇、双斑锦蛇、乌梢蛇。主要分布于中国物种有鳖、中介蝮、黑眉锦蛇、赤峰锦蛇、王锦蛇、玉斑锦蛇、丽斑麻蜥、山地麻蜥、赤链蛇、虎斑颈槽蛇。

4.2.2　爬行类分布

4.2.2.1　优势种

（1）丽斑麻蜥：分布于河漫滩涂地带。

（2）虎斑颈槽蛇：广布于山西各湿地环境。

4.2.2.2　常见种

（3）山地麻蜥：见于山西太宽河省级自然保护区河漫滩涂地带。

（4）蓝尾石龙子：见于山西历山国家级自然保护区、山西蟒河猕猴国家级自然保护区河漫滩涂地带。

（5）黑眉锦蛇：广布于山西各湿地环境。

（6）赤峰锦蛇：见于山西运城湿地省级自然保护区。

（7）赤链蛇：广布于山西各湿地环境。

（8）白条锦蛇：广布于山西各湿地环境。

（9）双斑锦蛇：广布于山西各湿地环境。

4.2.2.3　偶见种

（10）铜蜓蜴：见于山西阳城蟒河猕猴国家级自然保护区河漫滩涂地带。

（11）米仓山龙蜥：见于山西阳城蟒河猕猴国家级自然保护区河漫滩涂地带。

（12）黄脊游蛇：广布于山西各湿地环境。

（13）玉斑锦蛇：见于山西历山国家级自然保护区河漫滩涂地带。

（14）中介蝮：广布于山地湿地生境。

（15）王锦蛇：见于山西历山国家级自然保护区、山西运城湿地省级自然保护区。

（16）乌梢蛇：见于山西阳城蟒河猕猴国家级自然保护区河漫滩涂地带。

4.2.2.4　稀有种

（17）鳖：见于山西壶流河湿地省级自然保护区、山西灵丘黑鹳省级自然保护区、山西运城湿地省级自然保护区、山西泽州猕猴省级自然保护区、山西太宽河省级自然保护区、山西关帝林局梅洞沟省级湿地公园、山西府城省级湿地公园。

（18）锈链腹链蛇：见于山西历山国家级自然保护区河漫滩涂地带。

4.2.3　爬行类经济种类的利用情况

蛇类捕食鼠类，是维护湿地生态系统的重要环节，多种爬行动物具有药用价值，应加强保护。

4.3 哺乳类

4.3.1 哺乳类种类

山西省哺乳动物共有7目18科65种，本次湿地调查中，共记录到哺乳类5目10科17种，分属于食虫目3种，食肉目9种，偶蹄目2种，啮齿目2种，兔形目1种。本次湿地调查中记录到哺乳动物最大的科为鼬科，共6种。山西境内完全依赖湿地环境的哺乳类仅有水獭1种，其余种类均为在调查区域内发现记录到的哺乳动物。

湿地调查记录的17种哺乳动物，属于古北界有6种，占总种数的35.29%；东洋界3种，占总种数17.65%；广布种8种，占总种数的47.06%，如图3-8所示。

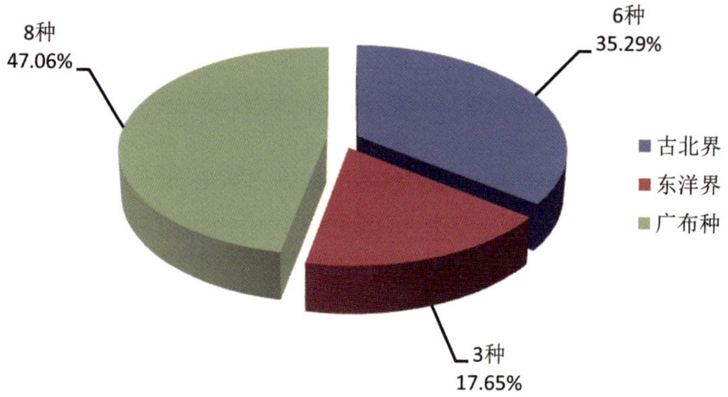

图3-8 山西省湿地调查统计到的哺乳类区系分析

湿地记录的17种哺乳动物分属于以下地理型：①不易归类4种；②东洋型4种；③古北型6种；④季风型2种；⑤全北型1种。

山西湿地记录的17种哺乳动物中，属于我国Ⅱ级保护动物有水獭。

山西省重点保护动物有刺猬、北小麝鼩。

“三有”动物有刺猬、赤狐、黄鼬、狗獾、猪獾、豹猫、野猪、西伯利亚狍、岩松鼠、花鼠、社鼠、草兔共12种。

被《濒危野生动植物种国际贸易公约》(CITES)附录Ⅰ收录的有水獭，附录Ⅱ收录的有豹猫。

被世界自然保护联盟(IUCN)列为易危种(VU)的有水獭；低危种(LR)的有青鼬、北小麝鼩、西伯利亚狍、黄鼬。

被《中国濒危动物红皮》书列为易危种(VU)的有水獭、豹猫。

被《中国物种红色名录》列为濒危种(EN)的有水獭；近危种(NT)有青鼬、黄鼬、狗獾、赤狐4种。易危种(VU)北小麝鼩、猪獾、西伯利亚狍、豹猫4种。

中国特有种有岩松鼠。

4.3.2 哺乳类分布

4.3.2.1 优势种

(1)刺猬：山西湿地生境广泛分布。

(2)草兔：山西湿地生境广泛分布。

4.3.2.2　常见种

(3)北小麝鼩：山西湿地生境广泛分布。

(4)艾鼬：山西湿地生境广泛分布。

(5)花面狸：主要分布于晋南、晋东南湿地生境。

(6)岩松鼠：分布于山区湿地。

(7)黄鼬：山西湿地生境广泛分布。

4.3.2.3　偶见种

(8)狗獾：分布于山区湿地。

(9)猪獾：分布于山区湿地。

(10)野猪：分布于山区湿地。

(11)西伯利亚狍：分布于山区湿地。

(12)花鼠：分布于山区湿地。

(13)喜马拉雅水麝鼩：分布于文峪河湿地流域。

4.3.2.4　稀有种

(14)赤狐：湿地罕见种，广泛。

(15)青鼬：分布于山区湿地。

(16)水獭：分布于山西历山国家级自然保护区、山西运城湿地省级自然保护区。

(17)豹猫：湿地中罕见种。

山西真正依赖于湿地环境的哺乳动物仅有水獭1种，目前数量十分稀少，仅分布于山西历山国家级自然保护区和山西运城湿地省级自然保护区局部区域。湿地生境常见动物有刺猬、草兔、北小麝鼩，其他种类仅是偶然在湿地生境觅食、饮水，逗留时间很短。

4.3.3　哺乳类经济种类的利用情况

(1)毛皮动物：山西省湿地分布的哺乳动物属于毛皮兽的有赤狐、青鼬、黄鼬、狗獾、猪獾、水獭、豹猫、花鼠等。

(2)药用：山西湿地分布的哺乳动物可入药的治病的有刺猬、黄鼬、狗獾、猪獾。

(3)皮肉兼用动物：山西湿地分布的哺乳动物皮肉兼用动物有野猪、西伯利亚狍、草兔。

山西省湿地哺乳动物数量已十分稀少，急待保护，不可直接利用。但对于草兔、野猪等种群数量较多、危害现象较重的哺乳动物，可考虑化害为益，如探索性驯化、养殖野猪、西伯利亚狍等。

第四章 湿地资源利用

第一节 湿地资源利用方式及其利用现状

1 湿地资源

1.1 土地资源

山西省地处华北西部的黄土高原东翼，地形较为复杂，境内有山地、丘陵、高原、盆地、台地等多种地貌类型。山区、丘陵占总面积的三分之二以上，大部分在海拔1000～2000米之间。山西表里山河，东界太行山，西有吕梁山，北亘北岳恒山、五台山，南耸中条山，中立太岳山。

山西省国土总面积1566.23万公顷。根据省国土资源厅2014年7月山西省第二次土地调查数据显示，截至2009年12月31日为标准时点，全省耕地406.84万公顷，其中基本农田341.23万公顷，园地41.53万公顷，林地487.25万公顷，草地411.71万公顷，城镇村及工矿用地83.55万公顷，交通运输用地24.95万公顷，水域及水利设施用地29.43万公顷，其他土地81.72万公顷。

山西省分布的各类湿地总面积为15.19万公顷，占全省国土总面积的0.97%。其中河流湿地总面积9.69万公顷，占全省湿地总面积的63.79%；湖泊湿地总面积0.31万公顷，占全省湿地总面积的2.06%；沼泽湿地总面积0.82万公顷，占全省湿地总面积的5.37%；人工湿地总面积4.37万公顷，占全省湿地总面积的28.78%。山西各大河流有着较大面积的河漫滩，尤以山西运城湿地省级自然保护区和山西桑干河省级自然保护区范围内最多，是山西重要的湿地资源。

1.2 水资源

1.2.1 水 系

山西地处山地、高原地区，总的地势北高南低，由北向南、向东、向西三个方向倾斜，省内水系呈放射状向黄河及华北平原发散，分别属于黄河、海河两大水系。

黄河流域水系遍布于省内西部、南部，总流域面积为9.71万平方公里，约占全省总面积的62%。黄河流域各支流中，以汾河最长，流域面积最大，流量也最大。大于4000平方公里的支流有汾河、三川河、昕水河、涑水河、沁丹河。涉及行政区域有：忻州市、太原市、晋中市、吕梁市、长治市、晋城市、临汾市和运城市。

海河流域水系偏于省内北部及东部，总流域面积为 5.95 万平方公里，约占全省总面积的 38%。大于 4000 平方公里的支流，永定河水系有桑干河，子牙河水系有滹沱河及南运河水系的漳河。涉及的行政区域有：大同市、朔州市、忻州市、阳泉市、晋中市和长治市。

(1)黄河干流山西段：山西地处黄河中游，境内黄河流域面积 97138 平方公里，占全省总面积的 62%。

黄河干流从晋西北的偏关县老牛湾由内蒙古自治区进入晋陕峡谷，山西位于河的左岸，隔河与右岸的陕西省相望。黄河自北向南流经山西的忻州、吕梁、临汾、运城，在潼关遇秦岭阻挡，折向东流，成为山西与河南两省的界河，经芮城、平陆县，在垣曲县马蹄窝离开山西流入河南境内，故有“北牛南马”之说。黄河山西段总长 965 公里，流经 4 个地市的 19 个县(市)，其间有黄河第二大支流汾河及三川河、昕水河、涑水河等较大支流汇入。

(2)汾河：汾河是黄河水系的大支流之一，也是省内黄河干流外的第一大河流。它发源于宁武县管涔山，由北而南纵贯山西中部和南部，流经太原、临汾两大盆地，于河津县注入黄河，全长 695 公里，流域面积 39471 平方公里，在入黄河口处多年平均径流量(1956 ~ 1984 年，下同) 25.1 亿立方米，多年平均流量 79.6 立方米/秒，径流模数 2.02 立方米/(秒·平方公里)。汾河在太原市兰村以上为上游，兰村至洪洞县石滩为中游，石滩至河津为下游。

(3)沁河：沁河发源于沁源县霍山东北麓，干流流经沁源、安泽、沁水及阳城县，在河南省境内汇入黄河。山西省境内沁河干流长 326 公里，流域面积 9315 平方公里。沁河水量较大，在干流出省境处的多年平均径流量为 13.5 亿立方米，多年平均流量为 42.8 立方米/秒，径流模数为 4.59 立方米/(秒·平方公里)。

(4)涑水河：涑水河发源于绛县横岭关，流经闻喜、夏县、运城、临猗至永济县经伍姓湖流入黄河，全长 193 公里，流域面积 5569 平方公里，多年平均径流量为 2.17 亿立方米，多年平均流量为 6.88 立方米/秒，径流模数为 1.24 立方米/(秒·平方公里)。

(5)三川河：三川河是由北川、东川及南川三条河汇合而成的。干流(以北川河计)全长 143 公里，发源于方山县赤竖岭，流域面积 4161 平方公里，于柳林县军渡注入黄河。多年平均径流量为 2.81 亿立方米，多年平均流量为 8.91 立方米/秒，径流模数为 2.17 立方米/(秒·平方公里)。

(6)昕水河：昕水河发源于蒲县摩天岭，流经隰县、大宁而注入黄河，干流全长 174 公里，流域面积 4326 平方公里。多年平均径流量为 1.71 亿立方米，多年平均流量为 5.42 立方米/秒，径流模数为 1.36 立方米/(秒·平方公里)。

(7)桑干河：桑干河属海河流域永定河水系，它发源于宁武县管涔山(以恢河为主流)，在朔城区二十里铺汇合源子河后始称桑干河，桑干河自西而东横贯于大同盆地，在省境内全长 252 公里，流域面积 15464 平方公里(不包括永定河的南洋河、壶流河)。桑干河干流流经宁武、朔城区、山阴县，省境处流域面积 17142 平方公里，多年平均径流量为 6.66 亿立方米，多年平均流量为 21.1 立方米/秒，多年平均径流模数为 1.23 立方米/(秒·平方公里)。

(8)滹沱河：滹沱河属子牙河水系，干流发源于繁峙县泰戏山，经繁峙、代县、原平、忻府区、五台、定襄、盂县而入河北省。省境内滹沱河长 330 公里，流域面积 14284 平方公里(不包括温河、松溪河)，多年平均径流量为15.9亿立方米，多年平均流量为50.4立方米/秒，多年平均径流模数为2.68立方米/(秒·平方公里)。

(9)漳河：漳河在山西省境内分为清漳河和浊漳河两支。清漳东源发源于昔阳县沾岭山，河长104公里，清漳西源发源于和顺县八缚岭，河长96.5公里。东西二源于左权县上交漳汇合后称清漳河，在黎城县出省进入河北。省境内河长146公里(以清漳东源为主流)，流域面积4159平方公里。浊漳河分为南、北、西三源，南源发源于长子县发鸠山，河长80公里，西源发源于沁县漳河村，河长78公里，北源发源于榆社县柳树沟，河长109公里。浊漳南源与浊漳西源在襄垣县甘村汇合，流至合口村又与浊漳北源汇合，始称浊漳河。浊漳河在平顺县出省境成为河北省与河南省的界河。省境内全长237公里(以浊漳北源为主流)，流域面积11688平方公里。浊漳河出省境处多年平均径流量为11.6亿立方米，多年平均流量为36.8立方米/秒，多年平均径流模数为3.15立方米/(秒·平方公里)。

清漳河、浊漳河在河北省内相会，称漳河。

1.2.2　水力资源

山西永久性河流湿地中蕴藏有相当丰富的水力资源，总蕴藏量达556.1万千瓦。黄河(山西段)蕴藏量达431.7万千瓦，占总蕴藏量的77.63%；黄河水系为76.1万千瓦，占总蕴藏量的13.68%；海河水系为48.3万千瓦，占总蕴藏量的8.69%。汾河的蕴藏量有31.8万千瓦，具有开发价值的是汾河水库至太原兰村段。沁河在山西境内仅396公里，但蕴藏量却几乎等于汾河，高达31万千瓦，其中阳城润城至省界之间的蕴藏量最为丰富，漳河的干流浊漳河(山西段)就有17.1万千瓦，其中小蛟河以下河段蕴藏量最为丰富。

1.2.3　水资源量

山西是全国水资源贫乏省之一。根据山西省第二次水资源评价成果，全省1956~2000年系列多年平均降水量508.8毫米，多年平均河川径流量86.8亿立方米，多年平均地下水资源量84.0亿立方米，扣除河川径流与地下水之间重复量47.0亿立方米，全省多年平均水资源总量为123.8亿立方米。其中黄河流域多年平均降水量520.8毫米，多年平均河川径流量50.90亿立方米，多年平均水资源总量为75.29亿立方米，人均占有水资源量为317立方米(按2012年人口计算)；海河流域多年平均降水量489.1毫米，多年平均河川径流量35.87亿立方米，多年平均水资源总量为48.51亿立方米，人均占有水资源量为390.77立方米(按2012年人口计算)。按照1993年联合国“国际人口行动”提出的水紧缺指标属于严重缺水的区域(表4-1、表4-2)。

表4-1　1956~2000年黄河流域水资源状况表

分　区	降水量(万立方米)	地表水量(万立方米)	降水入渗补给量(万立方米)	河川基流量(万立方米)	水资源总量(万立方米)	人均水资源(立方米)
浑河	89817	6157	5814	2934	9037	797
偏关至吴堡	770311	45153	55639	16233	84559	528
吴堡至龙门	746499	57929	32326	29285	60970	346
龙门至潼关	358186	18337	45580	5682	58235	200

（续）

分区	降水量（万立方米）	地表水量（万立方米）	降水入渗补给量（万立方米）	河川基流量（万立方米）	水资源总量（万立方米）	人均水资源（立方米）
潼关至三门峡	104081	7855	11985	3239	16601	251
三门峡至沁河	228533	39425	18891	18419	39897	1666
汾河上中游	1384356	132650	147645	69166	211129	225
汾河下游	625919	74040	93345	42632	124753	277
沁河	570287	102594	65192	54860	112926	1332
丹河	180870	24839	28958	19045	34752	209
合　计	5058809	508979	505375	261495	752859	317

表 4-2　1956～2000 年海河流域水资源状况表

分　区	降水量（万立方米）	地表水量（万立方米）	降水入渗补给量（万立方米）	河川基流量（万立方米）	水资源总量（万立方米）	人均水资源（立方米）
永定河山区	628532	52033	91145	39573	103605	243.10
洋河区	105535	9024	13302	3076	19250	448057
壶流河区	57793	3479	3961	2276	5164	279.37
大清河山区	163768	26471	16834	16285	27020	1082.97
滹沱河山区	934323	139030	117167	84139	172058	471.26
漳河山区	896708	110505	77291	54317	133479	370.05
卫河区	105801	18141	15289	8945	24429	8179.81
合　计	2892460	358690	334989	208611	485068	390.77

1.3　生物资源

1.3.1　植物资源

通过调查，山西省湿地维管束植物 609 种(含变种、变型)，隶属于 79 科 298 属。

山西湿地植被划分为 5 个植被型组、10 个植被型、156 个主要群系。其中：草丛湿地植被型组所含群系数为 131 个，浅水植物湿地植被型组含 8 个群系，灌丛湿地植被型组含 7 个群系，阔叶林湿地植被型组含 6 个群系，针叶林湿地植被型组含 1 个群系。

根据中国植物物种信息数据库(http://www.ethnoecology.org)珍稀濒危、国家重点保护野生植物名录、山西省重点保护野生植物名录等资料，山西省共有国家和省级重点保护野生湿地植物 10 种，占湿地植物总种数的 1.64%。这些国家和山西省重点保护的野生植物中，列入国家Ⅰ级保护野生植物的有 1 种：南方红豆杉，国家Ⅱ级保护野生植物有 7 种：凹舌兰、火烧兰、角盘兰、手参、绶草、沼兰和野大豆，列入山西省重点保护野生植物名录的有 2 种：反曲贯众和山茱萸。

山西湿地植被面积为 15324.44 公顷。在山西湿地植被中，以分布于沼泽湿地禾草型湿地植被、杂类草湿地植被和莎草型湿地植被面积最大，占到湿地植被面积的30%左右。主要建群植物的属是芦苇属、藨草属、薹草属、拂子茅属以及披碱草属等；其次为浅水湿地植被面积，占全部湿地植被面积20%。主要建群植物以眼子菜科、茨藻科、水鳖科及睡莲科等科植物和阔叶湿地植被型，其余类型的湿地植被分布较零星，且面积较小。

1.3.2 动物资源

本次调查，实地查得脊椎动物28目55科235种，约占山西省脊椎动物总数(549种)的42.8%。其中湿地陆栖脊椎动物19目38科153种。

在陆栖脊椎动物中，属于古北界有93种，东洋界16种，广布种44种。

山西湿地脊椎动物中，被列为国家重点保护动物14种，其中国家Ⅰ级保护野生动物2种，国家Ⅱ级保护野生动物12种；属于鸟类的12种，哺乳类2种。

山西省重点保护野生动物8种，其中鸟类6种，哺乳类2种。

被《濒危野生动植物种国际贸易公约》(CITES)收录的有16种，其中属于附录Ⅰ名录3种，附录Ⅱ收录种5种，附录Ⅲ收录种8种。16种野生动物中，属于鸟类的有14种，哺乳类2种。

列入世界自然保护联盟濒危动物红色名录(IUCN)的物种有10种，其中鸟类5种，哺乳类5种。属于濒危种2种，易危种3种，近危种1种，低危种4种。

列入中国濒危动物红皮书的物种13种，其中两栖类1种，爬行类4种，鸟类6种，哺乳类2种。属于极危种1种，濒危种2种，渐危种1种，易危种9种。

列入中国物种红色名录的物种有32种，其中鱼类4种，两栖类3种，爬行类7种，鸟类9种，哺乳类9种。列为极危种1种，濒危种3种，易危种17种，近危种11种。

山西省野生经济鱼类主要有黄鳝、赤眼鳟、花䱻、鲫、鲤、乌鳢、黄颡鱼、鲇、白条鱼、翘嘴红鲌、黄河雅罗鱼、银鲴、马口鱼等。鱼类作为湿地生态系统的重要组成部分，既可以捕食小型浮游生物，又是黑鹳、苍鹭等湿地鸟类的重要食饵，在自然保护区的生物食物链上起着十分重要的作用。

两栖类均以捕食昆虫为主，在生物防治、维护生态平衡中发挥着重要的作用，有益于农业和林业生产，也是河流、湿地生态系统的重要组成部分，对于维系自然保护区生态平衡具有十分重要的作用。黑斑蛙、中国林蛙、中华蟾蜍、花背蟾蜍、隆肛蛙还具有一定的药用价值。

大多数爬行动物都是杂食或肉食类，蜥蜴和蛇类通过大量捕食昆虫及鼠类等摄入能量而有益于农牧业生产，在生态系统中充当着次级消费者的角色。许多爬行动物又是食肉兽和猛禽的食物及能量的来源之一，在生态系统能量的流转过程中，又处于次级生产力的地位。因此，爬行动物对维持陆地生态系统的稳定性，以及为自然界提供能量贮存来说，具有不可忽视的作用。

湿地鸟类同人类生活有着十分密切的关系，湿地鸟类中一些经济价值较高的雁鸭类，通过人工驯养繁殖，不仅能为人类提供优质的蛋白质，其羽毛也是御寒的良好材料。很多湿地鸟类羽色艳丽，具有很高的美学价值和生态旅游价值。

哺乳动物是自然资源的重要组成部分，尤其是食肉动物位于食物链的上部或顶级位置，对维持生态平衡和生物多样性起着现代技术无法替代的作用，从而提高了生态系统的多样性和物种健康、基因遗传变异性及交换率。山西湿地分布的哺乳动物中经济价值较高的物种有刺猬、赤狐、黄鼬、狗獾、猪獾、水獭、豹猫、花鼠、西伯利亚狍、草兔等。

1.4　景观资源

湿地是一种景观资源，尤其是在山西这样一个严重缺水的省份，现存的湿地与周边其他生态环境相比较，具有不同的美学、文化和艺术感观，由于其独特的生态景观和丰富的野生动植物，吸引了越来越多的人前来旅游观光，成为最具有潜力的旅游资源。近年来在小浪底库区以独特的湖光山色、库岸溶洞、瀑布等自然景观，黄河沿岸以黄河特色风情、绝美风景及壶口瀑布等景点，以及马营海山地淡水湖泊群组成的湿地中开展的旅游项目已经成为全省旅游的新亮点。运城盐湖不仅开展黑泥沐浴和盐水漂浮，还可以饱览盐湖风光之旖旎，探寻华夏盐文化之神秘，在游乐中提高文化素养，运城盐湖已成为集文化、健身、旅游、娱乐、休闲为一体的旅游胜地，并取得“死海”“远东死海”“三晋死海”“华夏死海”“神州死海”服务商标的核准注册证。

1.5　矿产资源

盐是湿地重要的矿产资源。

运城盐湖是我们祖先开发最早的盐湖，运城的盐湖是华北地区重要的产盐产硝基地，每年运城盐化集团从盐湖中提取的盐和硝，其产值就有上亿元。运城盐湖南倚中条，北靠峨嵋，东临夏县，西接解州，东西长，南北窄，四周高，中间低，形似“古元宝”状。盐湖湖面烟波浩渺，硝田纵横如织，被文坛泰斗田汉先生赞为“千古中条一池雪”。它与美国犹他州大盐湖、俄罗斯西伯利亚库楚克盐湖并称为世界三大硫酸钠型内陆盐湖。

2　湿地资源利用现状

2.1　水资源利用

2.1.1　供　水

2012 年山西省黄河流域实际供水量 48.12 亿立方米，其中地表水供水量 21.50 亿立方米，占总供水量的 44.7%；地下水供水量 23.86 亿立方米，占总供水量的 49.6%；污水处理回用量及矿坑排水回用量为 2.76 亿立方米，占供水量的 5.7%，见表 4-3。

2012 年山西省海河流域实际供水量 25.26 亿立方米，其中地表水供水量 10.33 亿立方米，占总供水量的 40.9%；地下水供水量 12.55 亿立方米，占总供水量的 49.7%；污水处理回用量及矿坑排水回用量为 2.38 亿立方米，占供水量的 9.4%，见表 4-4。

表 4-3　2012 年黄河流域供水量表

分　区	地表水供水量（亿立方米）					地下水供水量（亿立方米）	其他（亿立方米）	总供水量（亿立方米）
	蓄水	引水	提水	小　计	其中黄河水			
红河						0.0865	0.0126	0.0991
偏关—吴堡	0.2839	0.0622	0.2692	0.6153		0.7287	0.1800	1.5240
吴堡—龙门	0.3180	0.2899	0.0651	0.6730		0.4633	0.2730	1.4093

（续）

分　区	地表水供水量(亿立方米)					地下水供水量（亿立方米）	其他（亿立方米）	总供水量（亿立方米）
	蓄水	引水	提水	小　计	其中黄河水			
龙门—潼关	0.0729	0.0571	3.7109	3.8409	2.7241	4.8200		8.6609
潼关—三门峡	0.1200	0.0220	1.1857	1.3277	0.9097	0.5285		1.8562
三门峡—沁河	0.1005	0.0675	0.1030	0.2710		0.0651	0.0058	0.3419
汾河上中游	2.8199	3.2120	1.4014	7.4333	1.9440	10.1052	1.5362	19.0747
汾河下游	0.7944	2.3681	2.2395	5.4020	1.5256	4.3733	0.1223	9.8976
沁河	0.2591	0.5486	0.1808	0.9885		0.7538	0.2512	1.9935
丹河	0.2751	0.3533	0.3234	0.9518		1.9386	0.3770	3.2674
合　计	5.0438	6.9807	9.4790	21.5035	7.1034	23.8630	2.7581	48.1246

表4-4　2012年海河流域供水量表

分　区	地表水供水量(亿立方米)					地下水供水量（亿立方米）	其他（亿立方米）	总供水量（亿立方米）
	蓄水	引水	提水	小　计	其中黄河水			
永定河山区	1.3260	1.3562	0.4291	3.1113	0.3500	5.0903	1.2929	9.4945
洋河区	0.0372	0.2749	0.0718	0.3839		0.7856		1.1695
壶流河区	0.0531	0.0966	0.0170	0.1667		0.2686		0.4353
大清河山区	0.0120	0.0841	0.0139	0.1100		0.2428		0.3528
滹沱河山区	0.6156	1.5707	1.3892	3.5755		3.5495	0.1703	7.2953
漳河山区	1.7969	0.8888	0.2898	2.9755		2.6067	0.9206	6.5028
卫河区		0.0063	0.0050	0.0113		0.0023		0.0136
合　计	3.8408	4.2776	2.2158	10.3342	0.3500	12.5458	2.3838	25.2638

2.1.2 水资源开发利用率

全省水资源开发利用率为46.5%，其中黄河流域水资源开发利用率为47.2%，海河流域水资源开发利用率为45.4%，山西全省属高开发利用区。

1990～2000年全省平均地表水实际开发利用量为26.75亿立方米，开发利用率为38.8%；地下水开发利用量为38.1亿立方米，其开发利用率为45.3%。全省地下水开发利用率高于地表水开发利用率。

2.1.3 水资源开发利用程度

全省多年平均水资源可利用量为83.77亿立方米，占多年平均水资源总量的67.7%。其中：地表水资源(河川径流)可利用量为51.87亿立方米，占地表水资源量(河川径流量)的59.8%；地下水可利用量为50.9亿立方米，占地下水天然资源量的60.6%。

2.1.4 水力发电

山西省的河流除少数支流为内蒙古流入外，绝大多数发源于本省境内。其中流长超过100公里的有9条，山西河流水系水能的理论储藏量较大。根据第一次全国水利普查数据显示，2011年12月31日为标准时点，全省共有水电站161座，装机容量157.58万千瓦，见表4-5。其中：在规模以上水电站中，已建水电站74座，装机容量29.15万千瓦；在建水电站21座，装机容量126.84万千瓦。

表4-5 不同规模水电站数量和装机容量汇总表

水电站规模		数量(座)	装机容量(万千瓦)
规模以上（装机容量≥500千瓦）	大(1)型	1	120.00
	中 型	1	12.80
	小(1)型	4	6.33
	小(2)型	89	16.86
	小 计	95	155.99
规模以下(装机容量<500千瓦)		66	1.59
合 计		161	157.58

据2011年中国水力发电量分省市统计数据，山西省2011年1~6月份水力发电量达14.66万千瓦时。全省调蓄河流1601.05万立方米；装机容量2.61万千瓦时、发电量0.52万千瓦时，对支援工业、农业、生态建设以及人民生产生活发挥着重要作用。

2.1.5 降解污染物，净化水质

湿地生态系统处理污水是一个复杂的过程，是湿地的理化、生物作用的综合效应，利用水生植物和微生物，通过湿地的生物过程和化学过程，对富含农药、化肥的污水或工业污水以及生活废水进行处理，使有毒物质降解和转化，最终达到净化水质的效果。例如晋城市丹河人工湿地，规模为日处理污水8万吨，丹河人工湿地防洪工程采用拦河坝和翻板闸自动控制河道水位，防洪坝防止洪水进入湿地；污水处理工程采用"自由表面流湿地+垂直流人工湿地+渗滤坝+水体人工强化自净生态工艺"。在水东桥下游至东焦河水库22公里的河道范围内设立三个渗滤坝，在东焦河水库深水区布设柔性人工水草，浅水区种植各类水生植物，形成一个自然的水体生态系统，对水体进一步净化。经过整个功能区处理后水质可达到地表水四类水质标准，有效改善丹河水质和沿线生态环境，保护了郭壁饮用水源地和东焦河水库的蓄水发电，同时带动珏山和龙门景区的旅游产业发展。

2011年，山西省人部分地区地下水位止降回升，汾河实现了清水复流。黄河、海河流域山西段Ⅲ类以上水质标准的占45.4%，Ⅳ类水质标准的占12.4%，Ⅴ类水质标准的占14.4%，超过Ⅴ类水质标准的占27.8%。

2.2 湿地植被的利用情况

2.2.1 山西省湿地植物资源的利用类型

山西湿地植物资源按用途可分为药用植物、饲草植物、野菜植物、野果植物、观赏植物、芳

香植物、纤维植物、油脂植物、淀粉植物、农药植物、野生亲缘植物、环保植物等12个类型，许多植物同时具有多种用途。通过调查统计，在山西湿地植物资源中，饲用植物和药用植物是湿地植物资源中的主要组成部分，主要集中在禾本科，莎草科、藜科、胡颓子科、眼子菜科等科中，例如草地早熟禾、垂穗披碱草、披碱草、发草、稗、各种薹草，以及蔗草等是牛羊很好的饲草。鱼类常见的饲用植物有浮萍、满江红、萍等；各种眼子菜是野生候鸟、家禽、家畜等的重要食物资源。

山西湿地药用植物主要的科为毛茛科、菊科、伞形科、十字花科等，常见的药用植物有党三白草、卷柏、泽泻、毛茛等；湿地野菜植物主要包括藜科、菊科，十字花科、唇形科、伞形科以及一些乔木树种的嫩芽等，有些湿地野菜具有一定的保健、降血压血脂等作用。

湿地芳香植物和湿地野生观赏植物在生物资源开发利用中具有较大的开发价值；湿地纤维植物主要有禾本科、香蒲科以及杨柳科、荨麻科、莎草科等，许多纤维可造纸或做人造纤维，芦苇为优良的纤维植物，含纤维素44%，可替代木材造纸；油脂植物常见的有播娘蒿、苘麻等，这些植物目前还没有得到很好的开发利用；淀粉植物主要包括稻、慈姑、菱、马唐等一些植物的种子或营养器官，可以食用或作为淀粉；湿地农药植物资源大多为有毒植物，山西湿地里曼陀罗的分布广，蕴藏量大，可以作为很好的生物农药，具有环境污染小、可降解等特性，是未来农药发展的方向；环保植物主要包括各种柽柳、中国沙棘及杨柳科植物，这些植物在防风固沙、保护绿洲、固堤护岸，维持植物多样性等方面具有很大的生态价值。

2.2.2 山西省湿地植物资源的利用方式

湿地生态系统与森林生态系统、海洋生态系统并称全球三大生态系统，具有保持水土、净化水源、蓄洪防旱、维持生物多样性等重要的生态功能。山西省湿地植物资源丰富，有些种类已经广为利用，例如中国沙棘、芦苇等。对植物资源的利用方式，应该注意两点：一方面是能直接用于生产、转化为商品、可以提高经济效益的资源；另一方面，有些种类尚未直接利用，但在学术上有重要意义或潜在的生产利用价值。所以在进行湿地植物资源利用时，应该注重那些尚未开发利用的资源，因为这些资源一旦被开发利用，其经济效益可能远远超过已经利用的种类，我们既要开发利用好能直接发展经济的植物资源，又要开发那些具有潜能的资源植物，这对更好地发展山西省湿地事业，实现可持续发展战略具有十分重要的意义。结合本省的实际情况，可将湿地植物及植被的利用方式主要概括为以下几个方面：

(1)药用。对山西湿地植物资源主要的利用是药用，药用植物资源丰富，如甘草、萹蓄、水蓼、酸模、芦苇、龙芽草、罗布麻、旱麦瓶草、益母草、枸杞、车前、柽柳、问荆、苦马豆等，要在保护好这些药物资源的同时合理利用。

(2)食用。山西湿地食用植物资源丰富，例如湿地植物中的莲全身是宝，其根状茎可以作为蔬菜或制作莲粉，坚果(莲子)是受喜爱的食物，在运城、临汾等地有较大面积的栽培。慈姑、荸荠是经济价值很高的湿地食用植物资源。其次，山西野菜植物资源丰富，采集利用较多的有卷耳、豆瓣菜、蕨麻、苣荬菜、苦苣菜、路边青、反枝苋、藜、马齿苋、荠菜、紫苜蓿、蒲公英、焯菜、水芹、独活、鹅绒藤、地笋、牛蒡等，同时作为野果常见采集食用的有山莓、东方草莓、野草莓、中国沙棘、枸杞、山茱萸等。这些都是很受人们青睐的野菜和野果资源，对湿地野生食用资源的利用，还有待进一步开发。

(3)旅游观赏。近几年来，湿地作为一种重要的旅游新资源，越来越受到全省各地的重视。湿地植被是湿地旅游环境中重要的景观组成部分，加之近年来人们对于野生花草尤其是水生植物的欣赏能力逐渐提高，湿地植物及植被在生态旅游中充当着重要的角色。一些地方把湿地作为旅游胜地和环保教育基地，从而增强了公民保护湿地的意识。山西省已建立了46处湿地公园，其中山西古城、山西千泉湖、山西昌源河、山西神溪、山西介休汾河、山西双龙湖、山西文峪河和山西沁河源等八处为国家湿地公园，对更加合理地开发利用湿地旅游资源具有重要意义。

(4)工业生产原料。中国沙棘在山西省分布广泛，果实含大量的维生素C，胡萝卜素、维生素E和维生素F，主要用于生产各种饮品。在维生素F中，亚油酸和亚麻酸具有特别重要的生理保健价值。

此外，中国沙棘果还含有黄烷酮、肌醇、熊果酸、槲皮素、隐黄素、叶酸、苹果酸、谷甾醇等几十种珍贵的生物活性物质，且果汁性质稳定，利于运输和贮藏，易于浓缩精制。其果实制做成果子羹、果酱、软果糖、果冻、果泥，果脯及露汁等多种食品，若将果汁浓缩可制成各种片剂、浸膏，或提取维生素C，可供医药用，对胃病患者尤其明显，也能预防和治疗铅、磷，苯等职业性中毒病症。果核内种子含油16%～18%以上，可榨油，沙棘油可用于治疗降低高血脂、软化血管。诸如此类的工业生产原料还待进一步开发利用。

(5)日常生活、生产用品原料。一些湿地植物，如芦苇可以编制苇席等芦苇制品，还未形成大的生产规模。芦苇含纤维44%以上，可替代木材用于造纸。人们利用各种柳条和柽柳枝条编制农具、生活用品及各种工艺品；再如香蒲在山西省分布广泛，其叶子可以做成用于塑料大棚冬天保暖的草垫；山西省分布有大面积的中国沙棘，并且生长迅速，利用沙棘生产饮品在山西极为普遍。

(6)固堤护岸、防止水土流失。湿地植物生长密集，根系发达，在固堤护岸，防止水土流失方面发挥着重要作用。山西省在桑干河、滹沱河两岸栽培大量的固堤树种如中国沙棘、刺槐、柽柳、新疆杨、小叶杨、榆树等，在防止水土流失、固堤护岸等方面发挥了很好的生态效益。同时湿地植物能有效拦截净化地表径流携带的泥沙和其他污染物。

(7)防治污染、改善水质。利用水生植物和微生物，通过湿地的生物过程和化学过程，对富含农药、化肥的污水或工业污水以及生活废水进行处理，可以使有毒物质降解和转化，最终达到净化水质的效果。利用湿地植物防止污染，净化水质在现今环境破坏严重、生活垃圾较多、水质污染严重的今天具有很好的经济价值和现实意义，应予以高度重视和开发。

2.2.3 稻田、莲藕田

2011年，山西省水稻种植面积1020平方公里，产量500万公斤。莲藕田集中分布于黄河区流域内，种植规模较小，面积不多。

2.3 旅游业利用

随着城市化的不断发展，人类对具有审美意义且令人赏心悦目的自然景观的要求不断增加，人们普遍能从湿地生态系统中发现湿地的美学价值，青山绿水、鸟语花香，可以满足这种需求的地区在数量上越来越少，在质量上越来越低。近年来，随着生态旅游的快速发展和人类对湿地生态环境重要性了解的加深，湿地生态旅游在我省悄然兴起。生态旅游是一种“保护性旅游”或“可持续发展旅游”，其开发的目的是在保护自然资源和生态环境不被破坏的前提下，在自然景观旅游地开展游憩活动，维护自然环境持续发展和生态系统的演替。

湿地植被是湿地旅游环境中重要的景观组成部分，加之近年来人们对于野生花草尤其是水生植物的欣赏能力逐渐提高，湿地植物及植被在生态旅游中充当着重要的角色。一些地方把湿地作为旅游胜地和环保教育基地，从而增强了公民保护湿地的意识。山西省已建立了山西古城国家湿地公园、山西千泉湖国家湿地公园和山西昌源河国家湿地公园等，对更加合理地开发利用湿地旅游资源具有重要意义。例如山西昌源河国家湿地公园，以保护湿地资源、建设生态文明，促进经济社会可持续发展为目标，将湿地公园定位为全县“一轴两区”大县城规划建设战略的轴心线，围绕湿地公园进行大县城布局。结合祁县乔家大院、昭馀古城、九沟景区等旅游资源，开展湿地生态旅游开发，摸索一条湿地保护和湿地利用实现双赢的途径，把湿地公园打造成黄土高原及干旱半干旱地区的湿地生态旅游的样板。

山西湿地大多具有自然观光、旅游、娱乐等美学方面的功能，山西黄河湿地省级自然保护区、山西宁武县马营海省级湿地公园、山西双龙湖国家湿地公园等湿地都是重要的旅游资源，这些湿地以其壮观秀丽的自然景色吸引人们向往，大多已经开辟为旅游景区。湿地除了通过旅游资源开发可以创造直接的经济效益外，还具有重要的文化价值。山西桑干河省级自然保护区、山西运城湿地省级自然保护区等地栖息的水禽，其中许多是国家重点保护对象，它们每年吸引着成千上万的游客。

黄河壶口瀑布是我国举世闻名的旅游胜地之一，已吸引越来越多的国内外游人观光旅游。此外，山西的河流湿地、高山湖泊和淡水泉对游客也有较大的吸引力。如管涔山的马营海、中条山的蟒河也逐渐成为山西旅游业引人注目的新景点。太原晋祠的难老泉、洪洞广胜寺的霍泉、广灵的水神堂泉、平定的娘子关泉和临汾的龙子祠泉等地已成为山西诸多旅游景点不可分割的重要组成部分。

湿地拥有独特的环境条件和景观，是人类理想的游览、休闲、度假场所，也是夏季避暑之胜地。74 个自然保护区和湿地公园有宾馆 29 个、年接待游客 63 万人，疗养院 12 个、年疗养人数 16 万人，设置的健身、爬山、骑驾、登山、游泳等运动项目年接待 139 万人。山西已建立的自然保护区、湿地公园，能够提供优美的湿地自然环境，而且作为旅游胜地和环保教育基地，不仅增强了公民的湿地保护意识，还能很好地开发湿地的科研价值和教育价值，为更好地开发利用湿地资源发挥作用。

2.4 养殖业利用

山西境内野生鱼类主要分布于黄河干流以及清漳河、浊漳河、沁河、桑干河、汾河上游河段的附属水库和人工湖泊。

黄河是山西省野生经济鱼类的重要分布区，其中鲶鱼、黄颡鱼、鲫鱼、鲤鱼、赤眼鳟个体价值高，白条鱼虽然个体小，但其数量多，是当地渔民主要捕捞对象。

人工养殖产量从刚解放时的不足 1 吨发展到 2010 年的 3. 17 万吨。目前，青鱼、草鱼、鲢鱼、鳙鱼、鲫鱼、鲤鱼、团头鲂、长春鳊等温水性鱼类养殖规模已遍及山西多个水库和人工湖泊，是山西省传统的人工养殖经济鱼类和水产业支柱。

冷水性鱼类养殖始于20世纪70年代，1971年山西首次从黑龙江引进朝鲜品系虹鳟并试养成功，1973年繁殖成功，成为山西省重点发展的冷水鱼品种之一。目前山西冷水鱼养殖品种包括虹鳟、金樽、红点鲑、哲罗鲑、俄罗斯鲟、西伯利亚鲟等，鳟鱼养殖区主要集中在朔州神头和晋城的陵川、泽州、沁水等地。鲟鱼养殖主要集中在阳泉的娘子关和长治的平顺、黎城等地。

山西省具有丰富的电热资源，为罗非鱼等温水性鱼类养殖奠定了基础。山西传统温水型鱼类养殖品种有尼罗罗非鱼、莫桑比克罗非鱼。2006年山西首次引进新吉富罗非鱼并试养成功，目前山西罗非鱼养殖规模已辐射到阳泉、运城、临汾、太原、长治、朔州和大同多个市县，经济效益显著。

2011年，山西淡水养殖面积1.62万平方公里，淡水产品产量3.61万吨，其中鱼类3.46万吨。

2.5 畜牧业利用

山西分布有一定面积的草本沼泽及河漫滩，这些地方可提供较好的优良牧草，是发展畜牧业的重要饲草资源，但产量差异较大。目前，山西的大多数湿地，由于过度放牧，有毒有害杂草增加，质量有明显退化的趋势。因此，应根据湿地的载畜量，科学合理地确定放牧强度，严禁超强度放牧，防止草地质量降低和退化，遏制逆向演替的发生。此外，对不同类型的湿地，应采取轮牧制等不同的放牧方法，使其能够得到休养生息，达到饲草资源的永续利用。

山西省湿地哺乳动物数量已十分稀少，亟待保护，不可直接利用。但对于草兔、野猪等种群数量较多、危害现象较重的哺乳动物，可考虑化害为益。

2.6 林业利用

森林沼泽湿地多分布在河岸两侧，地下水位较高，受径流的影响，地表积水多见于雨季。以人工种植的杨、柳林为主，在黄河沿岸沙滩地还分布有人工泡桐、刺槐林等。

湿地植物生长密集，根系发达，在固堤护岸，防止水土流失方面发挥着重要作用。山西省在桑干河、滹沱河两岸栽培大量的固堤树种如沙棘、刺槐、柽柳、新疆杨、小叶杨、榆等，在防止水土流失、固堤护岸等方面发挥了很好的生态效益。

山西省河流两岸栽培的固堤树种如新疆杨、小叶杨以及刺槐等，对于水土流失具有很大的生态价值；湿地的涵养水源、补给水资源功能的发挥离不开湿地植物的主导作用。

山西湿地中有许多是荒滩，应积极造林绿化，既可防止水土流失，又可增加种群数量，还可提高植被覆盖率，有利于植物资源的永续利用，促使生态系统良性循环。

2.7 工矿业利用

主要是运城的盐湖，为华北地区重要的产盐产硝基地，运城南风化工集团股份有限公司主要产品有无水硫酸钠、硫化碱、硫酸钡、硫酸镁、硫氢化钠、氢氧化镁、氯化钡、硫酸钾、硫代硫酸钠等10种，生产能力204.5万吨/年。其中：无水硫酸钠产销量目前为世界最大，硫化碱、硫酸钡、硫酸镁产销量均为中国第一。日化主导产品为洗衣粉、皂类、液洗，牙膏等，产能52万吨/年，产品总量均居国内前列。旗下拥有“奇强”“天使”两大日化品牌。

2.8 其他方面利用

运河/输水河湿地是为输水或水运而建造的人工河流湿地，在山西省内主要为以灌溉为主要目的的大型干(灌)渠，集中分布于运城市黄河沿岸农村的农田和桑干河沿岸的农田，其水源补给主要为人工补给。74 个自然保护区和湿地公园年货运量 2 万吨。山西省重点湿地利用情况见表 4-6。

表 4-6 山西重点湿地资源利用情况表

序号	湿地名称	资源利用情况
1	山西运城湿地省级自然保护区	生产生活用水、水产养殖，旅游等
2	山西古城国家湿地公园	生态旅游开发
3	山西芦芽山国家级自然保护区	旅游和水源地
4	山西庞泉沟国家级自然保护区	旅游业和水源地
5	山西黑茶山国家级自然保护区	水产养殖，开展生态旅游
6	山西历山国家级自然保护区	营造水源涵养林、旅游休闲等
7	山西阳城蟒河猕猴国家级自然保护区	水源地和旅游业
8	山西五鹿山国家级自然保护区	农业灌溉
9	山西桑干河省级自然保护区	种植芦苇、速生杨，养殖鱼等
10	山西壶流河湿地省级自然保护区	水产养殖、营造水源涵养林、旅游休闲、夏季避暑等
11	山西灵丘黑鹳省级自然保护区	养殖鱼类
12	山西应县南山省级自然保护区	营造水源涵养林，水源地
13	山西云中山省级自然保护区	农田灌溉、生态利用等
14	山西臭冷杉省级自然保护区	水源地和林业，旅游休闲
15	山西贺家山省级自然保护区	生态旅游休闲
16	山西天龙山省级自然保护区	生态旅游
17	山西凌井沟省级自然保护区	营造水源涵养林，旅游休闲等
18	山西汾河上游省级自然保护区	水源地和生态旅游
19	山西薛公岭省级自然保护区	工农业用水，生活用水，旅游休闲
20	山西云顶山省级自然保护区	旅游休闲
21	山西蔚汾河省级自然保护区	营造水源涵养林，旅游休闲
22	山西八缚岭省级自然保护区	营造水源涵养林，开展生态旅游
23	山西孟信垴省级自然保护区	农业，营造水源涵养林等
24	山西铁桥山省级自然保护区	营造水源涵养林
25	山西四县垴省级自然保护区	营造水源涵养林
26	山西超山省级自然保护区	营造水源涵养林、旅游休闲、避暑等

（续）

序号	湿地名称	资源利用情况
27	山西韩信岭省级自然保护区	水源地，营造水源涵养林
28	山西霍山省级自然保护区	营造水源涵养林
29	山西绵山省级自然保护区	营造水源涵养林
30	山西药林寺冠山省级自然保护区	休闲旅游
31	山西浊漳河源头省级自然保护区	水产养殖、避暑休闲养生、开展生态旅游
32	山西崦山省级自然保护区	旅游休闲、夏季避暑，提供天然氧吧
33	山西南方红豆杉省级自然保护区	营造水源涵养林，开展生态旅游
34	山西泽州猕猴省级自然保护区	生态旅游
35	山西人祖山省级自然保护区	营造水源涵养林
36	山西红泥寺省级自然保护区	营造水源涵养林、休闲娱乐等
37	山西管头山省级自然保护区	旅游休闲、避暑度假等
38	山西涑水河源头省级自然保护区	当地生产生活用水
39	山西太宽河省级自然保护区	营造水源涵养林、休闲旅游、夏季避暑
40	山西昌源河国家湿地公园	生态旅游
41	山西千泉湖国家湿地公园	水产养殖、旅游休闲、避暑农家乐等
42	山西大同市文瀛湖省级湿地公园	休闲旅游
43	山西浑源县神溪省级湿地公园	养殖、种植
44	山西左云县十里河省级湿地公园	旅游休闲
45	山西大同县土林省级湿地公园	旅游休闲
46	山西朔城区恢河省级湿地公园	城市生态旅游
47	山西忻府区滹沱河省级湿地公园	种植业、林业、水源地等
48	山西宁武县马营海省级湿地公园	水产养殖、营造水源涵养林、净化水源、旅游休闲、夏季避暑等
49	山西神池县西海子省级湿地公园	林业、旅游休闲等
50	山西离石区东川河省级湿地公园	运动休闲、健身娱乐等
51	山西关帝林局梅洞沟省级湿地公园	旅游开发
52	山西文水县山泰湖省级湿地公园	生态休闲开发、水产养殖等
53	山西交城县华鑫湖省级湿地公园	旅游休闲
54	山西柳林县三川河省级湿地公园	旅游休闲、避暑等
55	山西方山县南阳沟省级湿地公园	生态休闲旅游
56	山西中阳县陈家湾省级湿地公园	养殖、工农业用水、生活用水
57	山西榆次区田家湾省级湿地公园	旅游垂钓、休闲等

（续）

序号	湿地名称	资源利用情况
58	山西太行林局海眼寺省级湿地公园	生活用水、农业用水
59	山西太谷县棋盘山省级湿地公园	水产养殖、生态休闲娱乐
60	山西平遥县惠济省级湿地公园	水产养殖、营造水源涵养林、旅游休闲、避暑等
61	山西介休市汾河省级湿地公园	营造水源涵养林、旅游休闲、夏季避暑等
62	山西太岳林局七里峪省级湿地公园	营造水源涵养林、旅游休闲、夏季避暑等
63	山西太岳林局沁河源省级湿地公园	旅游休闲
64	山西阳泉市桃河省级湿地公园	生态旅游、休闲娱乐
65	山西盂县梁家寨省级湿地公园	水力发电、农田灌溉、水产养殖及生态旅游开发
66	山西屯留县绛河省级湿地公园	城乡居民的公益性场所、沿绛河一线耕地的主要灌溉水源地
67	山西平顺县太行水乡省级湿地公园	水产养殖、营生水源涵养林、旅游休闲
68	山西高平市丹河省级湿地公园	旅游休闲、水源涵养林
69	山西尧都区东郭省级湿地公园	营造水源涵养林、旅游休闲、夏季避暑等
70	山西曲沃县浍河省级湿地公园	涵养水源、旅游休闲等
71	山西襄汾县双龙湖省级湿地公园	涵养水源、生态旅游开发
72	山西安泽县府城省级湿地公园	休闲娱乐、城市防洪等
73	山西侯马市香邑湖省级湿地公园	水产养殖、营造水源涵养林、生态休闲娱乐
74	山西新绛县汾河省级湿地公园	沿汾河一线耕地的主要灌溉水源地

3 湿地资源利用方面存在问题

3.1 盲目过度开垦利用，导致湿地面积减少

随着山西经济的快速发展和人类生产生活对湿地资源依赖程度的提高，一些地方盲目对湿地围湖造田和无计划开垦滩涂地，导致湿地数量减少、生态功能退化，有些重要湿地甚至丧失了湿地功能。

1997 年山西省第一次湿地资源调查，全省除盐碱地外的湿地总面积为 21.46 万公顷，占全省国土总面积的 1.36%；2012 年调查全省湿地总面积为 15.19 万公顷，占全省国土总面积的 0.97%。从 1997 年、2012 年两期调查数据来看，全省湿地面积减少了 6.27 万公顷。

单一以农为主的开垦和不科学的排水造田，致使河岸滩涂大量消失或改变了原有的特性，也使一些沼泽地和小型天然湖泊消失殆尽。1988 年在宁武县化北屯段汾河两岸考察时，两岸沙棘丛生，草丰水清，岩鸽、石鸡、山鸡等成群出没。1996 年调查却是林毁水浊，两岸皆为新开垦的农田，很难再看到动物出没。目前尽管水质尚好，但湿地面积大大减少。滹沱河两岸经历年开垦面积锐减。黄河沿岸的滩涂地至少一半被开垦种植成玉米、棉花、芦笋等作物。永济伍姓湖形成的围垦，已使水面和周围的沼泽地逐年缩小。河津市连伯滩是汾河入黄河河口，原来滩涂上种植有

红薯、花生，当地政府出于防风固沙考虑而改种经济林，使全国最大的灰鹤越冬地遭到破坏。20世纪80年代，连伯滩每年冬季栖息有2000多只灰鹤，1996年调查时仅存750多只，现在不足200只。运城的鸭子池、盐池、硝池，原来每年都有500多只大天鹅越冬，由于围垦现在已锐减到40多只，近年情况略有好转，大约有100多只，各种雁鸭种群数量也大大减少。桑干河干流多处河段被临时开辟成农田，致使水源补给有限，湿地面积减少，甚至断流。

3.2　湿地污染日益严重，导致利用率下降

近二十年来，随着工农业生产的发展和城市建设的扩大，山西省湿地环境发生了很大的变化，大量的工农业废水、废渣、生活污水和化肥、农药等有害物质被排入湿地，这些有害物质不仅对生物多样性造成严重危害，对地表水、地下水及土壤环境造成影响，使水质变坏，造成供水短缺，水资源利用显著下降。尤其是太原、大同这种大城市，其湿地实际上已成为工农业及生活废水、废渣的承泄区。

汾河是山西省境内的一条大河，被称为山西人民的“母亲河”。前些年，一些小煤窑、小造纸、小焦化排出的污水，对河道造成十分严重的污染。尽管近年来有所控制，但湿地污染仍然存在，致使部分动植物失去了生存条件而濒临灭绝。另外由于对湿地用水考虑不足，破坏了湿地生态系统，湿地大面积减少，甚至出现断流的现象。

野生鱼类主要分布于黄河干流以及清漳河、浊漳河、沁河、桑干河、汾河上游河段的附属水库和人工湖泊。由于污染严重，汾河中下游、桑干河中下游河段已鲜见鱼类分布。鲶鱼曾是山西重要的野生经济鱼类，广泛分布于汾河、漳河流域，目前，山西境内河流及水库已鲜见鲶鱼踪迹，翘嘴红鲌、蒙古红鲌及青梢红鲌个体较大，肉味鲜美，曾是山西省重要的野生经济鱼类，广布于汾河、漳河、丹河、黄河流域，目前仅在后湾水库有少量的翘嘴红鲌分布，多数水域上述鱼类已经绝迹。花鱼骨、鲫鱼、白条鱼曾是浊漳河附属水体云竹水库重要野生经济鱼类，具有很高产量，近几年由于引入大银鱼，大量使用化肥导致河水富营养化，改变了库区水质，上述鱼类已明显减少，花鱼骨已面临绝迹的危险。

非法开矿、污染河道的现象也比较突出。汾河、丹河、桑干河流域及其附属水库、人工湖泊等部分河道沿岸分布有洗煤厂、化工厂、造纸厂等重污染企业，河道及其附属水体不同程度受到污染。

另外多数平原型河流位于我省农业经济区，普遍存在农药、化肥、生活污水等面源污染和农业生产活动干扰现象。

3.3　过度捕捞，鱼类资源迅速枯竭

据走访黄河沿岸渔民，20世纪80年代，由于受经济条件限制，两岸周边居民对黄河鱼类的需求量较少，虽然当时黄河鱼类资源丰富，但捕获的鱼常没有销路。20世纪90年代初，人们对黄河鱼类需求量增大，大规模捕捞情况开始出现。至90年代中后期，黄河鱼类资源开始锐减。目前，黄河鲤、黄河鲶、黄颡鱼、赤眼鳟等黄河主要经济鱼类体重超过0.25公斤的个体，黄河岸边收购价已达到80元/公斤。体重达到1公斤以上的黄河鱼类，收购价高达200元/公斤。在高额利润的刺激下，沿岸渔民不断加大捕捞强度，导致本区鱼类特别是黄河鲤、黄河鲶、黄颡鱼、赤

眼鳟等重要经济鱼类资源迅速枯竭。

野生鱼类肉味鲜美，比人工养殖种具有更高的经济价值，也是食客高价品食的目标。野生鱼类高额价值所导致的过度捕捞，是野生经济鱼类资源枯竭的重要原因。另外，人为引进新品种鱼类造成的生态入侵，为了经济利益对自然水体的改造和破坏等，也直接影响了山西省野生鱼类的生存繁衍，改变了山西省鱼类区系组成，甚至导致了部分野生鱼类的绝迹。

3.4 泥沙淤积和水资源恶化，影响湿地功能发挥

长期以来，一些黄河上游水资源涵养区的森林资源遭到过度砍伐利用，导致水土流失加剧，影响了流域的生态平衡，河流中的泥沙含量增大，造成河床、湖底淤积，湿地面积不断缩小，功能衰退。黄河每年携带的泥沙量达 15 亿吨之多，泥沙淤积问题令人担忧。

一些地方过度和不合理的用水，也使山西湿地供水能力受到重大影响。据有关资料显示，每采挖 1 吨煤就会造成 2 吨水的损耗。山西是煤炭大省，地下煤炭的开采是造成山西省水资源严重短缺的一个重要因素。近年来，全省出现的由于采煤造成地质灾害已引起政府部门的高度重视，由此造成的地表水和地下水的渗漏、短缺，进而造成湿地水源和面积的减少，同样威胁到湿地生态用水和湿地生态功能的发挥。

3.5 湿地旅游业与湿地保护矛盾日渐突出

湿地旅游业的开发利用，应以生态保护为前提，始终遵循保护第一，开发第二的原则，在开发利用的过程中尽量保持原有资源的自然性，在保护湿地资源自然原始性的前提下，可以适当地进行开发。

近几年在部分保护区外围河段开发了漂流、温泉度假村等旅游项目，对湿地鸟类造成了人为干扰，带来了更多的环境污染。随着旅游业的发展，湿地水域污染，人为干扰活动增多，过度利用湿地资源的现象日趋突出。

另外，位于农业生产区的湿地，河床挖沙现象存在，例如汾河、滹沱河流域等。

4 湿地资源利用拟采取的措施

4.1 加强湿地自然保护区与湿地公园的建设管理

天然湿地大量丧失、湿地野生动植物种群减少是湿地生物多样性保护面临的主要威胁之一。根据湿地资源保护的实际需要，以保存湿地的生态类型多样性和抢救湿地野生动植物种多样性为重点，新建一批湿地自然保护区和湿地公园，使湿地野生动植物、栖息地以及湿地独特的生态系统受到有效保护，并采取相应的保护拯救措施依法进行管理、实行严格保护措施。

采取有效措施，提高现有湿地自然保护区和湿地公园的保护功能。科学编制湿地自然保护区和湿地公园的总体规划，确定目标、长期实施，稳步提高规范化、科学化管理水平。开展保护区和湿地公园人员能力建设，提高人员的监测、野外保护、社区教育、科研和执法等方面技能；逐步开展以主要保护对象为中心的栖息地改造工程；进行湿地保护与其周边经济协调发展关系的研究，探讨区域发展对湿地资源的压力以及对区域发展的支持作用等。

4.2 加强湿地的综合保护利用

根据山西省湿地资源保护的现状，多方采取有效措施，尽可能地恢复已退化的湿地，减缓降低人为因素对湿地的负面影响，开展一批重点湿地的恢复治理工程，开展治山与治水结合进行的综合治理，促进湿地的综合保护与治理，有效地减缓湿地的退化，遏制人为活动导致的天然湿地数量下降趋势。需要开展的工作有以下几个方面：

(1)将湿地保护与合理利用纳入省、市的土地利用、生态治理、资源恢复、水资源管理、河流流域管理以及相关的管理规划中。

(2)通过评估影响河流流域综合管理的主要障碍，寻求解决方案。编制流域土地、水资源、野生动植物保护、使用和管理的综合规划，使河流流域管理与湿地保护协调一致。对河流流域土地用途、使用权现状进行评估并进行调整安排。

(3)加大退耕还林、还草、还湿力度，强化地方政府的责任感。切实解决生态补偿的落实兑现，对退耕(牧)后的湿地应积极建立保护区、禁猎区或生态治理区，明确土地经营权和自然资源统一管理权，实行统一规划管理。

(4)大力营造生态保护林和水源涵养林，防止水土流失，减少河湖淤积。对部分河流、湖泊、水库进行清淤工作。改变易造成水土流失的土地利用方式。

(5)实施重点恢复工程与项目。有重点地选择一些有代表性的退化湿地，开展退化湿地恢复、重建的示范区建设。

(6)制定与湿地保护相联系的水资源管理战略，加强水资源开发对湿地生态环境及与之相关的生物多样性影响预测、监测；建立最优的河流水量分配方式，以维护河流流域的重要湿地自然状态和其他重要生态功能，研究并推广科学的水资源利用方式，把水开发项目对湿地的影响降到最低程度。加强对其基础设施的工程建设与生态环境保护关系的研究、监测，使水开发项目的建议书在立项初期得到详细的评审，并选择替代或降低影响的方案，尽可能地减少工程建设引起下游湿地退化造成的社会和经济损失。对于已受到水利工程建设负面影响的重要的天然湿地，要建立天然湿地补水以及鱼类保护的保障机制和补救措施。

(7)调查湿地周围污染源的类型、污染物的数量、排污途径及其最大排污量，对排污种类、时间、范围、总量进行规定和限制。有计划治理已受污染的湖泊、河流，并限期达到国家规定的治理标准。对排污超标的部门、企业和单位予以约束和处罚，并限期整改。按国家有关规定，对那些严重污染环境的单位，坚决实行关、停、并、转、迁。推行“清洁生产”工艺，对因开发利用造成的湿地环境破坏问题，要建立由开发利用部门采取补救措施积极加以解决的机制。

4.3 促进湿地恢复与可持续利用

对湿地的保护并不否定对湿地的开发和利用，即并不反对开发湿地资源以增进社会财富，提高生活质量，并允许一定程度的湿地利用，但这种利用的程度必须限制在环境容量许可的范围之内，不致引起湿地生态特性的变化。这种在湿地保护观念上从绝对保护向合理利用的转变，更符合湿地的经济价值和生态功能的要求。

近期的湿地资源利用应首先服从于湿地资源保护的需要，特别是水产捕捞业，制止过度利用和不合理开发，使资源得以逐步恢复，形成良性循环，逐步实现湿地资源可持续利用。首先通过专家评价和论证，科学评估湿地资源的开发利用潜力，确定每类湿地可承受的最大开发利用限度，确定可优先利用的重要经济类型的湿地资源、划定利用类别，确定湿地合理利用开发强度及方法，对湿地资源的开发利用作出相应规划。建立湿地环境影响评价及项目审批制度，制定评价标准。实行湿地开发生态影响和环境效益的预评估。开展有关湿地环境影响的评价理论和方法的研究。选择不同类型湿地，因地制宜进行合理利用示范区建设，开展湿地保护与合理利用优化模式的试验示范，提供资源有效利用的途径、优化利用模式、应用技术和管理技术，为不同生态类型的湿地合理利用提供可资借鉴、推广的示范模式。结合行业特点，各部门选择具有开发潜力，又有典型示范意义的区域和项目，多形式地开展湿地资源合理利用示范区建设，如生态农业和生态渔业相结合，湿地多用途管理等示范区，并将其成果与管理体制紧密结合，开展推广与交流。采取措施减轻或消除因湿地改造产生的对生态环境不利影响，必要时采取恢复湿地以及相应的补偿措施。

4.4 完善信息管理与监测体系

建立湿地资源信息数据管理系统和湿地资源监测体系，掌握湿地变化动态，为湿地的保护和利用提供科学依据。在全省范围内定期监测调查河流、沼泽、湖泊滩涂、洪泛湿地等各类湿地的面积及其开发利用情况，全面评估和分析土地资源保护和受威胁状况，对各类土地资源保护、利用和管理进行合理的规划安排。制定保护和合理利用规划是当务之急，根据湿地生态系统的代表性、自然性、稀有性、脆弱性及受威胁程度，制定湿地资源保护与开发利用的长远规划和湿地价值及效益的环境质量评估方法、指标体系，确定本市最重要和最优先保护的湿地类型及区域加强科研，加大资金投入，建立示范区，研究湿地资源保护与开发利用的最佳模式，提供不同湿地生态系统类型合理利用的有效途径，达到湿地资源的永续利用。

建立省级湿地监测中心，同时建立部门和市级湿地资源监测站、湿地资源定位监测站、点构成的全省湿地资源监测网络。结合全省森林资源调查系统建立以地理信息系统、遥感系统和全球定位系统 3S 技术为基础的湿地信息管理系统，完善全省湿地资源信息数据库，为湿地的科学管理和合理利用提供科学决策的依据。编制湿地监测规范，制定湿地监测制度。采用统一的监测指标、技术和方法，合理布局监测网站，实行湿地监测站、点的规范化建设，为湿地监测以及相关管理工作人员编制湿地监测工作指南。在此基础上，充分发挥现有湿地监测站或生态站的作用，对湿地进行监测和评价，同时完善湿地信息、数据的共享机制。

4.5 开展湿地科学研究，注重宣传教育与人才培养

建立完善湿地保护和合理利用的技术推广管理机制和组织体系，广泛开展湿地保护、湿地资源合理利用、湿地综合管理等方面的技术推广和交流。科学研究的滞后已经严重影响山西省湿地的科学保护和开发利用，所以要积极组织科研院所、大专院校等科研力量，对湿地的发生、演化规律和湿地生态系统结构与功能的研究、湿地整治、重建与修复技术研究、湿地对人类活动的影响等方面对湿地保护和利用中迫切需要解决的理论和技术问题进行联合攻关。

湿地资源保护的有效性和湿地合理利用水平的提高，很大程度上取决于公众和管理决策者对

湿地重要性的认识和观念的转变。一些长期形成的传统观念和认识对湿地资源的保护和可持续利用极为不利，必须通过一系列强有力的宣传教育与培训措施，提高公众对湿地，特别是对湿地各种功能、效益方面的认识，强化公众的湿地保护意识和资源忧患意识，形成有利于湿地保护的大环境和良好氛围。

(1)开展常规性的公众宣传教育活动，大力宣传有关湿地和湿地保护与湿地资源可持续利用方面的知识，提高公众对湿地和湿地保护重大意义的认识。结合特定的活动，如世界湿地日、各地的爱鸟周、保护野生动物宣传月、禁渔期、禁猎区等，集中开展有关湿地生态效益和经济价值方面的公众教育活动。

(2)组织专家和专业技术人员编写用于科学普及、基础教育和专业人员培训的科普书籍和专业教材，广泛普及湿地和湿地保护科学知识，并注重对成人的教育。必要时可将关于湿地保护和生物多样性保护的内容，列入中小学及高等院校有关专业的教学计划。

(3)通过多种途径，培训湿地管理和科研专业人才。部分高校、科研单位可根据实际情况设立与湿地保护有关的研究方向或专业领域，并通过有计划地选派留学生、进修生、出国访问学者等途径，培养湿地保护与管理的高级专业人才。

(4)依托湿地自然保护区、湿地公园，建立游客教育中心，宣传湿地保护的重要意义，并建立全国和大区的湿地管理人才教育培训基地、公众教育基地。

(5)全方位开展湿地保护管理人员培训需求分析，并针对需求进行课程和培训教材设计，编制湿地保护管理人员培训规划，培养师资，开展湿地保护管理人员在职培训工作，提高各层次管理人员技能。

(6)加强各部门间湿地保护与合理利用管理人员的培训交流工作，引进国外有关专业讲座与培训，并广泛开展与国外的培训交流工作。

4.6 开展专项行动与合作交流

湿地是比较脆弱的生态系统，除了要采取一系列具有全局性影响的湿地保护行动外，还要根据湿地生态系统或物种的状况，采取一些紧急的、特殊的专项抢救性保护行动。实施好各湿地自然保护区和湿地公园正在实施和申报的项目；建立长效机制采取确保湿地生态系统及物种及时保护或救护的有效措施；采取紧急措施保护面临严重威胁的重要水鸟及其主要栖息地；开展湿地污染的专项治理；针对湿地水生生物保护与可持续利用开展专项研究、保护；开展沼泽草甸湿地保护与可持续利用的专项研究。

当前，湿地保护已成为国际社会关注的热点。湿地对全球生物多样性保护、全球气候变化、跨国流域的水文系统等都具有重要影响。

随着全球对湿地的关注，我们在履行《湿地公约》及国际责任和义务的同时，要加强国际合作，全面宣传介绍湿地保护工作以及湿地保护优先项目，通过双边、多边、政府、民间等合作形式，全方位引进先进技术、管理经验与资金，开展湿地优先保护项目合作；认真履行有关的国际公约，积极探索新的合作途径和方式，同时加强国内有关环境公约的履约机构间的合作；继续保持并发展同湿地有关的国际组织与国家间的良好关系，争取发展新的国际合作与交流领域，努力吸收各国的先进技术和先进的管理经验。积极开展与有关非政府组织、学术机构和团体、基金组织及其友好人士的合作与交流，积极争取新的湿地保护与合理利用项目等项工作尤为重要。

第二节 湿地资源可持续利用前景分析

湿地的保护不能离开可持续利用，而可持续利用又必须以保护为基础。这就需要对湿地资源开发利用制定科学的规划，科学评估山西省湿地资源的开发潜力，确定可优先利用的重要经济类型湿地及其合理利用开发强度及方法，实现湿地资源保护与合理利用的实践经验，选择典型地区，开展湿地可持续利用示范工程，建立不同类型湿地开发和合理利用成功模式，为山西省湿地资源的保护和可持续利用奠定坚实基础。

1 湿地资源可持续利用潜力分析

湿地是人类最重要的国土资源和自然资源，是自然界富有生物多样性和较高生产力的生态系统，占全球自然资源总值的45%。根据国外科学家的研究，每公顷湿地生态系统每年创造的价值达4000~14000美元，是农田生态系统的45~160倍。湿地不仅为人类的生产、生活提供了多种资源，如食物、药材和水等，而且还有巨大的生态功能和效益，在抵御洪水、调节气候和保护生物多样性等方面发挥着其他生态系统无法替代的作用。

1.1 水资源的可持续利用

(1)传统水源开发潜力。通过有效挖潜，全省2010年地表水总的供水潜力为8.03亿立方米，其中大中型水源工程新增加供水量6.78亿立方米，病险水库改造增加供水量1.25亿立方米。全省地下水开发尚有潜力区可增加开采量5.57亿立方米，其中盆地平原区可增加开采量3.26亿立方米，岩溶水可增加开采量2.12亿立方米，一般山丘区可增加开采量0.19亿立方米。

(2)非传统水资源开源潜力。非传统水资源开源潜力为2.66亿立方米，其中：雨水资源为2.0亿立方米，占75.2%；废污水回用0.66亿立方米，占24.8%。

(3)节水潜力。2010年全省相对于2000年的累计节水潜力达10.36亿立方米，其中工业占18.6%，农业灌溉占74.4%，城镇生活占7.0%，年节水量相当于2000年总供水量的15.6%。

1.2 植物资源的可持续利用

在湿地生态功能的发挥方面，湿地植被起着至关重要的作用。具体来讲，湿地植被的价值可分为四个方面，即湿地的供给服务价值、调解服务价值、文化服务价值、支持服务价值。

1.2.1 供给服务价值

湿地生态系统中的植物可以提供水、泥炭以及丰富的植物产品，湿地为人类提供多种食物、药物、牧草、木材、绿肥、燃料、工业原材料以及遗传学上的基因资源植物。如莲可以药用也可以作为蔬菜；湿地中分布的野生水果以中国沙棘为例，全省除荒漠区以外均有分布，生于海拔

1200～2700米的河流谷地，此类湿地植物资源具有很大的潜在利用价值；芦苇在山西省的分布面积极广，储藏量大，可以编制苇席等芦苇制品，含纤维素44%，还可替代木材用于造纸；甘草、何首乌、桑、萹蓄、党参、水蓼、酸模、芦苇、龙芽草、喜旱莲子草、罗布麻、旱麦瓶草、益母草、枸杞、车前、多枝柽柳、问荆、苦豆子等是很好的湿地药用植物；中国沙棘为很好的燃料植物；野大豆是优良的野生亲缘种，野生亲缘种研究和开发潜力巨大，因为野生植物的原始基因材料是育种的宝贵种质资源，具有帮助改善例如味道、降低病虫害感染等特性，可以作为生物育种学上的基因资源植物；在饲用植物方面，由于山西分布有一定面积的草本沼泽及河漫滩，这些地方可提供较好的优良牧草。

1.2.2 调节服务价值

湿地中的植被在调节洪水、防治自然灾害、降解污染物、调节空气质量、调节小气候，防侵蚀等方面起着重要的作用；在防治污染、改善水质方面，利用水生植物和微生物，通过湿地的生物过程和化学过程，对富含农药、化肥的污水或工业污水以及生活废水进行处理，使有毒物质降解和转化，最终达到净化水质的效果；同时湿地植物能有效拦截净化地表径流携带的泥沙和其他污染物，在环境污染严重，生活垃圾较多、水质污染严重的今天具有很好的经济价值和现实意义，应予以高度重视和开发；在水土流失控制方面，山西省河流两岸栽培的固堤树种如新疆杨、小叶杨以及刺槐等，对于水土流失具有很大的生态价值；湿地的涵养水源、补给水资源功能的发挥离不开湿地植物的主导作用。

1.2.3 文化服务价值

随着城市化的不断发展，人类对具有审美意义且令人赏心悦目的自然景观的要求不断增加，人们普遍能从湿地生态系统中发现湿地的美学价值，青山绿水、鸟语花香，可以满足这种需求的地区在数量上越来越少，在质量上越来越低，因此，湿地作为一种重要的旅游新资源，受到全省各地的高度重视。湿地植被是湿地旅游环境中的重要组成部分，湿地植被在生态旅游中充当着重要的角色。一些地方把湿地作为旅游胜地和环保教育基地，这样不但增强公民保护湿地的意识，而且很好得开发了湿地的科研价值和教育价值。山西已建立的自然保护区、湿地公园，将为更好地开发利用湿地资源、发挥湿地的文化服务价值发挥很好的作用。

1.2.4 支持服务价值

湿地环境中植物种类多，浮游植物及微生物种类丰富，为其他动物尤其是鸟类提供了很好的觅食、栖息、越冬以及繁殖的场所，所以保护湿地植物是保护珍稀濒危动物的基础，在动物保护方面，湿地植物具有很大的支持服务价值。

1.3 河漫滩的可持续利用

河漫滩在山西各河流流域皆有分布，尤以黄河、桑干河、滹沱河河漫滩分布面积较大，多年来已进行了不同程度的开发，并已取得明显的经济效益。如永济开发黄河河漫滩，种植芦笋约2700公顷，产量10000吨/公顷，目前已成为我国重要的芦笋生产基地，每年为国家换取大量外汇。此外，黄河河漫滩发展水产养殖业，已形成规模效益，其中永济已成为山西最大的淡水鱼生产基地。因此，在保护的前提下，可适量开发一些河漫滩作为林业和渔业用地。

1.4 水产养殖业的可持续利用

近十余年来，山西的水产养殖业得到了长足的发展，水产养殖的水面已达15.46万公顷，占全省宜于发展水产养殖业的水面的69.64%，水产品产量已达2.865吨/公顷。但仍有相当数量的水面有待开发，应有步骤地进行实验，扩大养殖面积。在已经开发的水面中，大中型水库单位产量较低，仅有90公斤/公顷，远低于池塘1186公斤/公顷的水平。因此，在扩大养殖水面的同时，应推广增加品种，集约经营，改进养殖方法，以获取较高的经济效益。

1.5 旅游资源的可持续利用

生态性旅游是在满足自然保护的前提下，从事对环境和文化结构影响较小的游乐活动。生态旅游的提出是以可持续发展原则为基础，强调对自然景观和人文景观的开发与利用并重，强调人与自然和谐统一的一种新兴旅游形式和旅游理念，它是对传统旅游忽视环境和生态保护的一种纠正，是旅游可持续发展的必然趋势和选择。

湿地作为三大生态系统之一，不仅气候湿和、空气清新、风景秀丽、环境宁静，而且栖息着数量众多、形态各异的水禽、鱼类，生长着许多珍贵的树木花草，具有发展生态旅游产业良好的先决条件；而且要改变湿地产业传统粗放型的生产方式，改善当地居民的生活水平，发展生态旅游不失为一条捷径。所以发展湿地生态旅游，既能够最大限度地满足旅游者欣赏自然风光和获得精神享受的要求，又不以牺牲环境为代价，同时又能为当地居民提供多种就业机会，促进当地经济发展，必然成为湿地生态开发的主要方向。

在现有的湿地中，仅有少数淡水泉开辟为旅游景点，而大量的水库湿地资源尚未引起旅游开发商的兴趣和管理部门的注意，湿地宝贵的旅游资源仍待字闺中，不为人们所认识。实际上，水库具有极大的旅游价值，是当代都市人休闲、度假、避暑和垂钓的理想场所，已引起许多游客的极大兴趣。目前，首先应进行统筹安排，合理规划，确定一批靠近大中城市，交通便利，有发展潜力的水库，如汾河水库、文峪河水库、漳泽水库等，进行基础设施建设，改善交通、通讯、生活等条件，积极为水库湿地旅游业的发展创造条件，扩大山西旅游资源，丰富旅游资源的类型。

湿地公园有着特有的资源优势、环境优势和景观优势，是人们观光旅游娱乐的理想场所，包含了多种多样的湿地景观，湿地湖光水色，湿地是动物的乐园，候鸟的天堂，湿地植物多姿多彩，享受湿地景观是人们的最大渴望和需求，湿地公园旺盛的生命力源于景观的功能，应予以最大的发挥。湿地景观可以带来可观的经济效益，为繁荣地方经济发挥重要的作用。据了解，在我国旅游业每收入一美元可带动国民生产总值增加3.12美元。目前旅游观光已成为我国许多地方的重要产业，利用湿地公园的景观优势，大力发展生态旅游业，创造最佳经济效益，是湿地公园管理工作的重要内容，要从规划工作上为开展旅游创造条件，提供保证，以最大限度发挥湿地公园的经济效益。随着全省湿地公园网络的建成，结合旅游、文化的特点，可开发湿地公园附近精品旅游线路，不断扩大公园游客接待规模，增加旅游从业人员数量，以旅游带动餐饮、住宿等服务业的发展，使当地社会服务业水平得到提高，产生更多就业岗位，解决当地居民剩余劳动力问题，增加居民收入，推动第三产业的发展。

1.6 发展湿地生态农业

湿地作为多元型的生态系统，物产十分丰富，长期以来为人们所利用。人们围垦沼泽、河湖滩地，扩大耕地面积，发展粮棉种植业、草场畜牧业；利用天然或人工湿地水面，发展鱼、虾、蟹、贝、禽、水生植物等水产品种养殖生产；利用沼泽、滩地、塘基，种植林木、瓜果，供给生产生活用木材和干鲜果品；利用湿地天然或人工种植的水生或湿生纤维草本植物，发展造纸或编织工业。湿地创造着巨大的经济效益，但这种传统的湿地农业生产采用粗放式经营模式，以过度利用资源和造成环境污染为代价，导致湿地的生态环境遭到破坏，生物多样性受到威胁，湿地面积不断萎缩，湿地功能退化严重。所以改变粗放式的传统农业生产方式，发展现代的、无公害的和集约化的湿地生态农业迫在眉睫。

发展湿地生态农业，必须针对河流、湖泊、水库、沼泽和稻田等不同湿地的特点，因地制宜，确定不同的开发模式，依靠科学技术，充分发挥其内涵和潜力，既产生一定的经济效益，又能维持湿地生态系统的结构与功能。在我国的一些地区已经建立起了湿地生态农业示范区，山西省可借鉴外省经验，探索湿地生态农业发展之路。

1.7 可开发利用的储备资源

山西沼泽湿地主要是草本沼泽，其建群种和优势种大多是优质牧草，最适宜发展养殖业。

药用植物是湿地重要的资源，目前尚未充分利用，多数处于自生自灭的状态，应积极稳妥地组织人员采收这些植物，以利于经济发展。

除中国沙棘外，山西湿地可用于制作饮料和食用的植物资源未得到开发。山西湿地蕨类分布范围广，蕴藏量大，是味道鲜美营养价值颇高的可食资源。

山西湿地中有许多是荒滩，应积极造林绿化，既可防止水土流失，又可增加种群数量，还可提高植被覆盖率，有利于植物资源的永续利用，促使生态系统良性循环。

2 保障湿地可持续利用拟采取的措施

2.1 树立湿地可持续发展的环境资源理念

2.1.1 树立尊重生态规律的理念

自然界中各种事物之间有着相互联系、相互依存的关系，在生态系统中，每一生物种占据一定的位置，具有特定的作用，这些物种相互依赖、彼此制约、协同进化，改变其中的一个，必须会对其他事物产生直接或间接的影响，在开发利用某一环境要素时，要考虑此种活动对其环境要素乃至整个生态系统的影响。当生态系统所供养的生物超过它的生产能力时，它就会萎缩乃至解体，当生态系统排放和承受的污染物超过它的自净能力时，生态系统就会被污染，进而导致生态环境恶化。要想维持生态系统的稳定性，维护生态平衡，必须千方百计地保持生物物种的多样化，不能任意向其生态系统引进原来没有的物种，也不能在生态系统中随意除去某物种，同时鼓励人们去创造结构和功能相对协调、生物生产能力高的人工生态系统。

因此，在湿地资源的保护和合理开发利用中，我们要树立遵循生态规律的理念，注重对湿地环境及其各环境要素间相互影响的保护，维护湿地生物多样性，不轻易引入外来物种或人为地消灭某一物种；注重对湿地的开发利用前进行调查研究和统筹规划，不随意改变湿地的存在状态，采用符合生态规律的湿地利用方式；注重在湿地管理中防止污染，严格控制污染物排放；注重在湿地资源立法中，充分考虑湿地地区差异的特点，要有针对性的实行湿地资源地方立法。

2.1.2 树立湿地可持续利用的理念

湿地资源是一种重要的自然资源，其可持续利用是基于现实和未来的理性选择，是可持续发展思想的体现。湿地资源可持续利用不仅仅涉及湿地资源利用本身，还涉及社会科技发展水平，人类对湿地资源价值的认识，贯穿于人类开发利用湿地资源的全过程。

对于湿地的可持续发展，首先要做到保护优先。湿地是人类的一个资源宝库，同时又是一个脆弱的生态系统，湿地生态环境一旦破坏，往往难以恢复，且破坏后再进行治理，往往要耗费巨额资金。所以要坚持湿地经济发展以湿地生态保护为前提，坚持“以保护求发展，以发展促保护”的湿地发展战略。建立广泛参与的湿地保护机制，政府要将湿地保护纳入国家和地方环境保护的重点项目中，进一步完善有关湿地保护的法律法规，加大执法力度。同时加强湿地资源保护的宣传教育工作，提高全民族的湿地保护意识，群众要密切配合各级政府做好湿地的保护管理工作。

其次，对湿地而言，完全地进行保护而不开发也是不现实的，只有将保护寓于开发之中才是正确选择。所以，如何处理好湿地开发与保护的矛盾，成为湿地资源可持续利用的关键。湿地资源的可持续利用就是要使湿地的开发利用既不悖于维持生态系统的自然特性，又能造福于人类，建立湿地资源合理利用的最佳模式。注重对湿地资源的综合利用和多目标开发，全面规划、合理布局、开源节流，达到经济效益、生态效益和社会效益的有效统一及综合效益最优。

所以必须树立湿地资源可持续利用的理念，更好的指导湿地保护与开发利用中各项工作的开展，健全湿地可持续发展法律法规体系，提高公众参与可持续发展的程度，完善可持续发展的信息共享和决策咨询服务体系，加强政府的科学决策和综合协调能力。

2.1.3 树立湿地资源有偿使用的理念

湿地资源是一种重要的自然资源，湿地与湿地内生长、栖息的生物种群一起，构成独特的生态系统，这种系统具有极高的生产力，为人类提供了丰富多彩的有形或无形资源，而人类对湿地的回报却是人为地对其资源及环境的破坏。究其原因，是过去人类社会在发展经济的过程中采取不恰当地开发利用方式，但问题的关键是人类没有认识到湿地资源也是有自身价值的，没有将湿地资源本身对地球生态系统的贡献纳入社会经济发展的成本效益分析之中，在衡量国民生产总值的计算中，也没有扣除环境损害的成本和社会费用。因此，人们也不会针对湿地环境的无形价值建立交换市场，从而给人类造成资源环境无价的假象。

随着对湿地资源研究的逐步深入，湿地资源的价值、价格及产权等问题在逐渐取得共识，并且在市场经济中，必须遵循有偿利用资源的市场规律，这样才能提高资源利用效率，实现资源合理有效配置。有偿使用湿地资源是湿地资源保护和合理利用的最有效手段之一。

要使湿地资源得到有偿使用，首先要知道湿地资源的价值是多少及如何评定它的价值，这就需要引入环境经济学的研究方法，将湿地生态环境效益的损益分析运用到对湿地资源开发行为的预测、评价、管理以及拟定法律上，以实现社会、经济、生态三方面效益的均衡和综合决策。

其次，如何在湿地保护与合理开发利用中真正实现湿地的有偿使用，则要建立和完善湿地有偿使用的相关制度，如湿地产权制度、湿地排污收费制度、湿地使用许可制度及湿地生态补偿制度等一系列制度，通过制度的推进来规范湿地的有偿使用。同时要改进国民经济统计指标体系，将湿地质量状况纳入统计指标，作为地方政府、部门单位及其负责人的工作业绩予以严格考核，将湿地的生态效益纳入当地经济的核算体系中，用以衡量地方政绩，推动湿地保护事业的发展。

2.2 建立联席管理与协调机制

建立山西省林业厅与省内和国家机构间在湿地保护与合理利用领域共同合作的有效协调机制，通过部门间的联合行动，促进地方的决策能够注重评估湿地的自然价值、生态功能及其生产力和生物多样性的综合效益。

组建由相关主管部门湿地保护管理人员组成的工作组，建立联席工作制度，组织实施相应的与湿地保护和合理利用有关的工作，协调各部门的相关工作。

各市人民政府以及各湿地类型保护区、湿地公园的管理机构，也应明确职责，配置相应管理人员，建立湿地保护与合理利用协调管理机制。

提高政府、非政府组织、当地社区在湿地保护和合理利用方面的能力，加强湿地周围区域各有关机构之间的交流与协调，采取协调一致的湿地保护行动；探讨湿地的合作共管等新型综合管理途径，鼓励并引导当地居民和社区组织积极参与湿地保护工作。

建立对天然湿地开发以及用途变更的生态影响评估、审批管理程序，实施湿地开发环境影响评价制度，在涉及湿地开发利用的重大问题方面，通过部门间的联合行动，采取协调一致的保护行动，严格依法论证、审批并监督实施。发挥宣传媒体、群众团体、研究机构等的舆论监督作用。

2.3 完善湿地资源保护与利用的法律制度体系

法律是治国之根本，法律作为国家统治与管理必不可少的手段，历来发挥着巨大作用。目前，山西省还没有一部专门针对湿地保护和利用的法规，因此必须建立完善的法制体系和强大的执法队伍。现阶段要尽快出台《山西省湿地保护条例》，规范湿地保护行为，防止不合理的开发建设活动对湿地的破坏。同时，在立法的基础上，建立保护湿地的湿地权属制、环境影响评价制度、湿地监测制度和项目审批制度等相应的配套制度，制止对湿地资源随意开发和滥用，对因湿地改造或不合理利用而导致的不良影响和后果，要及时采取减轻、消除和补救措施，逐步形成较为完善的法律体系，将各种开发、利用湿地资源的行为纳入法制轨道。

2.4 多层次、多渠道筹措湿地保护资金

湿地保护经费严重不足是制约山西湿地保护和利用的关键因素。首先要明确湿地保护、湿地恢复和能力建设工程是社会公益事业，是造福当代，荫及子孙，促进全省经济社会和谐发展，推进国民经济和社会可持续发展的公益事业，所以应将湿地保护投入纳入国家公共财政支出范畴，湿地保护经费应纳入各级财政预算，予以保证。

湿地保护是跨部门、多学科、综合性的系统工程，因而其投入也具有多渠道、多元化、多层次的特点。政府投入是湿地保护资金来源的主渠道，各级政府要将湿地保护纳入国民经济与社会

发展规划，确保湿地保护行动得以顺利实施。要广泛地争取国际援助，鼓励社会各类投资主体向湿地保护投资，规范地利用社会集资、个人捐助等方式广泛吸引社会资金，建立全社会参与湿地保护的投入机制。要将湿地保护行动计划内容列入国民经济发展计划和生态环境建设规划，为湿地保护与合理利用筹集资金。同时尽最大努力争取国际社会、国际组织、国际金融等机构对湿地保护行动的财政和技术援助。

2.5 重视公众参与及监督

湿地具有多重功能，对湿地资源的开发、利用、保护等企业生产经营活动或政府公益行为，均会对湿地区域范围内或周边居民，特别是对依靠湿地资源生存的当地居民的生产、生活带来不同程度的影响。因此，当政府管理部门在对上述行为进行决策时，应听取社会公众的意见，接受社会公众的监督。美国、日本的听证会制度及日本的意见征询与公告监督制度，就是典型的鼓励公众、接受社会监督的范例。

第五章 湿地资源评价

第一节 湿地生态状况

1 评价方法

湿地生态状况直接反映湿地生态系统的健康水平，也是评价湿地生态功能是否正常发挥和满足人类需要的重要依据。依据山西省第二次湿地资源调查成果数据，综合利用反映湿地生态状况的自然湿地面积、生物多样性、水环境，及湿地利用和受威胁状况等方面指标，对本次确定的74个重点调查湿地进行湿地生态状况综合评价(表5-1)。

表5-1 评价指标体系一览表

一级	二级	三级	因子
自然指标	景观指标	自然湿地率	自然湿地面积/湿地总面积
		湿地密度	平均斑块面积/湿地总面积
		湿地斑块密度	湿地斑块数/湿地总面积
	生物多样性指标	单位面积物种多度	物种数/湿地总面积
		植被覆盖度	植被面积/湿地总面积
		外来物种入侵	有、无
	水环境指标	污染物	有、无
		富营养	贫、中、富3级
		水质级别	I、II、III、IV、V5级
人为干扰指标	社会指标	人口密度	人口数量/重点调查面积
		利用情况	工(旅游)、农、水、未4级
	威胁指标	威胁因子数量	数量
		威胁程度	安全、轻、重3级

采用层次分析方法(AHP)，对评价指标进行分级和赋值，确定指标权重。各指标标准值计算：

自然湿地率、湿地密度、湿地斑块密度、单位面积物种多度、植被覆盖度、人口密度六个指标根据大小分为五级，分别赋值1、3、5、7、9，指标值越高反映的生态状况越好；

外来物种入侵、污染物两个指标，分两个等级，“有”赋值2，“无”赋值8；

营养状况分三级，贫营养赋值8，中营养赋值5，富营养赋值2；

水质级别分五级，分别赋值9、7、5、3、1；

利用情况分四级，工业(旅游)赋值3，农业(种植、牧业、林业)赋值5，水源地赋值7，未利用赋值9；

威胁因子数量，分为十级，采用“10－数量”来赋值；

威胁程度分为三级，安全赋值8，轻度赋值5，重度赋值2。

采用国家林业局确定的指标权重体系(表5-2)。

表5-2 指标体系权重表

一级指标		二级指标		三级指标	
指标	权重	指标	权重	指标	权重
自然指标	0.60	景观指标	0.10	自然湿地率	0.03
				湿地密度	0.012
				湿地斑块密度	0.018
		生物多样性指标	0.45	单位面积物种多度	0.108
				植被覆盖度	0.108
				外来物种入侵	0.054
		水环境指标	0.45	污染物	0.054
				富营养	0.081
				水质级别	0.135
人为干扰指标	0.40	社会指标	0.40	人口密度	0.064
				利用情况	0.096
		威胁指标	0.60	威胁因子数量	0.084
				威胁程度	0.156

根据统计学累计求和公式，计算每处重点调查湿地生态状况综合得分。

$$综合得分 = \sum 指标值 \times 指标权重$$

根据综合得分，对74个重点调查的湿地生态状况进行综合评定，再利用统计学的自然断点法(natural breaks)对重点调查湿地的生态状况综合得分进行划分，分为好、中、差三个等级。

2 评价结果与分析

根据本次调查收集的数据，采用上述湿地生态状况评价方法和评价体系，对本次调查确定的

74 个重点调查的湿地单元综合评定得分见表 5-3、图 5-1。

表 5-3 山西省 74 处重点调查区域湿地生态状况综合评价得分

序号	重点湿地调查名称	得分	序号	重点湿地调查名称	得分
1	山西运城湿地省级自然保护区	3.397	38	山西涑水河源头省级自然保护区	5.925
2	山西古城国家湿地公园	2.947	39	山西太宽河省级自然保护区	6.579
3	山西芦芽山国家级自然保护区	6.873	40	山西昌源河国家湿地公园	4.784
4	山西庞泉沟国家级自然保护区	7.381	41	山西千泉湖国家湿地公园	3.262
5	山西黑茶山国家级自然保护区	5.947	42	山西大同市文瀛湖省级湿地公园	3.034
6	山西历山国家级自然保护区	7.161	43	山西浑源县神溪省级湿地公园	3.766
7	山西阳城蟒河猕猴国家级自然保护区	4.972	44	山西左云县十里河省级湿地公园	4.101
8	山西五鹿山国家级自然保护区	5.058	45	山西大同县土林省级湿地公园	4.570
9	山西桑干河省级自然保护区	3.953	46	山西朔城区恢河省级湿地公园	3.930
10	山西壶流河湿地省级自然保护区	5.420	47	山西忻府区滹沱河省级湿地公园	3.966
11	山西灵丘黑鹳省级自然保护区	5.571	48	山西宁武县马营海省级湿地公园	5.331
12	山西应县南山省级自然保护区	6.375	49	山西神池县西海子省级湿地公园	4.422
13	山西云中山省级自然保护区	7.083	50	山西离石区东川河省级湿地公园	2.417
14	山西臭冷杉省级自然保护区	7.143	51	山西关帝林局梅洞沟省级湿地公园	6.769
15	山西贺家山省级自然保护区	5.769	52	山西文水县世泰湖省级湿地公园	3.826
16	山西天龙山省级自然保护区	4.59	53	山西交城县华鑫湖省级湿地公园	3.442
17	山西凌井沟省级自然保护区	6.555	54	山西柳林县三川河省级湿地公园	3.262
18	山西汾河上游省级自然保护区	7.299	55	山西方山县南阳沟省级湿地公园	4.764
19	山西薛公岭省级自然保护区	7.299	56	山西中阳县陈家湾省级湿地公园	6.079
20	山西云顶山省级自然保护区	6.147	57	山西榆次区田家湾省级湿地公园	4.142
21	山西蔚汾河省级自然保护区	6.243	58	山西太行林局海眼寺省级湿地公园	5.877
22	山西八缚岭省级自然保护区	6.639	59	山西太谷县棋盘山省级湿地公园	4.686
23	山西孟信垴省级自然保护区	5.59	60	山西平遥县惠济省级湿地公园	3.454
24	山西铁桥山省级自然保护区	6.831	61	山西介休市汾河省级湿地公园	2.646
25	山西四县垴省级自然保护区	6.675	62	山西太岳林局七里峪省级湿地公园	6.577
26	山西超山省级自然保护区	5.775	63	山西太岳林局沁河源省级湿地公园	7.101
27	山西韩信岭省级自然保护区	3.661	64	山西阳泉市桃河省级湿地公园	2.323
28	山西霍山省级自然保护区	6.669	65	山西盂县梁家寨省级湿地公园	3.996
29	山西绵山省级自然保护区	5.967	66	山西屯留县绛河省级湿地公园	4.162
30	山西药林寺冠山省级自然保护区	4.534	67	山西平顺县太行水乡省级湿地公园	5.418
31	山西浊漳河源头省级自然保护区	6.651	68	山西高平市丹河省级湿地公园	3.481
32	山西崦山省级自然保护区	5.158	69	山西尧都区东郭省级湿地公园	3.850
33	山西南方红豆杉省级自然保护区	6.429	70	山西曲沃县浍河省级湿地公园	3.550
34	山西泽州猕猴省级自然保护区	6.399	71	山西襄汾县双龙湖省级湿地公园	4.018
35	山西人祖山省级自然保护区	6.409	72	山西安泽县府城省级湿地公园	4.518
36	山西红泥寺省级自然保护区	6.048	73	山西侯马市香邑湖省级湿地公园	4.042
37	山西管头山省级自然保护区	6.793	74	山西新绛县汾河省级湿地公园	5.230
平均值			5.1657		

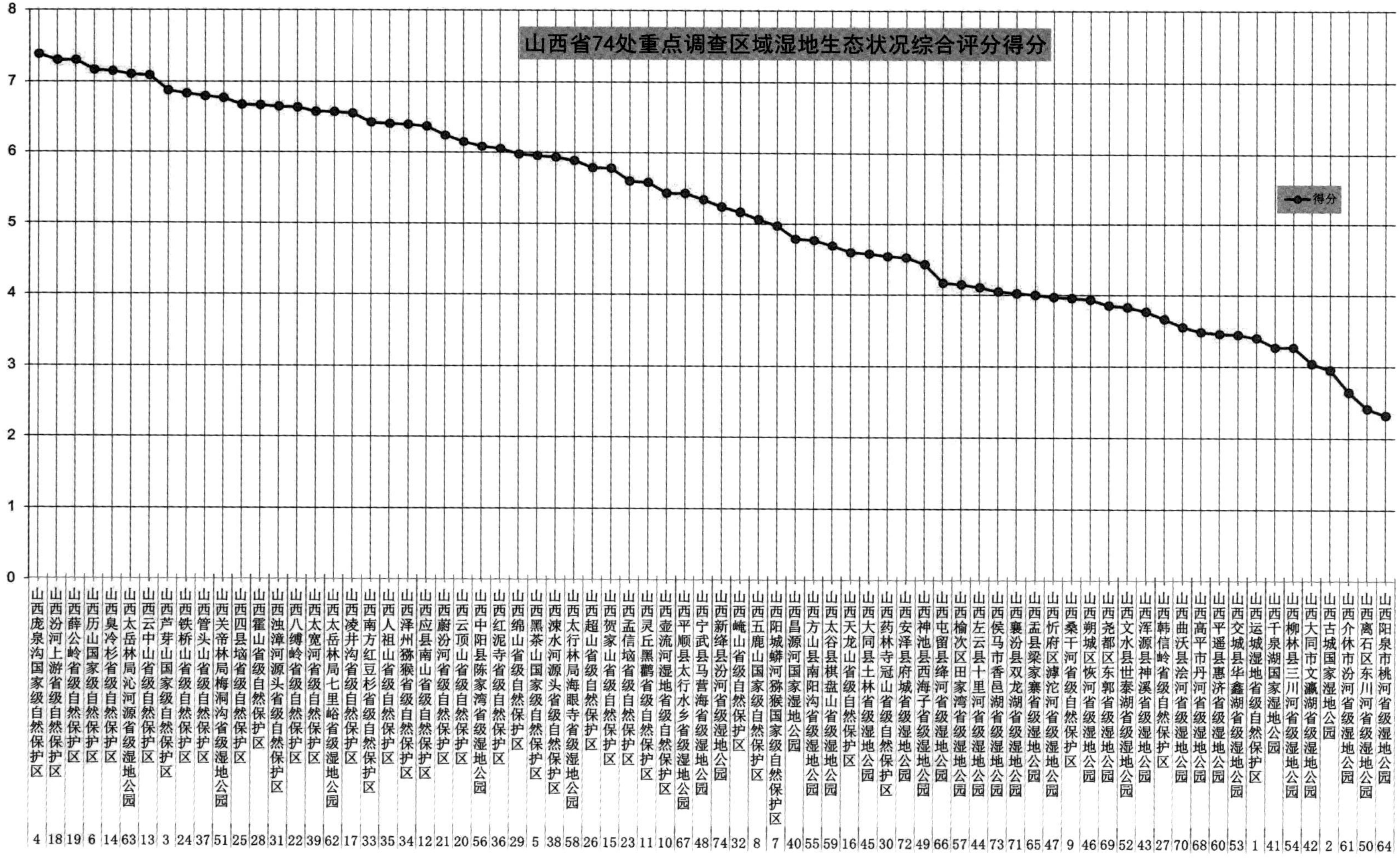

图 5-1 山西省 74 处重点调查区域湿地生态状况综合评价得分

从以上评价数据可看出，74 处重点湿地调查区域的湿地生态综合评价指标的平均值为 5.1657。其中 38 处自然保护区的综合评价得分平均值为 6.0136，而 36 处湿地公园的综合评价得分平均值为 4.2706，自然保护区内的湿地生态综合评价指标总体优于湿地公园。

综合评价结果最好(得分值超过 7)的共有 7 处，其中有 6 处自然保护区，1 处湿地公园，分别是：山西庞泉沟国家级自然保护区(7.381)、山西薛公岭省级自然保护区(7.299)、山西汾河上游省级自然保护区(7.299)、山西历山国家级自然保护区(7.161)、山西臭冷杉省级自然保护区(7.143)、山西太岳林局沁河源省级湿地公园(7.101)和山西云中山省级自然保护区(7.083)。

综合评价结果最差(得分值不足 3)的共有 4 处，全部为湿地公园，分别是：山西阳泉市桃河省级湿地公园(2.323)、山西离石区东川河省级湿地公园(2.417)、山西介休市汾河省级湿地公园(2.646)和山西古城国家湿地公园(2.947)。

按照自然断点法的划分要求，参照对评价的 74 处湿地区域等级划分实际(图 5-1)。按照图中曲线，我们分别找出 2 处断点，一处为断点为山西贺家山省级自然保护区(5.769)与山西孟信垴省级自然保护区(5.59)之间(相差值 0.179)，则以综合评价得分值超过 5.769 划分为“好”；另一处断点确定在山西神池县西海子省级湿地公园(4.422)与山西屯留县绛河省级湿地公园(4.162)之间(相差值 0.26)，则以综合评价得分值小于 4.162 划分为“差”；综合评价得分值在 4.422 ~ 5.59 之间的划分为“中”。则山西 74 处重点调查湿地的生态状况综合得分结果如下：

湿地生态状况“好”的有 32 处，依次分别是：山西庞泉沟国家级自然保护区(7.381)、山西薛公岭省级自然保护区(7.299)、山西汾河上游省级自然保护区(7.299)、山西历山国家级自然保护区(7.161)、山西臭冷杉省级自然保护区(7.143)、山西太岳林局沁河源省级湿地公园(7.101)和山西云中山省级自然保护区(7.083)、山西芦芽山国家级自然保护区(6.873)、山西铁桥山省级自然保护区(6.831)、山西管头山省级自然保护区(6.793)、山西关帝林局梅洞沟省级湿地公园(6.769)、山西四县垴省级自然保护区(6.675)、山西霍山省级自然保护区(6.669)、山西八缚岭省级自然保护区(6.639)、山西太宽河省级自然保护区(6.579)、山西凌井沟省级自然保护区(6.555)、山西浊漳河源头省级自然保护区(6.651)、山西太岳林局七里峪省级湿地公园(6.577)、山西南方红豆杉省级自然保护区(6.429)、山西人祖山省级自然保护区(6.409)、山西泽州猕猴省级自然保护区(6.399)、山西应县南山省级自然保护区(6.375)、山西蔚汾河省级自然保护区(6.243)、山西云顶山省级自然保护区(6.147)、山西中阳县陈家湾省级湿地公园(6.079)、山西红泥寺省级自然保护区(6.048)、山西绵山省级自然保护区(5.967)、山西黑茶山国家级自然保护区(5.947)、山西涑水河源头省级自然保护区(5.925)、山西太行林局海眼寺省级湿地公园(5.877)、山西超山省级自然保护区(5.775)、山西贺家山省级自然保护区(5.769)。

湿地生态状况“中”的有 17 处，依次分别是：山西孟信垴省级自然保护区(5.59)、山西灵丘黑鹳省级自然保护区(5.571)、山西壶流河湿地省级自然保护区(5.42)、山西平顺县太行水乡省级湿地公园(5.418)、山西宁武县马营海省级湿地公园(5.331)、山西新绛县汾河省级湿地公园(5.23)、山西崦山省级自然保护区(5.158)、山西五鹿山国家级自然保护区(5.058)、山西阳城蟒河猕猴国家级自然保护区(4.972)、山西昌源河国家湿地公园(4.784)、山西方山县南阳沟省级湿地公园(4.764)、山西太谷县棋盘山省级湿地公园(4.686)、山西天龙山省级自然保护区(4.59)、山西大同县土林省级湿地公园(4.57)、山西药林寺冠山省级自然保护区(4.534)、山西安泽县府城省级湿地公园(4.518)、山西神池县西海子省级湿地公园(4.422)。

湿地生态状况“差”的有25处，依次分别是：山西屯留县绛河省级湿地公园(4.162)、山西榆次区田家湾省级湿地公园(4.142)、山西左云县十里河省级湿地公园(4.101)、山西侯马市香邑湖省级湿地公园(4.042)、山西襄汾县双龙湖省级湿地公园(4.018)、山西盂县梁家寨省级湿地公园(3.996)、山西忻府区滹沱河省级湿地公园(3.966)、山西桑干河省级自然保护区(3.953)、山西朔城区恢河省级湿地公园(3.93)、山西尧都区东郭省级湿地公园(3.85)、山西文水县世泰湖省级湿地公园(3.826)、山西浑源县神溪省级湿地公园(3.766)、山西韩信岭省级自然保护区(3.661)、山西曲沃县浍河省级湿地公园(3.55)、山西高平市丹河省级湿地公园(3.481)、山西平遥县惠济省级湿地公园(3.454)、山西交城县华鑫湖省级湿地公园(3.442)、山西运城湿地省级自然保护区(3.397)、山西千泉湖国家湿地公园(3.262)、山西柳林县三川河省级湿地公园(3.262)、山西大同市文瀛湖省级湿地公园(3.034)、山西古城国家湿地公园(2.947)、山西介休市汾河省级湿地公园(2.646)、山西离石区东川河省级湿地公园(2.417)和山西阳泉市桃河省级湿地公园(2.323)。

第二节 湿地受威胁状况

近年来，随着人口的增加、经济的发展和社会的进步，湿地资源受到的影响越来越大，导致面积减少、功能下降。

1 破坏情况

调查结果显示，74个重点调查单位人为破坏为无的9个、轻微的62个、中等的3个，工业污染为无的18个、轻微的56个，受威胁状况等级安全的8个、轻度的66个，破坏面积542.48公顷、占重点调查湿地面积53752.12公顷的1.01%，见表5-4。

表5-4 山西重点调查湿地破坏情况一览表

序号	湿地名称	湿地面积（公顷）	人为破坏情况	工业污染情况	湿地受威胁状况等级	破坏面积（公顷）	面积比例（%）
1	山西运城湿地省级自然保护区	37257.69	轻微	轻微	轻度	372.58	1.00
2	山西古城国家湿地公园	1544.51	轻微	轻微	轻度	0.31	0.02
3	山西芦芽山国家级自然保护区	279.48	轻微	轻微	轻度	0.06	0.02
4	山西庞泉沟国家级自然保护区	73.39	轻微	轻微	轻度	2.20	3.00
5	山西黑茶山国家级自然保护区	231.94	轻微	轻微	轻度	0.09	0.04
6	山西历山国家级自然保护区	148.39	轻微	轻微	轻度	0.04	0.03
7	山西阳城蟒河猕猴国家级自然保护区	60.77	轻微	轻微	轻度	0.02	0.03
8	山西五鹿山国家级自然保护区	60.89	轻微	轻微	轻度	0.37	0.60
9	山西桑干河省级自然保护区	2942.71	轻微	轻微	轻度	76.51	2.60

（续）

序号	湿地名称	湿地面积（公顷）	人为破坏情况	工业污染情况	湿地受威胁状况等级	破坏面积（公顷）	面积比例（%）
10	山西壶流河湿地省级自然保护区	581.40	轻微	轻微	轻度	0.41	0.07
11	山西灵丘黑鹳省级自然保护区	445.18	轻微	轻微	轻度	13.36	3.00
12	山西应县南山省级自然保护区	26.05	轻微	轻微	轻度	1.04	4.00
13	山西云中山省级自然保护区	334.97	轻微	轻微	轻度	0.03	0.01
14	山西臭冷杉省级自然保护区	135.11	轻微	轻微	轻度	0.41	0.30
15	山西贺家山省级自然保护区	29.50	轻微	轻微	轻度	1.48	5.00
16	山西天龙山省级自然保护区	18.59	中等	无	轻度	0.01	0.05
17	山西凌井沟省级自然保护区	51.75	轻微	轻微	轻度	0.03	0.05
18	山西汾河上游省级自然保护区	81.12	轻微	轻微	轻度	0.02	0.02
19	山西薛公岭省级自然保护区	30.31	轻微	无	轻度	0.01	0.03
20	山西云顶山省级自然保护区	133.84	轻微	轻微	轻度	0.03	0.02
21	山西蔚汾河省级自然保护区	160.72	轻微	轻微	轻度	0.08	0.05
22	山西八缚岭省级自然保护区	68.59	无	无	安全		
23	山西孟信垴省级自然保护区	49.19	轻微	轻微	轻度	0.02	0.05
24	山西铁桥山省级自然保护区	330.84	无	无	安全		
25	山西四县垴省级自然保护区	23.41	轻微	轻微	轻度	0.02	0.09
26	山西超山省级自然保护区	55.28	轻微	无	轻度	0.01	0.02
27	山西韩信岭省级自然保护区	16.75	轻微	轻微	轻度	0.02	0.10
28	山西霍山省级自然保护区	35.86	中等	轻微	轻度	0.36	1.00
29	山西绵山省级自然保护区	26.00	轻微	轻微	轻度	0.18	0.70
30	山西药林寺冠山省级自然保护区	8.77	轻微	轻微	轻度	0.01	0.08
31	山西浊漳河源头省级自然保护区	29.34	轻微	轻微	轻度	0.01	0.03
32	山西崦山省级自然保护区	19.82	轻微	轻微	轻度	0.08	0.40
33	山西南方红豆杉省级自然保护区	164.27	轻微	无	轻度	0.16	0.10
34	山西泽州猕猴省级自然保护区	389.44	轻微	轻微	轻度	0.39	0.10
35	山西人祖山省级自然保护区	15.21	轻微	轻微	轻度	0.01	0.05
36	山西红泥寺省级自然保护区	277.47	轻微	无	轻度	0.03	0.01
37	山西管头山省级自然保护区	53.26	无	无	安全		
38	山西涑水河源头省级自然保护区	113.80	轻微	轻微	轻度	0.01	0.01
39	山西太宽河省级自然保护区	109.66	轻微	轻微	轻度	0.01	0.01
40	山西昌源河国家湿地公园	155.15	轻微	轻微	轻度	0.31	0.20
41	山西千泉湖国家湿地公园	450.54	轻微	轻微	轻度	0.09	0.02
42	山西大同市文瀛湖省级湿地公园	496.15	无	无	安全		
43	山西浑源县神溪省级湿地公园	237.33	轻微	轻微	轻度	4.75	2.00
44	山西左云县十里河省级湿地公园	145.26	轻微	轻微	轻度	4.36	3.00
45	山西大同县土林省级湿地公园	84.19	轻微	轻微	轻度	3.37	4.00
46	山西朔城区恢河省级湿地公园	599.02	轻微	轻微	轻度	47.92	8.00

（续）

序号	湿地名称	湿地面积（公顷）	人为破坏情况	工业污染情况	湿地受威胁状况等级	破坏面积（公顷）	面积比例（%）
47	山西忻府区滹沱河省级湿地公园	834.52	轻微	轻微	轻度	0.25	0.03
48	山西宁武县马营海省级湿地公园	253.21	轻微	轻微	轻度	0.15	0.06
49	山西神池县西海子省级湿地公园	29.58	轻微	轻微	轻度	0.01	0.04
50	山西离石区东川河省级湿地公园	21.72	轻微	无	轻度	0.01	0.03
51	山西关帝林局梅洞沟省级湿地公园	9.26	轻微	轻微	轻度		0.04
52	山西文水县世泰湖省级湿地公园	57.02	无	轻微	轻度	1.14	2.00
53	山西交城县华鑫湖省级湿地公园	127.23	轻微	轻微	轻度	0.03	0.02
54	山西柳林县三川河省级湿地公园	62.37	轻微	轻微	轻度	0.02	0.03
55	山西方山县南阳沟省级湿地公园	17.83	无	无	安全		
56	山西中阳县陈家湾省级湿地公园	104.43	轻微	轻微	轻度	0.03	0.03
57	山西榆次区田家湾省级湿地公园	65.57	轻微	无	轻度	0.98	1.50
58	山西太行林局海眼寺省级湿地公园	1.45	无	无	安全		0.05
59	山西太谷县棋盘山省级湿地公园	156.24	轻微	无	轻度	0.02	0.01
60	山西平遥县惠济省级湿地公园	226.75	轻微	无	轻度	4.54	2.00
61	山西介休市汾河省级湿地公园	14.03	轻微	轻微	轻度	0.01	0.05
62	山西太岳林局七里峪省级湿地公园	14.78	无	无	安全		
63	山西太岳林局沁河源省级湿地公园	37.28	轻微	轻微	轻度	0.01	0.04
64	山西阳泉市桃河省级湿地公园	171.56	轻微	轻微	轻度	0.07	0.04
65	山西盂县梁家寨省级湿地公园	401.63	轻微	轻微	轻度	0.12	0.03
66	山西屯留县绛河省级湿地公园	376.84	轻微	轻微	轻度	0.19	0.05
67	山西平顺县太行水乡省级湿地公园	411.51	中等	轻微	轻度	2.06	0.50
68	山西高平市丹河省级湿地公园	130.84	轻微	轻微	轻度	0.65	0.50
69	山西尧都区东郭省级湿地公园	33.67	轻微	轻微	轻度	0.03	0.08
70	山西曲沃县浍河省级湿地公园	476.07	无	无	安全		
71	山西襄汾县双龙湖省级湿地公园	410.11	轻微	轻微	轻度	0.41	0.10
72	山西安泽县府城省级湿地公园	127.13	轻微	无	轻度	0.01	0.01
73	山西侯马市香邑湖省级湿地公园	272.81	轻微	轻微	轻度	0.27	0.10
74	山西新绛县汾河省级湿地公园	323.77	轻微	轻微	轻度	0.26	0.08
合　计		53752.12	无 9 轻微 62 中等 3	无 18 轻微 56	安全 8 轻度 66	542.48	1.01

2 受威胁情况

调查得知，74 个重点调查单位受影响面积为 25643.40 公顷，最主要的威胁因子是围垦、污染和泥沙淤积。已产生的危害和潜在的威胁有：湿地面积减少、植被退化、水土流失、水质恶化、水体污浊、气味恶臭、水源渗漏、泥沙淤积、盐碱化、动物栖息地生物链破坏、湿地景观变差等，见表 5-5。

表 5-5　山西重点调查湿地受威胁情况一览表

威胁因子	涉及重点调查单位数(个)	起始时间（年）	影响面积（公顷）	影响排序	具体因子	已有危害	潜在威胁
围垦	8	1970～2003	17901.14	1	耕种	面积减少泥沙淤积	泥沙淤积、水质恶化、水体污浊、气味恶臭、水源渗漏、盐碱化、植被退化、动物栖息地破坏、湿地面积减少、景观变差
污染	33	1969～2011	4986.41	2	煤矿废水、工业废料、旅游、生活垃圾、畜禽粪便	水质、环境破坏影响植物生长	
泥沙淤积	2	1985～2006	1536.30	3	洪水	泥沙淤积	
盐碱化	2	1952～1964	496.51	4	盐碱化	土壤盐碱化	
基建和城市化	24	1986～2011	305.11	5	高速公路、建筑	面积减少，景观受损	
沙化	1	1976	300.00	6	风沙		
过牧	17	1990～2003	65.00	7	植被退化	植被退化、水土流失	
过度捕捞和采集	1	2002	30.00	8	捕捞	大鱼减少，影响生物链	
水利工程和引排水	6	1970～2012	22.51	9	拦蓄、钻井	下游水量减少、渗漏	
其他	1	1996	0.41	10	其他矿	面积减少	
非法狩猎	1	2005	0.01	11	捕猎山猪、山鸡		
合　计			25643.40				

第三节
湿地资源变化及其原因分析

1　第一次湿地资源调查概述

1.1　调查基本情况

调查时间：1995～1997 年。

队伍组成：在原林业部的统一领导和组织下，山西省林业厅成立了由山西省自然保护区管理站、山西大学、山西省生物研究所及有关市县林业局、历山和芦芽山自然保护区等单位和部门的领导、专家、技术人员和学生参加的全省湿地资源调查队伍。

调查方法：采取现地调查、参考资料、座谈访问、统计等相结合的方法。

技术标准：原林业部调查规划设计院制定的《全国湿地资源调查与监测技术规程》、《中国湿地调查纲要》，以全省大中型水库、天然湖泊、大型河流及滩涂等水禽栖息地为重点，对每一片在8公顷以上的湿地进行调查，同时结合实际，将内陆的淡水湖和咸水湖不论其水深浅均计入湿地，同时将河岸滩涂地和沼泽地，以及虽地表无积水，但生长有典型水生植物的地域(即下湿地——地表虽无积水，但地下水位很高)列入了调查内容。

1.2 主要调查结果

1.2.1 湿地面积

据以往资料和实地测量统计，全省湿地面积49.57万公顷，占全省国土总面积的3.17%。其中：水库类型湿地面积3.83万公顷，主要河流水面面积6.03万公顷，河岸滩涂和沼泽面积10.60万公顷，湖泊类型湿地面积1.00万公顷，四项小计为21.46万公顷。另外，河岸盐碱地28.11万公顷。

1.2.2 湿地植物

采用路线踏查和典型取样相结合的方法，在全省调查植物群落样方243个，采集标本212种、320余份。

调查结果：全省湿地植物有83科308属686种，其中蕨类植物8科10属18种，其他为被子植物(双子叶植物56科223属504种，单子叶植物19科75属164种)。

各科含属数差异悬殊：含5属以上的科15个，占总科数的18.1%，属数201属，占总属数的65.3%，在植物区系的组成中占重要位置。如菊科(39属)、禾本科(34属)、豆科(17属)、唇形科(17属)、玄参科(13属)、蔷薇科(12属)、莎草科(10属)、伞形科(10属)、毛茛科(9属)、石竹科(9属)、藜科(9属)、龙胆科(7属)、兰科(6属)、紫草科(6属)、报春花科(5属)等；含5属以下的科68个，占总科数的81.9%，属数107属，占总属数的34.7%，在植物区系组成中占次要位置。

科内种的组成：含10种以上的科有菊科(93种)、禾本科(60种)、莎草科(49种)、唇形科(42种)、蔷薇科(33种)、玄参科(31种)、蓼科(29种)、毛茛科(26种)、豆科(25种)、藜科(22种)、石竹科(16种)、龙胆科(15种)、伞形科(11种)、杨柳科(10种)等14科，仅占总科数的16.9%，而其种数高达462种，占总种数的67.3%，在植物区系中起着主导作用；含10种以下科的共69科，占总科数的83.1%，而种数只占总种数的32.7%，在植物区系中为从属地位。

属内种的组成：含种数在8种以上的属有9个，占总属数的2.9%，共103种，占总种数的15.0%，其中含10种以上的有蓼属、蒿属、委陵菜属、薹草属；其余299个属，占总属数的97.1%，共583种，占总种数的85.0%。

山西湿地植物中包括10个世界单型属，有翼蓼属、牛繁缕属、狗蔓筋属、水棘针属、女菀属、碱菀属、款冬属、黑藻属、紫苏属、火烧兰属等。

1.2.3 湿地动物

依据国际水禽和湿地研究总局IWRN、亚洲湿地局AWB和中国湿地研究协作网WCRN所确定的鸟类为调查对象。

(1)水鸟类：有7目17科105种，获最新纪录4种：灰斑鸻、翘嘴鹬、弯嘴滨鹬、遗鸥，均属旅鸟，其中遗鸥为国家Ⅰ级保护野生动物。

夏候鸟12种，旅鸟93种，国家Ⅰ级保护野生动物6种，Ⅱ级保护野生动物12种，山西省重点保护野生动物5种，中日政府协定共同保护的候鸟66种，中澳政府协定共同保护的候鸟22种。

(2)哺乳类：27种，分属4目11科。

(3)两栖类：13种，有尾目1种，无尾目12种，分属隐鳃鲵科、锄足蟾科、蟾蜍科和蛙科。

(4)爬行类：28种，分属3目7科。

(5)鱼类：70种，分属8目14科。其中土著鱼类6目9科47种。

鱼类区系比较复杂，绝大多数属华东区、河海平原亚区，北部小部分地区为宁蒙区河套分地亚区。特产鱼类有多纹颌须䱗、中间颌须䱗、似铜䱗。土著鱼按起源分，属江河平原区系复合体的有马口鱼、颌须鱼属等；属于南方平原区系复合体的有多鳞铲颌鱼、黄鳝鱼等；属于北方平原区系复合体的有雅罗鱼、花鳅等；属于古代第三纪区系复合体的有鲤、鲫、泥鳅、鲇、麦穗鱼、中华多刺鱼等，属于北方山麓复合体的有鱼鲂等。

1.2.4　湿地水生生物

(1)浮游植物：全省各类水域中，浮游植物9门126属，其中：以绿藻门最多，为43属，占总属数的34.1%，已查明176种；其次是硅藻门31属，占24.6%，已查明163种；蓝藻门8属，占17.5%，已查明55种；金藻门9属，占7.1%；黄藻门8属，占6.5%，已查明无隔藻属15种；裸藻门6属，占4.8%，已查明87种；轮藻门4属，占3.2%，已查明27种；甲藻门4属，占3.2%；隐藻门3属，占2.4%。

大多是世界性普生种类，常见的优势属有：硅藻门的小环藻、菱形藻、曲壳藻、直链藻、舟形藻等；绿藻门的小球藻、纤维藻、卵囊藻、衣藻、水绵藻等；蓝藻门的裂面藻、项圈藻、拟指球藻、微囊藻、颤藻等。

(2)浮游动物：由原生动物、轮虫、枝角类、桡足类组成。优势种有：原生动物中的沙壳虫、聚宿虫；轮虫类的三肢轮虫、多肢轮虫、晶囊轮虫、萼花臂轮虫等；枝角类的秀体溞、象鼻溞、秀明溞等；桡足类的剑水蚤等。

(3)底栖动物：有6门10纲157种，其中以节肢门动物门昆虫纲最多，达112种；其次为软体动物门瓣鳃纲和节肢动物门甲壳纲。种类组成以普生种为主，优势种群为：

环节动物门：寡毛纲的颤蚓，蛭纲的金线蛭；

软体动物门：腹足纲的萝卜螺、扁卷螺，瓣鳃纲的背角无齿蚌；

节肢动物门：甲壳纲的秀丽白虾、日本沼虾、中华小长臂虾，昆虫纲的摇蚊虫、小划蝽、蜻蜓目的稚虫等。

其中，棘角蛇纹春蜓为国家二级重点保护动物，分布于山西省五台、晋祠、关帝山、绵山。

2　两次调查结果的比较及变化原因分析

2.1　各湿地类型面积有增有减，总面积减少

本次湿地资源调查与上次湿地资源调查结果数据对比见表5-6。

表 5-6 山西两期湿地资源调查数据对比表(公顷)

调查年度	前四项合计	河流湿地	湖泊湿地	沼泽湿地	人工湿地	盐碱地
1997 年结果	214600	60300	10000	106000	38300	281100
2012 年结果	151936.76	96923.72	3130.96	8151.36	43730.72	–
变 化	–62663.24	36623.72	–6869.04	–97848.64	5430.72	–

从表 5-6、图 5-2 中可以看出，全省湿地总面积减少了 62663.24 公顷，其中：

面积增加的湿地型为：河流湿地增加 36623.72 公顷，人工湿地增加 5430.72 公顷。

面积减少的湿地型为：湖泊湿地减少 6869.04 公顷，沼泽湿地减少 97848.64 公顷。

第一次调查时将河岸盐碱地计入了湿地，本次调查不在其中，故此不作对比。

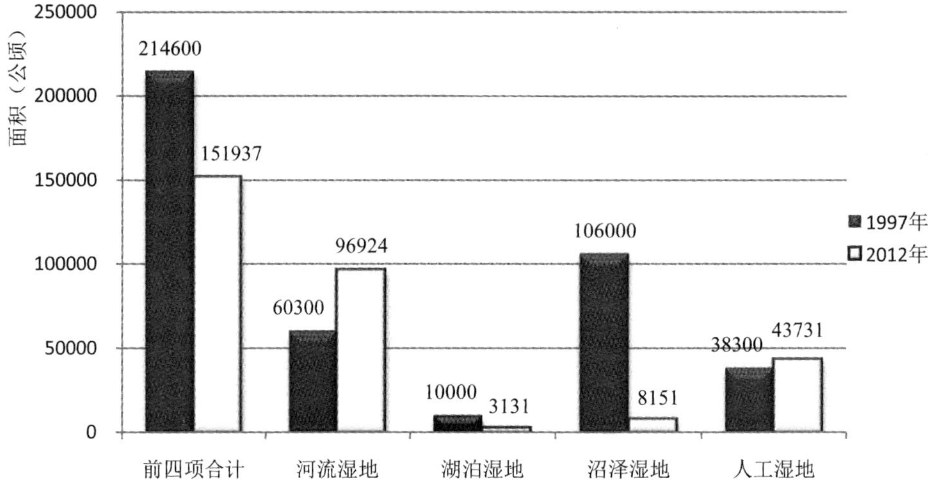

图 5-2 山西两期湿地资源调查数据对比图

2.2 湿地植物种类减少

第一次湿地资源调查，山西省湿地植物有 83 科 308 属 686 种。其中：蕨类植物有 8 科 10 属 18 种，被子植物有 75 科 298 属 668 种。

第二次湿地资源调查，山西省湿地植物有 79 科 298 属 609 种，其中：蕨类植物 6 科 6 属 12 种，裸子植物 1 科 1 属 1 种，被子植物 72 科 291 属 596 种。表 5-7。

表 5-7 两次调查植物种类数据对比

	科数	属数	种数	蕨类科数	蕨类属数	蕨类种数	被子植物科数	被子植物属数	被子植物种数
1997 年	83	308	686	8	10	18	75	298	668
2012 年	79	298	609	6	6	12	72	291	596
变 化	–4	–19	–77	–2	–4	–6	–3	–7	–72

本次调查植物科、属、种均较第一次调查减少了许多，植物总共减少了 4 科 10 属 77 种。主

要原因：一是第一次调查将部分非典型湿地植物，甚至旱生侵入湿地植物全部统计，有部分湿地边缘植物也计入了其中；二是两次调查技术指标不同，湿地范围界定不同，第一次调查中包含了较大面积的河岸盐碱地，第二次调查则没有再包含盐碱滩涂地内容，其生存的植物种类也相应剔除。

2.3 湿地动物种类减少，分布范围扩大

第一次湿地资源调查，山西湿地脊椎动物有 35 目 62 科 243 种，其中：水鸟 7 目 17 科 105 种；鱼类 8 目 14 科 70 种(其中土著鱼类 6 目 9 科 47 种)；两栖类 13 目 13 科 13 种；爬行类 3 目 7 科 28 种；哺乳类 4 目 11 科 27 种。

第二次湿地资源调查，山西湿地脊椎动物有 26 目 52 科 232 种，其中：鸟类 10 目 25 科 129 种；鱼类 9 目 17 科 82 种(其中山西土著种 66 种)；两栖类 2 目 5 科 13 种；爬行类 2 目 2 科 5 种；哺乳类 3 目 3 科 3 种。

从两次调查结果来看，湿地脊椎动物总的目、科、种都有所减少，但分项目、科有部分增加，且分布范围有所扩大，特别是在一些自然保护区和湿地公园表现较为明显，这与生态环境改善、管理与保护力度加大、社会认识提高、人为干预减少等密不可分，两次调查方法不同也是主要原因之一。

2.4 湿地类型、面积变化原因分析

(1)面积减少的主要因素。本次调查面积减少最大的是沼泽湿地，比上次调查减少了 97848.64 公顷；其次为湖泊湿地，减少了 6869.04 公顷。

减少的主要原因：第一次调查将“虽地表无积水但生长有典型水生植物的地域”列入了调查内容，本次调查时有些已不存在。此外，也是气候干旱、煤炭及地下水开采、地下水位下降、人类活动频繁、草地退化、农业耕种放牧、建筑占地、管理不善等因素导致。

(2)面积增加的主要因素。本次调查河流湿地和人工有增加，河流湿地增幅较大，比上次增加了 36623.72 公顷，人工湿地增加 5430.72 公顷。

增加的主要原因：一是本次调查起调面积是宽度在 10 米以上、长度 5 公里以上的河流湿地，这就使得山西山多沟深、沟壑纵横的特点得到了显现，特别是经过近年来生态建设和保护等工程的实施，森林涵养水源的功效得到了见证；二是近年来水库等水利设施的投资建设增加了人工湿地面积；三是本次调查采用了 3S 技术，比第一次调查方法更为先进和科学，解决了在现地调查中不能到达高海拔、复杂地形地区的劣势；四是本次调查增加了输水渠(山西为较大型干渠)等，弥补了第一次调查中的缺失。

3 保护状况变化情况

1997 年的湿地资源调查时期，当时全省仅有芦芽山、庞泉沟、历山、蟒河、五鹿山、河津灰鹤越冬地、运城天鹅越冬地、灵空山、天龙山、绵山 10 处自然保护区及灵丘青檀保护站，共 11 处自然保护区(站)。其中庞泉沟、历山为国家级自然保护区，其他均为省级自然保护区(站)；仅有运城天鹅越冬地保护区(4800 公顷)、河津灰鹤越冬地保护区(4689 公顷)为湿地类型的自然保

护区，2 处湿地类型总面积仅有 9489 公顷。

2012 年开展第二次湿地资源调查，与第一次全省湿地资源调查间隔了 15 年。全省各类型自然保护区数量已由原来的 11 处增加到 45 处，其中于 2002 年通过省政府批准，把运城天鹅越冬地自然保护区和河津灰鹤越冬地自然保护区合并扩大为运城湿地自然保护区，总面积为 86861 公顷，延伸到运城沿黄河的 8 个县，形成全省最大的一处湿地类型自然保护区，期间经省政府批准又建立了壶流河省级湿地自然保护区。同时，从 2008 年开始区划、批建湿地公园，截至 2012 年年初，已建立国家和省级湿地公园 36 处，其中国家湿地公园(试点)3 处：山西垣曲古城国家湿地公园、山西千泉湖国家湿地公园、山西昌源河国家湿地公园。通过湿地类型自然保护区和湿地公园建设保护途径，截至 2013 年年底，全省湿地保护率已达到 39.30%，其中各类自然保护区对湿地的保护率为 29.54%，各类湿地公园保护率为 9.76%。

1997 ~ 2012 年，随着国家加大对湿地保护的重视，山西省政府相应制定了关于加强湿地保护的文件，包括晋政办发〔2005〕号“山西省人民政府办公厅关于加强湿地保护管理工作的通知”和晋政函〔2006〕20 号“山西省政府关于《山西省湿地保护工程规划(2005 ~ 2030)的批复》”。

在湿地保护宣传方面，近年来，在国家林业局的统一部署下，在每年的“世界湿地日”“爱鸟周”等宣传活动中林业部门与新闻媒体合作开展了丰富多彩的湿地保护知识宣传，下发和张贴湿地保护知识宣传画，有效提高了全社会对湿地保护的认识。

第六章 湿地保护与管理

第一节 湿地保护管理现状

1 湿地保护现状

1.1 湿地保护状况

建立自然保护区和湿地公园是保存具有特殊意义的湿地生态系统，以达到保护湿地物种及其遗传多样性的目的，是湿地保护的重要措施。山西省在湿地保护方面，主要是这2类保护形式。1993年经山西省人民政府批准建立了运城天鹅和河津灰鹤2处湿地类型的自然保护区。2001年经运城市人民政府申请，山西省人民政府又批准将这2处湿地类型的自然保护区合并，扩建为山西运城湿地省级自然保护区，范围扩大到运城地区的9个县；2007年，山西省人民政府批准建立了山西壶流河湿地省级自然保护区。这2个湿地类型自然保护区总面积达9.81万公顷，其中湿地面积37839.09公顷；在山西省已建立的其他类型的43处自然保护区中，有36处自然保护区在其生境中包含有湿地类型，湿地面积为7031.67公顷。截至2013年年底，山西省批建湿地公园46处，面积为5.68万公顷，其中国家湿地公园(试点)8处，省级湿地公园38处，保护湿地面积14824.49公顷。在山西省15.19万公顷湿地面积中，有59695.25公顷的湿地纳入了自然保护区和湿地公园保护范围，湿地保护率为39.30%。其中自然保护区保护湿地的贡献率为75.17%，湿地公园保护湿地的贡献率为24.83%。这些自然保护区和湿地公园遍布三晋大地，形成了以自然保护区和湿地公园为主的湿地保护管理网络体系，在保护全省湿地生态系统功能和生物多样性等方面发挥着重要作用。

1.2 保护湿地的分布

在山西省11个行政区中，按照受保护湿地的面积由多到少排列，依次为：运城市、大同市、朔州市、临汾市、忻州市、长治市、吕梁市、晋中市、晋城市、阳泉市、太原市。按照建立自然保护区的数量降序排列为：晋中市、临汾市、晋城市、忻州市、太原市、吕梁市、运城市、大同市、朔州市、阳泉市、长治市；按照建立湿地公园的数量降序排列为：吕梁市、晋中市、临汾市、大同市、长治市、朔州市、忻州市、阳泉市、运城市、晋城市；按照自然保护区和湿地公园之和降序排列为：吕梁市、晋中市、临汾市、大同市、忻州市、朔州市、长治市、晋城市、运城市、太原市、阳泉市。在11个行政区中，运城市的湿地保护率最高。超过全省湿地保护率的市有：运城市、大同市、朔州市、阳泉市。

山西省受保护的湿地在全省11个行政区的分布情况，见表6-1。

表6-1 山西省11个行政区保护湿地概况

所属市	湿地面积（公顷）	占全省比例(%)	受保护面积（公顷）	湿地保护率(%)	保护形式
大同市	13571.14	8.93	6068.24	44.71	3个保护区 5个湿地公园
朔州市	8726.49	5.74	3871.43	44.36	2个保护区 4个湿地公园
忻州市	16038.48	10.56	1896.37	11.82	4个保护区 3个湿地公园
太原市	6836.24	4.50	285.30	4.17	4个保护区
吕梁市	18902.59	12.44	1677.96	8.88	4个保护区 10个湿地公园
阳泉市	1337.86	6.19	581.96	43.50	1个保护区 2个湿地公园
晋中市	9405.19	0.88	1189.25	12.64	7个保护区 6个湿地公园
长治市	11560.39	7.61	1767.13	15.29	1个保护区 5个湿地公园
晋城市	4949.53	3.26	794.39	16.05	5个保护区 1个湿地公园
临汾市	15057.67	9.91	2106.44	13.99	6个保护区 6个湿地公园
运城市	45551.19	29.98	39456.78	86.62	4个保护区 2个湿地公园
总　计	151936.76	100	59695.25	39.30	38个保护区 46个湿地公园

注：在38处自然保护区中，芦芽山国家级自然保护区、庞泉沟国家级自然保护区、历山国家级自然保护区、五鹿山国家级自然保护区、桑干河省级自然保护区为跨县级行政区域的自然保护区。

2 湿地管理状况

2.1 湿地管理机构与管理机制

湿地管理是一项跨部门、跨行业、跨地区的综合工作，需由多部门的协调与合作才能完成。1998年机构改革后，山西省各级林业行政主管部门承担了组织、协调行政区域内湿地的保护职责。为了更好地坚持和完善国务院确定的综合协调、分部门实施的湿地保护管理体制，省人民政府成立了“山西省湿地保护管理工作协调领导小组”，同时要求各有关部门要密切配合，团结协作，按照职能分工，充分发挥各自的优势，做好相关的湿地保护管理工作。与湿地保护利用管理相关的部门有：

农业部门负责指导草原、宜农滩涂、宜农湿地的开发利用工作，主管其他野生植物的监督管理。

水利部门负责统一管理水资源，并主管全省水生野生动物管理工作。

国土资源部门负责组织编制和实施全省土地利用总体规划，统一指导土地开发利用。

规划建设部门负责全省城乡规划建设管理和风景名胜区工作。

环保部门负责监督检查湿地环境的保护工作。

此外，湿地保护和合理利用还与发展计划、对外经贸合作、教育、科技、公安、财政以及旅游等部门有着紧密的关系。

全省各级人民政府具有本行政区域内湿地保护和合理利用的职责，均设有相应的管理机构，在省政府主管部门的业务指导下，负责本地区的湿地保护与管理的具体工作。

2.2 湿地保护补助

近年来，随着山西省生态兴省战略的推进，省委、省政府对湿地保护工作十分重视。为加强湿地保护，2006年山西省人民政府批准了由省林业厅、发改委、财政厅、水利厅、农业厅、环保局、建设厅、国土资源厅等8个部门共同编制的《山西省湿地保护工程规划(2005~2030)》(以下简称《规划》)。在省人民政府对该《规划》的批复中，明确了要将湿地保护经费纳入年度公共财政预算，安排一定数量的专项资金，用于支持开展湿地资源调查监测、湿地保护应用技术(包括保护技术、湿地恢复和修复技术、污染防治技术、可持续利用技术等)、湿地宣传教育和保护管理体系建设，不断提高湿地保护项目的科技含量，提高保护工程建设成效。

2008~2010年，按照山西省人民政府《汾河流域生态环境治理修复与保护工程方案》，启动了“汾河流域湿地保护项目”，这个工程的目标是：从维护山西全面协调可持续发展和增进3400万三晋人民福祉的高度出发，举全省之力，矢志不移，坚持不懈地扎实推进流域生态保护、治理、修复工作，尽快实现汾河流域内湿地和植被逐步恢复、地下水位明显回升、生活和工业污水排放达标、保护区内污染源基本消除、水质根本性好转，让母亲河再现汾水长流、清澈见底的秀美景色，让汾河流域成为三晋大地上林茂草丰、地肥水美、鸟语花香、五谷芬芳的亮丽飘带。这个工程沿汾河沿岸开展了11处自然保护区、5处湿地公园建设项目，省级煤炭可持续发展基金为此项目投资8000余万元。通过项目的实施，有效地改善了汾河流域湿地生态环境，自然保护区和湿地公园的基础设施建设得到加强，湿地保护管理能力建设得到提升。

2009 年以来，省级财政和省发改委，每年安排一定数量的湿地保护管理专项经费和基本建设项目投资，用于支持全省湿地保护管理工作的开展。

2.3 湿地资源调查和湿地科学研究

1995 ~ 1997 年，在林业部的部署下，首次开展了全省湿地资源调查；2011 ~ 2013 年，在国家林业局的统一部署下，完成了第二次全国湿地资源调查山西省的调查工作。通过这两次调查，对全省主要湿地面积和分布、湿地野生动植物种类、湿地资源保护与管理等情况进行了较为全面的调查，掌握了全省湿地资源、湿地保护和利用以及受威胁状况的主要情况，积累了大量资料，为全省湿地保护和管理工作提供了决策依据。

多年来，山西省自然保护区管理站、科研院所、大专院校等相关部门就山西重点湿地的分类、形成演化、生态保护、污染治理、合理开发利用以及湿地野生动植物保护管理等领域开展了多方面的研究，山西运城湿地省级自然保护区、山西桑干河省级自然保护区、山西壶流河湿地省级自然保护区、山西灵丘黑鹳省级自然保护区等单位对黑鹳、天鹅等湿地野生动物进行了种群数量、分布区、生物学习性、主要威胁因子、保护管理措施等开展研究，积累了大量资料。这些研究成果为湿地生态环境保护治理、湿地野生动植物保护管理等工作提供了重要的科学依据。

2.4 宣传与教育

为了提高全社会全民湿地保护意识，有关部门开展了多种形式的宣传教育活动，大力宣传湿地的功能效益和湿地保护的重要意义。利用“爱鸟周”“野生动物宣传月”和“世界湿地日”等时机，积极组织开展宣传活动，并编印了大量宣传保护湿地的宣传资料、版面和录像片，收到了良好的宣传教育效果，促进了全民湿地保护意识的提高。同时，有关部门定期不定期举办了对基层单位进行湿地保护管理科研培训班，提高了湿地保护管理人员的湿地知识水平和管理能力。

2.5 国际合作

近年来，在国家林业局和有关社团组织的帮助下，与湿地国际中国项目办事处建立了良好的信息联系，定期为山西省提供了许多国际湿地保护管理方面的新信息、新理念。2002 年，山西省野生动物保护协会得到世界自然保护联盟(IUCN)荷兰委员会的资助，联合陕西省、河南省林业部门及国内大专院校的专家学者，共同完成了“黄河中游湿地生态区保护规划”。通过这一项目的实施，既加强了山西省与周边省份的湿地保护合作，又提高了黄河湿地在全国的保护地位，同时进一步引起了国际社会和国家林业局对黄河中游湿地的关注。

第二节 湿地保护管理建议

湿地保护与水资源安全、粮食安全、气候安全、生物安全、人类健康、防灾减灾等密切相关。党的十八大对湿地保护提出了新的更高目标，要求“扩大湿地面积”。“十二五”及今后一段时期，我国将以改善生态和改善民生为目标，把湿地保护作为生态文明建设的重要内容，不断加大投入，完善体制机制，优化湿地保护空间格局，实施湿地保护恢复，不断扩大湿地面积，增强湿地生态系统稳定性，充分发挥湿地生态系统的多种服务功能，服务于现代林业和生态文明建设。

1　加强湿地保护

湿地保护是一项复杂的系统工程，涉及社会的各个方面，只有从加强土地资源、生物资源、水资源等多种资源的保护和管理，加强湿地自然保护区、湿地公园建设，同时控制湿地污染等多方面入手，在省政府统一规划指导下，林业、农业、水利、环保、建设等各部门配合协作，才能遏制山西省天然湿地资源面积减少、功能退化的趋势，使湿地生态系统功能效益得到正常发挥，从而实现全省湿地资源的可持续利用。

1.1　加强土地利用方式的管理

(1)在全省范围内定期调查河流、沼泽、湖泊滩涂、洪泛湿地等各类湿地的面积及其开发利用情况，全面评估和分析土地资源保护和受威胁状况，对各类土地资源保护、利用和管理进行合理的规划安排。

(2)划定湿地保护红线，将湿地纳入国土生态空间规划，以政策法规的形式，严格限制围垦和开发天然湿地，严禁天然湿地中土地利用方式的随意改变，建立天然湿地改变用途许可制度，建立湿地开发的环境影响评价体系。

(3)大力营造生态保护林和水源涵养林，通过改变湿地上游地区易造成水土流失的土地利用方式等措施，防止水土流失，减少河流和水库淤积。

1.2　加强湿地生物多样性保护和管理

(1)在第二次全省湿地资源调查的基础上，全面评估山西省湿地生物多样性资源现状及其保护、管理状况，加强对湿地生物多样性的管理。

(2)通过建立建设自然保护区、湿地公园、保护小区及其他保护形式，实施湿地生物多样性重点保护工程，加强对国家和省级重点保护野生动植物物种及其栖息地保护。

1.3　加强湿地污染控制

(1)充分利用林业、农业、水利、环保、建设等部门的监测机构、人员和设备等资源，建立全省湿地生态环境监测和评价体系，及时监测、预测预报湿地污染和生态环境动态，重点加强对黄河、汾河、桑干河、滹沱河等主要河流和具有独特性天然湖泊的污染监测和预报。

(2)制定、完善和执行国家和省关于污染控制和防治的法律法规。

(3)有计划地治理已受污染的湖泊、河流，并限期达到国家规定的治理标准。对排污超标的部门、企业和单位予以约束和处罚，并限期整改。按国家有关规定，对那些严重污染环境的单位，坚决实行关、停、并、转、迁。

(4)推行“清洁生产”工艺，对因开发利用造成的湿地环境破坏问题，要建立由开发利用部门采取补救措施积极加以解决的机制。

(5)开展湿地污染生物防治工程示范。

2 重视湿地恢复

湿地恢复包括对已遭到不同程度破坏的湿地生态系统进行恢复、修复和重建。对功能减弱、生境退化的各类湿地采取以生物措施为主的途径进行生态恢复和修复，对类型改变、属性发生变化、功能丧失的湿地采取以工程措施为主的途径进行重建。对湿地水文水质改变、湿地水岸污染等进行以生物和工程措施相结合进行修复，对湿地植物、湿地动物生存环境受损进行封育和人工辅助措施相结合方式进行重建。

2.1 优化水资源调配与管理

山西省湿地面积萎缩大多与水资源缺乏和不合理利用有着直接的关系，因此湿地生态恢复的前提是水资源的恢复。只有加强水资源的调配和管理，才能保证已经干枯和正在承受缺水威胁的湿地得以恢复，尤其是对于水资源匮乏的干旱、半干旱地区的湿地恢复显得尤为重要。

(1)优化配置水资源。根据水资源承载能力和水资源状况确定经济布局、产业结构和发展规模，做到因水制宜，量水而行。确定流域水资源配置方案及水资源宏观控制指标体系和水量分配指标，按水量配额统筹兼顾生活、生产和生态用水。

(2)有效保护水资源。制定重要河流的水资源保护规划，合理划分水功能区，确定河流水体的纳污总量，对排污实施总量控制；划定水源地保护区。

(3)高效利用水资源。制定省内节水政策，建立不同地区、不同行业、不同产品的微观用水定额体系、行业万元国内生产总值用水量指标体系和节水考核指标体系，大力推进“节水山西”建设。

(4)合理开发水资源。根据水资源的分布情况和承载能力，在节流的前提下合理开源，不断提高水资源的配置能力和供水保障程度，解决贫困地区饮水困难，保障经济社会发展和生态用水要求。

(5)科学管理水资源。按照《水法》《防洪法》《水污染防治法》《水土保持法》的要求，建立健全水资源管理法规体系，加大依法行政和依法管水的力度。在主要河流建立统一、权威、高效的水资源管理体制和水资源工程的良性运行机制，实现流域水资源管理与区域水资源管理的有机结合。对不得不依靠湿地水资源的机构和社区要加强水资源的优化配置、调整用水结构、普及现代节水技术、提高水资源的利用率。

2.2 加强湿地生态恢复、修复和重建

按照湿地类型，将全省湿地保护建设分为河流湿地区域、湖泊湿地区域和沼泽化草甸湿地区域三类。

河流湿地区域和湖泊湿地区域中永久性淡水湖建设重点是在具有显著或特殊生态、文化、美学和生物多样性价值的湿地景观，湿地生态特征显著区域，划建湿地保护区和湿地公园进行保护建设；湖泊湿地区域中水库湿地建设重点是建立水禽监测网络，在水禽集中的分布地、越冬地、

停歇地，开展对水禽类的动态监测；沼泽化草甸湿地区域湿地建设重点是实施栖息地恢复改善工程。选择部分退化程度较轻的湿地进行恢复，采取生物工程方式，推广应用生态农业，退耕还湿，降低污染，逐步恢复湿地原有自然属性。

(1)在资源调查和研究的基础上，对全省湿地资源萎缩、功能减弱及其成因进行全面的分析与评估，揭示各类湿地退化及其逆转的过程与机理，并对各类退化湿地有计划地开展恢复示范工程。

(2)积极实施退耕(牧)还林(湖、泽、滩、草)工程，有计划地恢复天然湿地面积，改善湿地生态环境状况，恢复湿地生态系统功能。包括：在全省范围内，积极探索开展退耕还湿工程，改善流域和湿地周边地区的生态环境状况，涵养水源，减少对湿地的淤积。

(3)对富营养化程度严重的湖泊湿地、泥沙淤积严重的水库湿地进行治理和恢复，通过湿地植被的重建和恢复，改善湿地的生态环境。

(4)在运城湿地自然保护区内，通过开展详细的科学调查，制定科学、合理的开发规划，对不同区段采取不同的方法，在不改变湿地基本属性的前提下，宜农则农、宜林则林、宜渔则渔、宜牧则牧。对野生动物分布集中的区段，实行退田还滩还草措施。由黄河水利管理部门和自然保护区管理机构对重点区域的土地权属进行清理核实，采取既退耕又退人的“双退”措施，退出的土地由自然保护区管理机构进行统一管理。保护区管理机构还要积极开展社区共管项目的建设，因地制宜地开发一些湿地植物手工编制项目，鼓励周边群众自觉退耕还湿的积极性。

(5)在壶流河湿地自然保护区内，开展保护设施、交通通讯设施、科研设施、防火设施和宣传教育设施建设，提高野外保护监测能力；通过栖息地和湿地植被恢复项目，改善和优化珍稀野生动物栖息环境，确保湿地内野生动植物生存安全，保护湿地生物多样性和湿地生态系统。

(6)在滹沱河和桑干河流域，选择已开发的低产田，通过引水、种植植被等方式，开展退耕还湿示范工程。保护和恢复河流湿地生物多样性的原始面貌。

(7)对省内其他已遭到破坏的濒危物种栖息的关键地区，开展栖息地的恢复、修复和重建工程。

3 开展利用示范

湿地的保护不能离开可持续利用，而可持续利用又必须以保护为基础。这就需要对湿地资源开发利用制定科学的规划，科学评估山西省湿地资源的开发潜力，确定可优先利用的重要经济类型湿地及其合理利用开发强度及方法，实现湿地资源保护与合理利用的实践经验，选择典型地区，开展湿地可持续利用示范工程，建立不同类型湿地开发和合理利用成功模式，为山西省湿地资源的保护和可持续利用奠定坚实基础。

(1)结合部门职能和行业特点，各部门选择具有开发潜力、又有示范意义的区域和项目，多形式地开展湿地资源可持续利用示范建设，如生态农业和生态渔业相结合，湿地多用途管理等示范区，并将其成果与管理体制紧密结合，开展推广和交流。

(2)结合退田还湖，因地制宜发展湿地农业建设、发展水生蔬菜、水生经济作物和水产养殖等。

(3)充分发挥山西省湿地旅游资源丰富的特点，积极推进湿地生态旅游，建立不同类型的湿地特色旅游示范区。

(4)通过建立湿地开发环境影响评价制度和项目审批制度，制止对湿地资源随意开发和滥用，对因湿地改造或不合理利用而导致的不良影响和后果，要及时采取减轻、消除和补救措施。

(5)建立完善湿地保护和合理利用的技术推广管理机制和组织体系，广泛开展湿地保护、湿地资源合理利用、湿地综合管理等方面的技术推广和交流。

4 推行社区共管

湿地的保护和合理利用与周边地区群众的生产、生活密不可分。湿地的保护仅靠行政部门建立保护区和合理利用示范区是远远不够的，需要湿地周边社区的普遍参与。

湿地保护和社区共建共管，是湿地管理机构同当地社区共同制定湿地自然资源管理和社会经济发展计划，共同开展湿地资源的保护管理和开发利用，使社区的经济发展与湿地的保护管理融为一体。其主要目的是帮助湿地周边社区，在不破坏湿地资源的前提下，合理利用湿地资源，以可持续的方式发展经济，减少对湿地资源的压力；同时建立良好的区社关系，使社区积极参与湿地资源的共同管理，实现湿地保护与社区经济的协调与可持续发展。

(1)在一些重要湿地区域，建立由当地湿地主管部门(或保护机构)和社区共同参与的湿地多用途管理区，由当地社区参与制定湿地保护和管理计划、区域经济文化发展规划等，使得湿地保护和管理的政府行为中充分体现当地社区群众的利益。

(2)以保护为中心设计发展项目，通过建立示范村、示范户和提供小额贷款基金或社区共管基金等形式，大力推广有利于湿地可持续利用的发展项目。

(3)因地制宜地扶持社区进行产业结构调整，由原有的对湿地产品的单一利用和初级生产转向集约生产和多种经营，发展产品的深加工和以旅游业为主的二、三产业，鼓励开展非资源消耗性产业的发展。

(4)在一些不适合人类生活和生态脆弱的湿地区域，开展生态移民工程，从根本上解决对湿地资源的威胁，同时，改善社区群众的生活水平和教育水平。

5 提高能力建设

能力建设是湿地保护、管理以及合理利用的重要保障。只有加强各有关部门及地方湿地资源调查、监测和科研技术体系建设，才能为湿地保护、管理及利用提供有效的指导与监管，才能提高山西省湿地保护工作的科学化、规范化水平。同时，只有加强湿地宣传教育工作，才能提高全民的湿地保护意识，从而在生产、生活中自觉保护和合理利用湿地资源。

5.1 湿地资源调查、评价和监测体系建设

(1)在全省湿地资源调查的基础上，建立全省湿地资源信息数据库及各类子数据库，建立以地理信息系统、遥感和全球定位系统等技术为基础的湿地信息管理系统，实现信息资源共享，为湿地科学管理和合理利用提供科学决策的依据。

(2)评估现有水利部门、农业部门、环境部门、林业部门和有关高校研究单位建立的野外湿地监测、实验站点，进行规范整合，建立省、市和县三级管理，多部门参与、相互协调、相互补

充的统一监测体系。

(3)采用统一的监测指标和先进技术、方法，为湿地监测以及相关管理工作人员编制湿地监测工作指南。

(4)加强全省湿地监测中心建设。省湿地监测中心是全省湿地资源调查与监测工作的技术负责部门，在接受国家湿地信息的同时，也将全面掌握全省湿地资源的动态变化，并及时提出相关的管理和决策，为湿地保护和合理利用服务。

5.2　宣传教育培训

(1)有组织地开展全民性的认识湿地、保护湿地的宣传教育活动。包括三级辐射环境教育、公众媒体宣传教育、深入社区宣传教育、设置宣传标牌、开展夏令营活动等。

(2)结合特定的活动，如世界湿地日、爱鸟周和野生动物保护宣传月等，集中开展有关湿地生态效益和经济价值方面的公众教育活动。

(3)开展“湿地使者行动”公益宣传活动，发动和组织大专院校学生环保社团和环保爱好者，利用节假日和课余时间开展湿地保护和宣传工作，提高公众湿地保护意识，倡导大家对湿地科学合理的利用和切实有效的保护。

(4)通过各种途径，加强人才培训，完善湿地保护的技术培训体系，通过专业教育和专业技术培训，提高广大干部、技术人员的专业知识和技术水平。

(5)充分利用现有的设施和机构，在全省系统建立湿地管理和宣传教育培训中心、培训机构和野外培训基地。重点加强基础设施和相关设备建设，原则上不增加新的机构和人员编制。

(6)制定湿地保护和合理利用人员培训计划，加强各部门间人员的培训交流，并广泛开展与国外、省外的培训交流工作。

5.3　科学研究

(1)加强湿地的基础研究，主要是湿地生态系统结构与功能的研究，以及湿地发生、发展、分布和演替规律的研究。

(2)加强应用技术研究，包括保护技术、湿地恢复和修复技术、污染防治技术、可持续利用技术、管理技术和资源监测技术。

(3)完善全省湿地综合分类系统，研究建立湿地评价指标体系，开展全省重要湿地评估研究。

(4)以生态经济学、系统生态学和生物工程学等理论方法为指导，研究湿地保护与资源开发利用之间的协调关系，探讨湿地可持续利用的最佳模式。

(5)研究人类管理和开发活动对湿地生物多样性和湿地生态功能影响，研究建立湿地生态评估体系、湿地开发环境影响评价方法和湿地生态效益补偿机制。

(6)加强湿地对环境调节功能和环境变化对湿地的研究，特别是全球气候变化对山西省湿地的影响问题。

(7)加强湿地污染、外来物种和水旱灾害对湿地生态系统的影响研究。

5.4 技术支撑

(1)聘请有关高校和研究单位的专家学者，建立全省湿地保护与可持续发展研究科学咨询委员会，以指导全省湿地科学研究，并为全省湿地研究项目评估和开发项目、咨询评审等提供科学咨询。

(2)积极与省科技厅、财政厅、发改委联系，争取每年能给予湿地科学研究和调查方面的重点支持，加强吸收优秀人才开展湿地课题的研究工作。

(3)加强和协调山西省与国家林业局和国内有关研究机构的联系和合作，通过人才培训、合作研究等方式，充分发挥各部门参与湿地研究的潜力和积极性，逐步组建山西省自己专门的研究和管理人员队伍。

5.5 管理体系建设

(1)林业、国土、农业、水利、环保、建设等部门互相协作，建立全省湿地保护与合理利用共同合作的有效机制，各部门依据职责负责对相应领域工程的管理。

(2)组建由相关主管部门湿地保护管理人员组成的工作组，建立联席工作制度，配备专门人员负责组织实施相应的与湿地保护和合理利用有关的工作，协调各部门的权益关系。

(3)各级地方政府的管理机构，应明确职责，配备相应管理人员，建立湿地保护与合理利用管理协调机制。

5.6 法律法规建设

(1)评估现行政策和法律法规对山西省湿地保护现在、未来的作用，及时增补、修订法律法规中的不完善内容，调整现有政策中制约、阻碍湿地保护与合理利用发展的内容。

(2)把湿地保护与合理利用纳入法治轨道。为了从根本上解决湿地所面临的严峻的环境问题，尽快制定专门的湿地保护与利用的地方性法规，以法规形式确定湿地开发利用的方针、原则和行为规范，明确各级、各行业的机构权限以及管理分工，规定管理程序及对违法行为的处理方法和程序等，为从事湿地保护与合理利用的管理者、利用者等提供基本的行为准则。

(3)加强执法力度，严格执法，做到有法必究、执法必严。同时各级政府应定期组织对湿地现状进行监督检查，及时制止对湿地资源破坏的行为。

(4)严格实施湿地开发环境影响评价制度。建立对天然湿地开发以及用途变更的生态影响评估、审批管理程序，在涉及湿地开发利用的重大问题方面，实施湿地开发环境评价，严格依法论证、审批并监督实施。

(5)注重发挥社会各界以及当地社区的民间习俗、乡规民约等的综合作用。

5.7 合作与交流

(1)认真履行《湿地公约》等有关的国际公约，积极探索新的合作途径和方式，努力吸收国际上和各省份的先进技术和先进管理经验。积极开展与有关非政府组织、学术机构和团体、基金组织及其友好人士的合作与交流。

(2)加强对现有重要湿地的建设和监管，逐渐增加国家重要湿地和省级重要湿地的数量。全面提高现有和新增重要湿地的监测、保护和管理水平，建立全省重要湿地保护网络，完善管理机构，加强基础设施建设，强化对外(国内、国际)信息交流能力，把国家和省级重要湿地建设成为湿地保护和合理利用的宣教培训基地。

6 推荐名录

山西运城湿地省级自然保护区晋升国家级自然保护区。

位置：从河津市禹门口至垣曲县碾盘沟沿黄河湿地，包括永济市伍姓湖和盐湖区盐池。地理坐标为东经 110°17′02″～112°47′00″，北纬 34°36′51″～35°39′30″。

湿地面积：保护区总面积 86861 公顷。

湿地描述：该保护区从禹门口到风陵渡段，是黄河南下流出晋陕大峡谷的开阔地带，形成洪泛平原湿地，黄河水在这里水势突然变缓，大量泥沙沉积，河槽几经改道形成的宽阔平缓的滩地带，加之北面汾河汇入黄河形成两河相交汇三角形的洪泛平原地带。从风陵渡向下游，是黄河中游最后一个峡谷地段，包括三门峡库区和小浪底库区。自然保护区包括河流湿地、湖泊湿地、沼泽湿地 3 大湿地类中永久性河流、洪泛平原、永久性淡水湖、永久性咸水湖、草本沼泽、内陆盐沼等 6 个湿地型。每年在此停歇、繁殖、越冬的水禽种群数量达 10 余万只，其中在芮城县陌南圣天湖和平陆县的三湾，是大天鹅主要的越冬栖息地，每年冬季在此越冬的大天鹅种群数量达近万余只。2012 年平陆县被中国野生动物保护协会授予“中国大天鹅之乡”。

附录1 山西湿地调查区域植物名录

序号	科	属	种	
			中文名	拉丁名
			(一)蕨类植物	
1	卷柏科	卷柏属	蔓出卷柏	*Selaginella davidii*
2			伏地卷柏	*Selaginella nipponica*
3	木贼科	木贼属	问荆	*Equisetum arvense*
4			林木贼	*Equisetum sylvaticum*
5			节节草	*Equisetum ramosissimum*
6			犬问荆	*Equisetum palustre*
7			木贼	*Equisetum hyemale*
8			草问荆	*Equisetum pratense*
9	鳞毛蕨科	贯众属	反曲贯众	*Cyrtomium recurvum*
10	苹科	苹属	苹	*Marsilea quadrifolia*
11	槐叶苹科	槐叶苹属	槐叶苹	*Salvinia natans*
12	满江红科	满江红属	满江红	*Azolla imbricata*
			(二)裸子植物	
1	红豆杉科	红豆杉属	南方红豆杉	*Taxus chinensis*
			(三)被子植物	
1	杨柳科	杨属	小青杨	*Populus pseudo-simonii*
2			青毛杨	*Populus shanxiensis*
3			小叶杨	*Populus simonii*
4		柳属	密齿柳	*Salix characta*
5			旱柳	*Salix matsudana*
6			中国黄花柳	*Salix sinica*
7			沙地柳(北沙柳)	*Salix psammophila*
8			筐柳	*Salix linearistipularis*
9			乌柳	*Salix cheilophila*
10	桦木科	桦木属	白桦	*Betula platyphylla*
11	荨麻科	荨麻属	宽叶荨麻	*Urtica laetevirens*
12			狭叶荨麻	*Urtica angustifolia*
13		艾麻属	艾麻	*Laportea cuspidata*
14		冷水花属	透茎冷水花	*Pilea pumila*
15		蝎子草属	蝎子草	*Girardinia cuspidata*

（续）

序 号	科	属	种	
			中文名	拉丁名
16	桑科	葎草属	葎草	*Humulus scandens*
17	檀香科	百蕊草属	百蕊草	*Thesium chinense*
18			长叶百蕊草	*Thesium longifolium*
19	蓼科	酸模属	酸模	*Rumex acetosa*
20			毛脉酸模	*Rumex gmelinii*
21			水生酸模	*Rumex aquaticus*
22			皱叶酸模	*Rumex crispus*
23			齿果酸模	*Rumex dentatus*
24			巴天酸模	*Rumex patientia*
25		翼蓼属	翼蓼	*Pteroxygonum giraldii*
26		荞麦属	苦荞麦	*Fagopyrum tataricum*
27			荞麦	*Fagopyrum esculentum*
28		蓼属	萹蓄	*Polygonum aviculare*
29			习见蓼	*Polygonum plebeium*
30			尼泊尔蓼	*Polygonum nepalense*
31			红蓼	*Polygonum orientale*
32			长鬃蓼	*Polygonum longisetum*
33			圆基长鬃蓼	*Polygonum longisetum*
34			水蓼	*Polygonum hydropiper*
35			香蓼	*Polygonum viscosum*
36			两栖蓼	*Polygonum amphibium*
37			酸模叶蓼	*Polygonum lapathifolium*
38			柳叶刺蓼(本氏蓼)	*Polygonum bungeanum*
39			箭叶蓼	*Polygonum sieboldii*
40			西伯利亚蓼	*Polygonum sibiricum*
41			丛枝蓼	*Polygonum posumbu*
42			珠芽蓼	*Polygonum viviparum*
43		何首乌属	何首乌	*Fallopia multiflora*
44	藜科	盐角草属	盐角草	*Salicornia europaea*
45		滨藜属	滨藜	*Atxiplex patens*
46			中亚滨藜	*Atriplex centralasiatica*
47		沙蓬属	沙蓬	*Agriophyllum squarrosum*
48		虫实属	蝇虫实	*Corispermum declinatum*

（续）

序号	科	属	种	
			中文名	拉丁名
49	藜科	藜属	菊叶香藜	*Chenopodium foetidum*
50			灰绿藜	*Chenopodium foetidum*
51			尖头叶藜	*Chenopodium acuminatum*
52			东亚市藜	*Chenopodium urbicum*
53			杂配藜	*Chenopodium hybridum*
54			小藜	*Chenopodium serotinum*
55			圆头藜	*Chenopodium strictum*
56			藜	*Chenopodium album*
57		地肤属	地肤	*Kochia scoparia*
58			碱地肤	*Kochia scoparia* var. *sieversiana*
59		碱蓬属	碱蓬	*Suaeda glauca*
60			盐地碱蓬	*Suaeda salsa*
61		盐生草属	白茎盐生草	*Halogeton arachnoideus*
62		猪毛菜属	猪毛菜	*Salsola collina*
63			无翅猪毛菜	*Salsola komarovii*
64			刺沙蓬	*Salsola ruthenica*
65	苋科	苋属	反枝苋	*Amaranthus retroflexus*
66			凹头苋	*Amaranthus lividus*
67			腋花苋	*Amaranthus roxburghianus*
68			苋	*Amaranthus tricolor*
69		牛膝属	牛膝	*Achyranthes bidentata*
70		青葙属	青葙	*Celosia argentea*
71	马齿苋科	马齿苋属	马齿苋	*Portulaca oleracea*
72	石竹科	无心菜属	无心菜(蚤缀)	*Arenaria serpyllifolia*
73		繁缕属	繁缕	*Stellaria media*
74			沼生繁缕	*Stellaria palustris*
75		鹅肠菜属	鹅肠菜	*Myosoton aquaticum*
76		漆姑草属	漆姑草	*Sagina japonica*
77		蝇子草属	蝇子草	*Silene galliea*
78			女娄菜(王不留行)	*Silene aprica*
79			山蚂蚱草(旱麦瓶草)	*Silene jenisseensis*
80		卷耳属	卷耳	*Cerastium arvense*
81		狗筋蔓属	狗筋蔓	*Cucubalus baccifer*
82		石竹属	石竹	*Dianthus chinensis*
83	睡莲科	莲属	莲	*Nelumbo nucifera*

（续）

序号	科	属	种	
			中文名	拉丁名
84	睡莲科	睡莲属	睡莲	*Nymphaea tetragona*
85			白睡莲	*Nymphaea alba*
86			黄睡莲	*Nymphaea mexicana*
87			红睡莲	*Nymphaea ruba*
88		芡属	芡实	*Euryale ferox*
89		萍蓬草属	萍蓬草	*Nuphar pumilum*
90	金鱼藻科	金鱼藻属	金鱼藻	*Ceratophyllum demersum*
91	毛茛科	铁线莲属	铁线莲	*Clematis florida*
92			黄花铁线莲	*Clematis intricata*
93		乌头属	华北乌头	*Aconitum soongaricum* var. *angustius*
94		银莲花属	草玉梅	*Anemone rivularis*
95			大火草(山棉花)	*Anemone tomentosa*
96			大花银莲花	*Anemone silvesiris*
97			阿尔泰银莲花	*Anemone altaica*
98		水毛茛属	水毛茛	*Batrachium bungei*
99			毛柄水毛茛	*Batrachium trichophyllum*
100		驴蹄草属	驴蹄草	*Caltha palustris*
101		碱毛茛属	长叶碱毛茛	*Halerpestes ruthenica*
102			水葫芦苗	*Halerpestes cymbalaria*
103		毛茛属	毛茛	*Ranunculus japonicus*
104			石龙芮	*Ranunculus sceleratus*
105			茴茴蒜	*Ranunculus chinensis*
106			单叶毛茛	*Ranunculus monophyllus*
107			长茎毛茛	*Ranunculus longicaulis*
108			美丽毛茛	*Ranunculus pulchellus*
109			高原毛茛	*Ranunculus tanguticus*
110			猫爪草	*Ranunculus ternatus*
111		唐松草属	箭头唐松草	*Thalictrum simplex*
112			高山唐松草	*Thalictrum alpinum*
113			直梗高山唐松草	*Thalictrum alpinum* var. *elatum*
114		金莲花属	金莲花	*Trollius chinensis*
115	罂粟科	博落回属	小果博落回	*Macleaya microcarpa*
116	十字花科	豆瓣菜属	豆瓣菜	*Nasturtium officinale*
117		独行菜属	独行菜	*Lepidium apetalum*
118		碎米荠属	碎米荠	*Cardamine hirsuta*
119			弹裂碎米荠	*Cardamine impatiens*

（续）

序　号	科	属	种	
			中文名	拉丁名
120	十字花科	碎米荠属	白花碎米荠	*Cardamine leucantha*
121			裸茎碎米荠	*Cardamine scaposa*
122			大叶碎米荠	*Cardamine macrophylla*
123		播娘蒿属	播娘蒿	*Descurainia sophia*
124		蔊菜属	蔊菜	*Rorippa indica*
125			沼生蔊菜	*Rorippa islandica*
126			风花菜(球果蔊菜)	*Rorippa globosa*
127	景天科	景天属	垂盆草	*Sedum sarmentosum*
128			费菜	*Sedum aizoon*
129	虎耳草科	扯根菜属	扯根菜	*Penthorum chinense*
130		茶藨子属	刺果茶藨子	*Ribes burejense*
131		虎耳草属	虎耳草	*Saxifrage stolonifera*
132		梅草草属	梅花草	*Parnassia palustris*
133			鸡眼梅花草	*Parnassia wightiana*
134			三脉梅花草	*Parnassia trinervis*
135		落新妇属	落新妇	*Astibe chinensis*
136	蔷薇科	珍珠梅属	华北珍珠梅	*Sorbaria kirilowii*
137		绣线菊属	三裂绣线菊	*Spiraea trilobata*
138			土庄绣线菊	*Spiraea pubescens*
139			绣球绣线菊	*Spiraea blumei*
140			绣线菊	*Spiraea salicifolia*
141		悬钩子属	茅莓	*Rubus parvifolius*
142			喜阴悬钩子	*Rubus mesogaeus*
143			复盆子	*Rubus idaeus*
144			山莓	*Rubus corchorifolius*
145		委陵菜属	委陵菜	*Potentilla chinensis*
146			二裂委陵菜	*Potentilla bifurca*
147			矮生二裂委陵菜	*Potentilla bifurca* var. *humilior*
148			匍匐委陵菜	*Potentilla reptans*
149			绢毛委陵菜	*Potentilla sericea*
150			绢毛匍匐委陵菜	*Potentilla reptans* var. *sericophylla*
151			多茎委陵菜	*Potentilla multicaulis*
152			朝天委陵菜	*Potentilla supina*

（续）

序　号	科	属	种	
			中文名	拉丁名
153	蔷薇科	委陵菜属	鹅绒委陵菜（蕨麻）	*Potentilla anserina*
154			金露梅	*Potentilla fruticosa*
155			翻白草	*Potentilla discolor*
156		龙芽草属	龙芽草	*Agrimonia pilosa*
157		地榆属	地榆	*Sanguisorba officinalis*
158		羽衣草属	羽衣草	*Alchcmilla japonica*
159		蚊子草属	蚊子草	*Filipendula palmate*
160		路边青属	路边青	*Geum aleppicum*
161		草莓属	东方草莓	*Fragaria orientalis*
162		蛇莓属	蛇莓	*Duchesnea indica*
163		地蔷薇属	地蔷薇	*Chamaerhodos erecta*
164			灰毛地蔷薇	*Chamaerhodos canescens*
165	豆科	槐属	苦豆子	*Sophora alopecuroides*
166		苦马豆属	苦马豆	*Sphaerophysa salsula*
167		野决明属	披针叶野决明	*Thermopsis lanceolata*
168		百脉根属	细叶百脉根	*Lotus tenuis*
169		车轴草属	白车轴草（白三叶）	*Trifolium repens*
170		苜蓿属	紫苜蓿	*Medicago sativa*
171			野苜蓿	*Medicago falcata*
172			小苜蓿	*Medicago minima*
173			天蓝苜蓿	*Medicago lupulina*
174			花苜蓿	*Medicago ruthenica*
175		大豆属	野大豆	*Glycine soja*
176		野豌豆属	广布野豌豆	*Vicia cracca*
177			山野豌豆	*Vicia amoena*
178		山黧豆属	山黧豆	*Lathyrus quinquenervius*
179		甘草属	甘草	*Glycyrrhiza uralensis*
180		棘豆属	砂珍棘豆	*Oxytropis racemosa*
181		米口袋属	狭叶米口袋	*Gueldenstaedtia stenophylla*
182		黄耆属	黄耆（膜荚黄耆）	*Astragalus membranaceus*
183			斜茎黄耆（直立黄耆）	*Astragalus adsurgens*
184			华黄耆	*Astragalus chinensis*
185			草木犀状黄耆	*Astragalus melilotoides*

（续）

序 号	科	属	种	
			中文名	拉丁名
186	豆科	黄耆属	达乌里黄耆	*Astragalus dahuricus*
187		鸡眼草属	鸡眼草(掐不齐)	*Kummerowia striata*
188	酢浆草科	酢浆草属	酢浆草	*Oxalis corniculata*
189	牻牛儿苗科	老鹳草属	灰背老鹳草	*Geranium wlassowianum*
190			老鹳草	*Geranium wilfordii*
191			鼠掌老鹳草	*Geranium sibiricum*
192			突节老鹳草	*Geranium krameri*
193			尼泊尔老鹳草	*Geranium nepalense*
194			毛蕊老鹳草	*Geranium platyanthum*
195	大戟科	大戟属	地锦	*Euphorbia humifusa*
196			乳浆大戟	*Euphorbia esula*
197			大戟	*Euphorbia pekinensis*
198	凤仙花科	凤仙花属	水金凤	*Impatiens noli-tangere*
199	锦葵科	苘麻属	苘麻	*Abutilon theophrasti*
200		锦葵属	锦葵	*Malva sinensis*
201			冬葵	*Malva crispa*
202		木槿属	野西瓜苗	*Hibiscus trionum*
203		秋葵属	秋葵	*Abelmoschus esculentus*
204	藤黄科	金丝桃属	黄海棠	*Hypericum ascyron*
205	柽柳科	柽柳属	柽柳	*Tamarix chinensis*
206		水柏枝属	宽苞水柏枝	*Myricaria bracteata*
207	堇菜科	堇菜属	双花堇菜	*Viola biflora*
208			堇菜	*Viola verecunda*
209			鸡腿堇菜	*Viola acuminata*
210			阴地堇菜	*Viola yezoensis*
211			紫花地丁	*Viola philippica*
212			早开堇菜	*Viola prionantha*
213	胡颓子科	沙棘属	中国沙棘	*Hippophae rhamnoides*
214		胡颓子属	胡颓子	*Elaeagnus pungens*
215			牛奶子	*Elaeagnus umbellate*
216	千屈菜科	节节菜属	节节菜	*Rotala indices*
217		千属菜属	千屈菜	*Lythrum salicaria*
218	菱科	菱属	丘角菱	*Trapa japonica*

（续）

序　号	科	属	种	
			中文名	拉丁名
219	菱科	菱属	菱	*Trapa bispinosa*
220			格菱	*Trapa pseudoincisa*
221	柳叶菜科	柳叶菜属	柳叶菜	*Epilbium hirsutum*
222			沼生柳叶菜	*Epilobium palustre*
223			长籽柳叶菜	*Epilobium pyrricholophum*
224			小花柳叶菜	*Epilobium parviflorum*
225			柳兰	*Epilobium angustifolium*
226	小二仙草科	狐尾藻属	狐尾藻	*Myriophyllum verticillatum*
227			穗状狐尾藻	*Myriophyllum spicatum*
228	杉叶藻科	杉叶藻属	杉叶藻	*Hippuris vulgaris*
229	伞形科	窃衣属	窃衣	*Torilis scabra*
230		泽芹属	泽芹	*Sium suave*
231		葛缕子属	田葛缕子	*Carum buriaticum*
232			葛缕子	*Carum carvi*
233		水芹属	水芹	*Oenanthe javanica*
234		蛇床属	蛇床	*Cnidium monnieri*
235			碱蛇床	*Cnidium salinum*
236		当归属	白芷	*Angelica dahurica*
237			拐芹	*Angelica polymorpha*
238		独活属	短毛独活	*Heracleum moellendorffii*
239			独活	*Heracleum hemsleyanum*
240		毒芹属	毒芹	*Cicuta virosa*
241	山茱萸科	山茱萸属	山茱萸	*Cornus officinalis*
242	白花丹科	补血草属	黄花补血草	*Limonium aureum*
243			二色补血草	*Limonium bicolor*
244	龙胆科	莕菜属	莕菜	*Nymphoides peltatum*
245		龙胆属	小龙胆	*Gentiana parvula*
246			假水生龙胆	*Gentiana pseudo-aquatica*
247			鳞叶龙胆	*Gentiana squarrosa*
248			秦艽	*Gentiana macrophylla*
249		扁蕾属	扁蕾	*Gentianopsis barbata*
250		肋柱花属	肋柱花	*Lomatogonium carinthiacum*
251		花锚属	花锚	*Halenia corniculata*

（续）

序号	科	属	种	
			中文名	拉丁名
252	龙胆科	花锚属	椭圆叶花锚	*Halenia elliptica*
253		獐牙菜属	獐牙菜	*Swertia bimaculata*
254			红直獐牙菜	*Swertia erythrosticta*
255			华北獐牙菜	*Swertia wolfangiana*
256			瘤毛獐牙菜	*Swertia pseudochinensis*
257			歧伞獐牙菜(腺鳞草)	*Swertia dichotoma*
258	萝藦科	萝藦属	萝藦	*Metaplexis japonica*
259		鹅绒藤属	白薇	*Cynanchum atratum*
260			牛皮消	*Cynanchum auriculatum*
261			鹅绒藤	*Cynanchum chinense*
262			羊角子草	*Cynanchum cathayense*
263			老瓜头	*Cynanchum komarovii*
264		杠柳属	杠柳	*Periploca sepium*
265	旋花科	打碗花属	打碗花	*Calystegia hederacea*
266		旋花属	田旋花	*Convolvulus arvensis*
267		菟丝子属	菟丝子	*Cuscuta chinensis*
268			欧洲菟丝子(大菟丝子)	*Cuscuta europaea*
269	花荵科	花荵属	花荵	*Polemonium coeruleum*
270	紫草科	砂引草属	砂引草	*Messerschmidia sibirica*
271		肺草属	腺毛肺草	*Pulmonaria mollissima*
272		鹤虱属	鹤虱	*Lappula myosotis*
273		斑种草属	斑种草	*Bothriospermum chinense*
274			多苞斑种草	*Bothriospermum secundum*
275			狭苞斑种草	*Bothriospermum kusnezowii*
276		附地菜属	附地菜	*Trigonotis peduncularis*
277			钝萼附地菜	*Trigonotis amblyosepala*
278		勿忘草属	湿地勿忘草	*Myosotis caespitosa*
279	马鞭草科	牡荆属	黄荆(荆条)	*Vitex negundo* var. *heterophylla*
280	唇形科	百里香属	百里香	*Thymus mongolicus*
281			地椒	*Thymus quinquecostatus*
282		香茶菜属	香茶菜	*Rabdosia amethystoides*
283			内折香茶菜	*Rabdosia inflexa*
284			溪黄草	*Rabdosia serra*

（续）

序 号	科	属	种	
			中文名	拉丁名
285	唇形科	鼠尾草属	鼠尾草	*Salvia japonica*
286			荫生鼠尾草	*Salvia umbratica*
287			荔枝草	*Salvia plebeia*
288		荆芥属	荆芥	*Nepeta cataria*
289			康藏荆芥	*Nepeta prattii*
290		裂叶荆芥属	裂叶荆芥	*Schizonepeta tenuifolia*
291			多裂叶荆芥	*Schizonepeta multifida*
292		夏枯草属	夏枯草	*Prunella vulgaris*
293		青兰属	香青兰	*Dracocephalum moldavica*
294		水苏属	水苏	*Stachys japonica*
295			毛水苏	*Stachys baicalensis*
296			华水苏	*Stachys chinensis*
297		野芝麻属	野芝麻	*Lamium barbatum*
298		益母草属	益母草	*Leonurus artemisia*
299			细叶益母草	*Leonurus sibiricus*
300			大花益母草	*Leonurus macranthus*
301		风轮菜属	风轮菜	*Clinopodium chinense*
302			风车草	*Clinopodium urticifolium*
303		紫苏属	紫苏	*Perilla frutescens*
304		薄荷属	薄荷	*Mentha haplocalyx*
305		地笋属	地笋	*Lycopus lucidus*
306		黄芩属	黄芩	*Scutellaria baicalensis*
307			并头黄芩	*Scutellaria scordifolia*
308			山西黄芩	*Scutellaria shansiensis*
309			半枝莲	*Scutellaria barbata*
310		香薷属	香薷	*Elsholtzia ciliata*
311			疏穗香薷	*Elsholtzia ciliata* var. *remota*
312			木香薷	*Elsholtzia stauntoni*
313			密花香薷	*Elsholtzia densa*
314			矮密花香薷	*Elsholtzia densa* var. *calycocarpa*
315			细穗香薷	*Elsholtzia densa* var. *ianthina*
316			海州香薷	*Elsholtzia splendens*
317	茄科	枸杞属	宁夏枸杞	*Lycium barbarum*

（续）

序号	科	属	种	
			中文名	拉丁名
318	茄科	枸杞属	北方枸杞	*Lycium chincnse* var. *potaninii*
319		酸浆属	酸浆	*Physalis alkekengi*
320		茄属	龙葵	*Solanum nigrum*
321			青杞	*Solanum septemlobum*
322	玄参科	马先蒿属	返顾马先蒿	*Pedicularis resupinata*
323			红纹马先蒿	*Pedicularis striata*
324			穗花马先蒿	*Pedicularis spicata*
325		阴行草属	阴行草	*Siphonostegia chinensis*
326		芯芭属	蒙古芯芭	*Cymbaria mongolica*
327		沟酸浆属	沟酸浆	*Mimulus tenellus*
328		泡桐属	毛泡桐	*Paulownia tomentosa*
329		柳穿鱼属	柳穿鱼	*Linaria vulgaris*
330		玄参属	北玄参	*Scrophularia buergeriana*
331			山西玄参	*Scrophularia modesta*
332			华北玄参	*Scrophularia moellendorffii*
333		婆婆纳属	婆婆纳	*Veronica didyma*
334			细叶婆婆纳	*Veronica linariifolia*
335			小婆婆纳	*Veronica serpyllifolia*
336			北水苦荬	*Veronica anagallis-aquatica*
337			蚊母草	*Veronica peregrina*
338			水苦荬	*Veronica undulata*
339		腹水草属	草本威灵仙（轮叶婆婆纳）	*Veronicastrum sibiricum*
340		地黄属	地黄	*Rehmannia glutinosa*
341		小米草属	小米草	*Euphrasia pectinata*
342			短腺小米草	*Euphrasia regelii*
343			长腺小米草	*Euphrasia hirtella*
344		通泉草属	通泉草	*Mazus japonicus*
345		疗齿草属	疗齿草	*Odontites serotina*
346	紫葳科	角蒿属	角蒿	*Incarvillea sinensis*
347	苦苣苔科	旋蒴苣苔属	旋蒴苣苔（牛耳草）	*Boea hygrometrica*
348	狸藻科	狸藻属	细叶狸藻	*Utricularia minor*
349			异枝狸藻	*Utricularia intermedia*
350	车前科	车前属	车前	*Plantago asiatica*

（续）

序　号	科	属	种	
			中文名	拉丁名
351	车前科	车前属	平车前	*Plantago depressa*
352			大车前	*Plantago major*
353			北车前	*Plantago media*
354			盐生车前	*Plantago maritima*
355	茜草科	茜草属	中国茜草	*Rubia chinensis*
356			茜草	*Rubia cordifolia*
357		拉拉藤属	四叶律	*Galium bungei*
358			北方拉拉藤	*Galium boreale*
359			蓬子菜	*Galium verum*
360			小叶猪殃殃	*Galium trifidum*
361	五福花科	五福花属	五福花	*Adoxa moschatellina*
362	败酱科	败酱属	败酱	*Patrinia scabiosaefolia*
363			白花败酱	*Patrinia villosa*
364		缬草属	缬草	*Valeriana officinalis*
365			宽叶缬草	*Valeriana officinalis* var. *latifolia*
366	川续断科	川续断属	日本续断	*Dipsacus japonicus*
367	菊科	蒿属	茵陈蒿	*Artemisia capillaris*
368			猪毛蒿	*Artemisia scoparia*
369			盐蒿	*Artemisia halodendron*
370			牛尾蒿	*Artemisia dubia*
371			沙蒿	*Artemisia desertorum*
372			牡蒿	*Artemisia japonica*
373			黄花蒿	*Artemisia annua*
374			青蒿	*Artemisia carvifolia*
375			蒌蒿	*Artemisia selengensis*
376			矮蒿	*Artemisia lancea*
377			艾蒿	*Artemisia argyi*
378			野艾蒿	*Artemisia lavandulaefolia*
379			阴地蒿	*Artemisia sylvatica*
380			柳叶蒿	*Artemisia integrifolia*
381			莳萝蒿	*Artemisia anethoides*
382			碱蒿	*Artemisia anethifolia*
383			蒙古蒿	*Artemisia mongolica*

（续）

序号	科	属	种	
			中文名	拉丁名
384	菊科	菊苣属	菊苣	*Cichorium intybus*
385		毛连菜属	毛连菜	*Picris hieracioides*
386		蒲公英属	华蒲公英	*Taraxacum borealisinense*
387			亚洲蒲公英(戟叶蒲公英)	*Taraxacum asiaticum*
388			芥叶蒲公英	*Taraxacum brassicaefolium*
389			红梗蒲公英	*Taraxacum erythropodium*
390			蒲公英	*Taraxacum mongolicum*
391			凸尖蒲公英	*Taraxacum sinomongolicum*
392		苦苣菜属	苣荬菜	*Sonchus arvensis*
393			苦苣菜	*Sonchus oleraceus*
394		山柳菊属	山柳菊	*Hieracium umbellatum*
395		苦荬菜属	苦荬菜	*Ixeris polycephala*
396		白酒草属	小蓬草	*Conyza canadensis*
397		马兰属	山马兰	*Kalimeris lautureana*
398			裂叶马兰	*Kalimeris incisa*
399			蒙古马兰	*Kalimeris mongolica*
400		飞蓬属	飞蓬	*Erigeron acer*
401		短星菊属	短星菊	*Brachyactis ciliata*
402		狗娃花属	阿尔泰狗娃花	*Heteropappus altaicus*
403			砂狗娃花	*Heteropappus meyendorffii*
404			狗娃花	*Heteropappus hispidus*
405		碱菀属	碱菀	*Tripolium vulgare*
406		女菀属	女菀	*Turczaninowia fastigiata*
407		紫菀属	三脉紫菀	*Aster ageratoides*
408			萎软紫菀	*Aster flaccidus*
409			紫菀	*Aster tataricus*
410		苍耳属	苍耳	*Xanthium sibiricum*
411		鳢肠属	鳢肠	*Eclipta prostrata*
412		豨莶属	豨莶	*Siegesbeckia orientalis*
413		鬼针草属	鬼针草	*Bidens pilosa*
414			狼杷草	*Bidens tripartita*
415			小花鬼针草	*Bidens parviflora*
416		款冬属	款冬	*Tussilago farfara*

（续）

序 号	科	属	种	
			中文名	拉丁名
417	菊科	千里光属	琥珀千里光(大花千里光)	*Senecio ambraceus*
418			林荫千里光(黄菀)	*Senecio nemorensis*
419		橐吾属	橐吾	*Ligularia sibirica*
420			黄毛橐吾	*Ligularia xanthotricha*
421			蹄叶橐吾	*Ligularia fischeri*
422			齿叶橐吾	*Ligularia dentata*
423		菊属	野菊	*Dendranthema indicum*
424			小红菊	*Dendranthema chanetii*
425			甘菊	*Dendranthema lavandulifolium*
426		蓝刺头属	蓝刺头	*Echinops latifolius*
427		石胡荽属	石胡荽	*Centipeda minima*
428		鼠麴草属	鼠麴草	*Gnaphalium affine*
429		旋覆花属	旋覆花	*Inula japonica*
430			蓼子朴	*Inula salsoloides*
431			柳叶旋覆花	*Inula salicina*
432			线叶旋覆花	*Inula linearifolia*
433			欧亚旋覆花	*Inula britanica*
434		天名精属	烟管头草	*Carpesium cernuum*
435		和尚菜属	和尚菜(腺梗菜)	*Adenocaulon himalaicum*
436		大丁草属	大丁草	*Gerbera anandria*
437		牛蒡属	牛蒡	*Arctium lappa*
438		飞廉属	丝毛飞廉	*Carduus crispus*
439		蓟属	刺儿菜	*Cirsium setosum*
440			烟管蓟	*Cirsium pendulum*
441		泥胡菜属	泥胡菜	*Hemistepta lyrata*
442		风毛菊属	龙江风毛菊	*Saussurea amurensis*
443			草地风毛菊	*Saussurea amara*
444			京风毛菊	*Saussurea chinnampoensis*
445			碱地风毛菊	*Saussurea runcinata*
446			风毛菊	*Saussurea japonica*
447			篦苞风毛菊	*Saussurea pectinata*
448		麻花头属	钟苞麻花头	*Serratula cupuliformis*
449			麻花头	*Serratula centauroides*

（续）

序　号	科	属	种	
			中文名	拉丁名
450	香蒲科	香蒲属	长苞香蒲	*Typha angustata*
451			狭叶香蒲（水烛）	*Typha angustifolia*
452			小香蒲	*Typha minima*
453			香蒲	*Typha orientalis*
454			宽叶香蒲	*Typha latifolia*
455	黑三棱科	黑三棱属	黑三棱	*Sparganium stoloniferum*
456	水麦冬科	水麦冬属	水麦冬	*Triglochin palustre*
457	眼子菜科	眼子菜属	菹草	*Potamogeton crispus*
458			眼子菜	*Potamogeton distinctus*
459			竹叶眼子菜	*Potamogeton malaianus*
460			浮叶眼子菜	*Potamogeton natans*
461			篦齿眼子菜	*Potamogeton pectinatus*
462			穿叶眼子菜	*Potamogeton perfoliatus*
463	茨藻科	茨藻属	大茨藻	*Najas marina*
464			小茨藻	*Najas minor*
465		角果藻属	角果藻	*Zannichellia palustris*
466	泽泻科	泽泻属	泽泻	*Alisma plantago-aquatica*
467			草泽泻	*Alisma gramineum*
468		慈姑属	慈姑	*Sagittaria trifolia* var. *sinensis*
469			欧洲慈姑	*Sagittaria sagittifolia*
470			浮叶慈姑	*Sagittaria natans*
471	花蔺科	花蔺属	花蔺	*Butomus umbellatus*
472	水鳖科	水鳖属	水鳖	*Hydrocharis dubia*
473		黑藻属	黑藻	*Hydrilla verticillata*
474	禾本科	赖草属	羊草	*Leymus chinensis*
475			赖草	*Leymus secalinus*
476		披碱草属	肥披碱草	*Elymus excelsus*
477			老芒麦	*Elymus sibiricus*
478		鹅观草属	缘毛鹅观草	*Roegneria pendulina*
479		㭎草属	㭎草	*Beckmannia syzigachne*
480		穇属	牛筋草	*Eleusine indica*
481		狗牙根属	狗牙根	*Cynodon dactylon*
482		看麦娘属	看麦娘	*Alopecurus aequalis*

（续）

序　号	科	属	种	
			中文名	拉丁名
483	禾本科	隐花草属	隐花草	*Crypsis aculeata*
484			蔺状隐花草	*Crypsis schoenoides*
485		棒头草属	长芒棒头草	*Polypogon monspeliensis*
486		野青茅属	野青茅	*Deyeuxia arundinacea*
487			大叶章	*Deyeuxia langsdorffii*
488		拂子茅属	拂子茅	*Calamagrostis epigeios*
489			假苇拂子茅	*Calamagrostis pseudaphragmites*
490		剪股颖属	细弱剪股颖	*Agrostis tenuis*
491		粟草属	粟草	*Milium effusum*
492		虉草属	虉草	*Phalaris arundinacea*
493		茅香属	光稃香草	*Hierochloe glahra*
494		发草属	发草	*Deschampsia caespitosa*
495		芦苇属	芦苇	*Phragmites australis*
496		类芦属	类芦(假芦)	*Neyraudia reynaudiana*
497		画眉草属	知风草	*Eragrostis ferruginea*
498			画眉草	*Eragrostis pilosa*
499		獐毛属	小獐毛	*Aeluropus pungens*
500			獐毛	*Aeluropus sinensis*
501		早熟禾属	早熟禾	*Poa annua*
502			草地早熟禾	*Poa pratensis*
503		稻属	稻	*Oryza sativa*
504		碱茅属	朝鲜碱茅	*Puccinellia chinampoensis*
505			碱茅	*Puccinellia distans*
506			微药碱茅	*Puccinellia micrandra*
507			星星草	*Puccinellia tenuiflora*
508		狗尾草属	狗尾草	*Setaria viridis*
509		柳叶箬属	柳叶箬	*Isachne globosa*
510		马唐属	马唐	*Digitaria sanguinalis*
511			升马唐	*Digitaria ciliaris*
512			止血马唐	*Digitaria ischaemum*
513		求米草属	求米草	*Oplismenus undulatifolius*
514		稗属	旱稗	*Echinochloa hispidula*
515			光头稗	*Echinochloa colonum*

（续）

序　号	科	属	种	
			中文名	拉丁名
516	禾本科	稗属	稗	*Echinochloa crusgalli*
517			无芒稗	*Echinochloa crusgalli* var. *mitis*
518			西来稗	*Echinochloa crusgalli* var. *zelayensis*
519		锋芒草属	虱子草	*Tragus berteronianus*
520			锋芒草	*Tragus racemosus*
521		荻属	荻	*Triarrhena sacchariflora*
522		白茅属	白茅	*Imperata cylindrica*
523		莠竹属	柔枝莠竹	*Microstegium vimineum*
524			莠竹	*Microstegium nodosum*
525		牛鞭草属	牛鞭草	*Hemarthria altissima*
526		荩草属	荩草	*Arthraxon hispidus*
527			矛叶荩草	*Arthraxon lanceolatus*
528	莎草科	薹草属	扁囊薹草	*Carex coriophora*
529			皱果薹草	*Carex dispalata*
530			寸草	*Carex duriuscula*
531			无脉薹草	*Carex enervis*
532			异鳞薹草	*Carex heterolepis*
533			筛草(砂砧薹草)	*Carex kobomugi*
534			尖嘴薹草	*Carex leiorhyncha*
535			二柱薹草	*Carex lithophila*
536		藨草属	扁秆藨草	*Scirpus planiculmis*
537			矮藨草	*Scirpus pumilus*
538			羽状刚毛藨草	*Scirpus subulatus*
539			太行山藨草	*Scirpus schansiensis*
540			藨草	*Scirpus triqueter*
541			水葱	*Scirpus validus*
542			水毛花	*Scirpus triangulatus*
543			荆三棱	*Scirpus yagara*
544		扁穗草属	华扁穗草	*Blysmus sinocompressus*
545		荸荠属	牛毛毡	*Heleocharis yokoscensis*
546		飘拂草属	复序飘拂草	*Fimbristylis bisumbellata*
547			两歧飘拂草	*Fimbristylis dichotoma*
548			双穗飘拂草	*Fimbristylis subbispicata*

（续）

序 号	科	属	种	
			中文名	拉丁名
549	莎草科	水蜈蚣属	无刺鳞水蜈蚣	*Kyllinga brevifolia* var. *leiolepis*
550		莎草属	阿穆尔莎草	*Cyperus amuricus*
551			异型莎草	*Cyperus difformis*
552			褐穗莎草	*Cyperus fuscus*
553			头状穗莎草	*Cyperus glomeratus*
554			碎米莎草	*Cyperus iria*
555			香附子（莎草）	*Cyperus rotundus*
556			汾河莎草	*Cyperus nanellus*
557			白鳞莎草	*Cyperus nipponicus*
558		水莎草属	水莎草	*Juncellus serotinus*
559			花穗水莎草	*Juncellus pannonicus*
560			沼生水莎草	*Juncellus limosus*
561		扁莎属	球穗扁莎	*Pycreus globosus*
562			小球穗扁莎	*Pycreus globosus* var. *nilagiricus*
563			矮球穗扁莎	*Pycreus globosus* var. *minimus*
564			直球穗扁莎	*Pycreus globosus* var. *strictus*
565			红鳞扁莎	*Pycreus sanguinolentus*
566		嵩草属	矮生嵩草	*Kobresia humilis*
567			嵩草	*Kobresia myosuroides*
568	天南星科	菖蒲属	菖蒲	*Acorus calamus*
569		天南星属	东北南星	*Arisaema amurense*
570			天南星	*Arisaema heterophyllum*
571	浮萍科	浮萍属	浮萍	*Lemna minor*
572			品藻	*Lemna trisulca*
573		紫萍属	紫萍	*Spirodela polyrrhiza*
574	鸭跖草科	鸭跖草属	鸭跖草	*Commelina communis*
575	雨久花科	凤眼蓝属	凤眼蓝（凤眼莲）	*Eichhornia crassipes*
576		雨久花属	雨久花	*Monochoria korsakowii*
577			鸭舌草	*Monochoria vaginalis*
578	灯心草科	灯心草属	小灯心草	*Juncus bufonius*
579			灯心草	*Juncus effusus*
580			贴苞灯心草	*Juncus triglumis*
581		地杨梅属	淡花地杨梅	*Luzula pallescens*

（续）

序号	科	属	种	
			中文名	拉丁名
582	百合科	葱属	碱韭	*Allium polyrhizum*
583			球序韭	*Allium thunbergii*
584		沿阶草属	沿阶草	*Ophiopogon bodinieri*
585		重楼属	北重楼	*Paris verticillata*
586		萱草属	黄花菜	*Hemerocallis citrina*
587		大百合属	荞麦叶大百合	*Cardiocrinum cathayanum*
588	鸢尾科	鸢尾属	鸢尾	*Iris tectorum*
589			细叶鸢尾(细叶马蔺)	*Iris tenuifolia*
590			马蔺	*Iris lactea* var. *chinensis*
591	兰科	凹舌兰属	凹舌兰	*Coeloglossum viride*
592		火烧兰属	火烧兰	*Epipactis helleborine*
593		手参属	手参	*Gymnadenia conopsea*
594		角盘兰属	角盘兰	*Herminium monorchis*
595		沼兰属	沼兰	*Malaxis monophyllos*
596		绶草属	绶草	*Spiranthes sinensis*

附录 2　山西湿地调查区域动物名录

序号	目	科	种	
			中文名	拉丁名
(一)鱼　类				
1	鲟形目	鲟科	俄罗斯鲟★	*Acipenser gueldenstaedti*
2	刺鱼目	刺鱼科	中华多刺鱼	*Pungitius sinensis*
3	合鳃鱼目	合鳃鱼科	黄鳝	*Monopterus albus*
4	鳉形目	鳉科	青鳉	*Oryzias latipes*
5	鳗鲡目	鳗鲡科	鳗鲡★	*Anguilla japonica*
6	鲤形目	鲤科	棒花鱼	*Abbottina rivularis*
7			东方欧鳊*	*Abramis brama*
8			刺鮈*	*Acanthogobio guentheri*
9			短须鱊*	*Acheilognathus barbatulus*
10			斑条鱊*	*Acheilognathus taenianalis*
11			鳙★	*Aristichthys nobilis*
12			鲫	*Carassius auratus*
13			铜鱼*	*Coreius heterodon*
14			北方铜鱼*	*Coreius septentrionalis*
15			草鱼★	*Ctenopharyngodon idellus*
16			红鳍鲌*	*Culter erythropterus*
17			鲤	*Cyprinus carpio*
18			鳡*	*Elopichthys bambusa*
19			翘嘴红鲌	*Erythroculter ilishaeformis*
20			达氏鲌*	*Culter dabryi*
21			蒙古红鲌*	*Erythroculter mongolicus*
22			多纹颌须鮈*	*Gnathopogon polytaenia*
23			隐须颌须鮈*	*Gnathopogon nicholsi*
24			棒花鮈	*Gobio rivuloides*
25			似铜鮈*	*Gobio coriparoides*
26			平鳍鳅鮀*	*Gobiobotia homalopteroidea*
27			唇䱻*	*Hemibarbus laboe*
28			花䱻*	*Hemibarbus maculatus*
29			䱗鲦	*Hemiculter leucisculus*
30			清徐胡鮈*	*Huigobio chinssuensis*
31			鲢★	*Hypophthalmichthys molitrix*
32			黄河雅罗鱼*	*Leuciscus chuanchicus*

（续）

序号	目	科	种	
			中文名	拉丁名
33	鲤形目	鲤科	东北雅罗鱼*	*Leuciscus waleckii*
34			三角鲂★	*Megalobrama terminalis*
35			团头鲂★	*Megalobrama amblycephala*
36			青鱼★	*Mylopharyngodon piceus*
37			鳡*	*Ochetobius elongatus*
38			马口鱼	*Opsariichthys bidens*
39			鳊★	*Parabramis pekinensis*
40			似白鮈*	*Paraleucogobio notacantus*
41			拉氏鲅	*Phoxinus lagowskii*
42			细鳞斜颌鲴*	*Plagiognathops microlepis*
43			彩石鳑鲏	*pseudoperilampus lighti*
44			麦穗鱼	*Pseudorasbora parva*
45			稀有麦穗鱼	*Pseudorasbora fowleri*
46			大鼻吻鮈*	*Rhinogobio nasutus*
47			吻鮈*	*Rhinogobio typus*
48			中华鳑鲏	*Rhodeus sinensis*
49			黑鳍鳈*	*Sarcocheilichthys nigripinnis*
50			蛇鮈	*Saurogobio dabryi*
51			中间银鮈*	*Squalidus intermedius*
52			赤眼鳟	*Squaliobarbus curriculus*
53			多鳞铲颌鱼*	*Varicorhinus macrolepis*
54			黄尾鲴*	*Xenocypris davidi*
55			银鲴	*Xenocypris argentea*
56			宽鳍鱲	*Zacco platypus*
57		鳅科	北方须鳅*	*Barbatula barbatula*
58			北方花鳅*	*Cobitis granoci*
59			中华花鳅	*Cobitis sinensis*
60			北鳅*	*Lefua costata*
61			泥鳅	*Misgurnus anguillicaudatus*
62			条鳅*	*Nemacheilus yingjiangensis*
63			大鳞副泥鳅*	*Paramisgurnus dabryanus*
64			短尾高原鳅	*Triplophysa brevicauda*
65			武威高原鳅	*Triplophysa wuweiensis*
66			达里湖高原鳅	*Triplophysa dalaica*
67			岷县高原鳅	*Triplophysa minxianensis*

（续）

序号	目	科	种	
			中文名	拉丁名
68	鲤形目	鳅科	粗壮高原鳅	*Triplophysa robusta*
69			高原鳅	*Triplophysa* sp.
70	鲇形目	鲿科	黄颡鱼	*Pelteobagrus fulvidraco*
71			瓦氏黄颡鱼*	*Pelteobagrus vachelli*
72			乌苏里拟鲿*	*Pseudobagrus ussuriensis*
73		鲇科	鲇	*Silurus asotus*
74	鲑形目	鲑科	虹鳟鱼★	*Oncorhynchus mykiss*
75		胡瓜鱼科	池沼公鱼★	*Hypomesus olidus*
76		银鱼科	陈氏新银鱼★	*Neosalanx tangkahkeii*
77	鲈形目	鳢科	乌鳢	*Channa argus*
78		丽鱼科	莫桑比克罗非鱼★	*Oreochromis mossambicus*
79			尼罗罗非鱼★	*Oreochromis niloticus*
80		塘鳢科	黄黝鱼	*Hypseleotris swinhonis*
81		鰕虎鱼科	小吻鰕虎鱼	*Rhinogobius parvus*
82		鰕虎鱼科	普栉鰕虎鱼	*Ctenogobius giurinus*
（二）两栖类				
1	有尾目	隐鳃鲵科	大鲵	*Andrias davidianus*
2	无尾目	角蟾科	淡肩角蟾*	*Megophrys boettgeri*
3		蟾蜍科	花背蟾蜍	*Bufo raddei*
4			中华蟾蜍	*Bufo gargarizans*
5			西藏蟾蜍*	*Bufo tibetanus*
6		蛙科	棘腹蛙*	*Rana boulengeri*
7			中国林蛙	*Rana chensinensis*
8			隆肛蛙	*Rana quadrana*
9			黑斑侧褶蛙	*Pelophylax nigromaculata*
10			金线侧褶蛙*	*Pelophylax plancyi*
11			无指盘臭蛙*	*Rana grahami*
12		姬蛙科	北方狭口蛙*	*Kaloula borealis*
13			饰纹姬蛙*	*Microhyla ornata*
（三）爬行类				
1	龟鳖目	鳖科	鳖•	*Pelodiscus sinensis*
2		龟科	巴西龟★	*Trachemys scripta*
3	蜥蜴目	壁虎科	耳疣壁虎*	*Gekko auriverrucosus*
4			多疣壁虎*	*Gekko japonicus*
5			无蹼壁虎*	*Gekko swinhonis*

（续）

序号	目	科	种	
			中文名	拉丁名
6	蜥蜴目	鬣蜥科	草绿龙蜥*	*Japalura flaviceps*
7			米仓山龙蜥	*Japalura micangshanensis*
8			草原沙蜥*	*Phrynocephalus frontalis*
9		蜥蜴科	丽斑麻蜥	*Eremias argus*
10			山地麻蜥	*Eremias brenchleyi*
11			北草蜥*	*Takydromus septentrionalis*
12		石龙子科	蓝尾石龙子	*Eumeces elegans*
13			南滑蜥*	*Scincella reevesii*
14			秦岭滑蜥*	*Scincella tsinlingensis*
15			铜蜓蜥	*Sphenomorphus indicus*
16	蛇目	游蛇科	锈链腹链蛇*•	*Amphiesma craspedogaster*
17			黄脊游蛇	*Coluber spinalis*
18			赤链蛇•	*Dindon rufozonatum*
19			双斑锦蛇	*Elaphe bimaculata*
20			王锦蛇	*Elaphe carinata*
21			团花锦蛇*	*Elaphe davidi*
22			白条锦蛇	*Elaphe dione*
23			玉斑锦蛇	*Elaphe mandarina*
24			红点锦蛇*	*Elaphe rufodorsata*
25			棕黑锦蛇*	*Elaphe schrenckii*
26			黑眉锦蛇	*Elaphe taeniura*
27			赤峰锦蛇	*Elaphe anomala*
28			虎斑颈槽蛇•	*Rhabodophis tigrina*
29			黑头剑蛇*	*Sibynophis chinensis*
30			乌梢蛇•	*Zaocys dhumnades*
31		蝰科	中介蝮	*Agkistrodon intermedius*
32			莱花烙铁头*	*Trimeresurus jerdonii*
(四)鸟　类				
1	䴙䴘目	䴙䴘科	小䴙䴘	*Podiceps ruficollis*
2			角䴙䴘	*Podiceps auritus*
3			黑颈䴙䴘	*Podiceps nigricollis*
4			凤头䴙䴘	*Podiceps cristatus*
5	鹈形目	鹈鹕科	斑嘴鹈鹕	*Pelecanus philippensis*
6		鸬鹚科	鸬鹚	*Phalacrocorax carbo*
7	鹳形目	鹭科	苍鹭	*Ardea cinerea*
8			草鹭	*Ardea purpurea*

（续）

序号	目	科	种	
			中文名	拉丁名
9	鹳形目	鹭科	池鹭	*Ardeola bacchus*
10			大白鹭	*Egretta alba*
11			中白鹭	*Egretta intermedia*
12			小白鹭	*Egretta garzetta*
13			牛背鹭	*Bubulcus ibis*
14			夜鹭	*Nycticorax nycticorax*
15			黄斑苇鳽	*Ixobrychus sinensis*
16			紫背苇鳽	*Ixobrychus eurhythmus*
17			栗苇鳽	*Ixobrychus cinnamomeus*
18			大麻鳽	*Botaurus stellaris*
19		鹳科	东方白鹳	*Ciconia boyciana*
20			黑鹳	*Ciconia nigra*
21		鹮科	白琵鹭	*Platalea leucorodia*
22	雁形目	鸭科	黑雁*	*Branta bernicla*
23			鸿雁	*Anser cygnoides*
24			豆雁	*Anser fabalis*
25			白额雁*	*Anser albifrons*
26			灰雁*	*Anser anser*
27			大天鹅	*Cygnus cygnus*
28			小天鹅	*Cygnus columbianus*
29			疣鼻天鹅	*Cygnus olor*
30			赤麻鸭	*Tadorna ferruginea*
31			翘鼻麻鸭	*Tadorna tadorna*
32			针尾鸭	*Anas acuta*
33			绿翅鸭	*Anas crecca*
34			花脸鸭	*Anas formosa*
35			罗纹鸭	*Anas falcata*
36			绿头鸭	*Anas platyrhynchos*
37			斑嘴鸭	*Anas poecilorhyncha*
38			赤膀鸭	*Anas strepera*
39			赤颈鸭	*Anas penelope*
40			白眉鸭	*Anas querquedula*
41			琵嘴鸭	*Anas clypeata*
42			赤嘴潜鸭*	*Netta rufina*
43			红头潜鸭	*Aythya ferina*

（续）

序号	目	科	种	
			中文名	拉丁名
44	雁形目	鸭科	白眼潜鸭	*Aythya nyroca*
45			凤头潜鸭	*Aythya fuligula*
46			斑背潜鸭	*Aythya marila*
47			鸳鸯	*Aix galericulata*
48			斑脸海番鸭	*Melanitta fusca*
49			长尾鸭	*Clangula hyemalis*
50			鹊鸭	*Bucephala clangula*
51			斑头秋沙鸭	*Mergus albellus*
52			普通秋沙鸭	*Mergus merganser*
53	隼形目	鹗科	鹗	*Pandion haliaetus*
54		鹰科	白尾海雕	*Haliaeetus albicilla*
55	鹤形目	鹤科	灰鹤	*Grus grus*
56			蓑羽鹤*	*Anthropoides virgo*
57		秧鸡科	普通秧鸡	*Rallus aquaticus*
58			红胸田鸡	*Porzana fusca*
59			小田鸡	*Porzana pusilla*
60			白胸苦恶鸟	*Amaurornis phoenicurus*
61			董鸡	*Gallicrex cinerea*
62			黑水鸡	*Gallinula chloropus*
63			白骨顶	*Fulica atra*
64	鸻形目	雉鸻科	水雉	*Hydrophasianus chirurgus*
65		彩鹬科	彩鹬	*Rostratula benghalensis*
66		鸻科	凤头麦鸡	*Vanellus vanellus*
67			灰头麦鸡	*Vanellus cinereus*
68			灰[斑]鸻*	*Pluvialis squatarola*
69			金[斑]鸻	*Pluvialis dominica*
70			剑鸻	*Charadrius hiaticula*
71			长嘴剑鸻	*Charadrius placidus*
72			金眶鸻	*Charadrius dubius*
73			环颈鸻	*Charadrius alexandrinus*
74			蒙古沙鸻	*Charadrius mongolus*
75			铁嘴沙鸻	*Charadrius leschenaultii*
76		鹬科	红胸鸻*	*Charadrius asiaticus*
77			小杓鹬	*Numenius borealis*
78			白腰杓鹬	*Numenius arquata*
79			黑尾塍鹬	*Limosa limosa*
80			鹤鹬	*Tringa erythropus*

（续）

序号	目	科	种	
			中文名	拉丁名
81			红脚鹬	*Tringa totanus*
82			泽鹬	*Tringa stagnatilis*
83			青脚鹬	*Tringa nebularia*
84			白腰草鹬	*Tringa ochropus*
85			林鹬	*Tringa glareola*
86			矶鹬	*Tringa hypoleucos*
87			翘嘴鹬*	*Xenus cinereus*
88			翻石鹬*	*Arenaria interpres*
89		鹬科	孤沙锥*	*Capella solitaria*
90			针尾沙锥	*Capella stenura*
91			大沙锥	*Capella megala*
92	鸻形目		扇尾沙锥	*Capella gallinago*
93			丘鹬	*Scolopax rusticola*
94			红胸滨鹬	*Calidris ruficollis*
95			长趾滨鹬	*Calidris subminuta*
96			乌脚滨鹬	*Calidris temminckii*
97			尖尾滨鹬	*Calidris acuminata*
98			弯嘴滨鹬*	*Calidris ferruginea*
99			鹮嘴鹬	*Ibidorhyncha struthersii*
100		反嘴鹬科	黑翅长脚鹬	*Himantopus himantopus*
101			反嘴鹬	*Recurvirostra avosetta*
102		瓣蹼鹬科	灰瓣蹼鹬	*Phalaropus fulicarius*
103		燕鸻科	普通燕鸻	*Glareola maldivarum*
104		贼鸥科	中贼鸥*	*Stercorarius pomarinus*
105			黑尾鸥	*Larus crassirostris*
106			海鸥	*Larus canus*
107			银鸥	*Larus argentatus*
108			渔欧	*Larus ichthyaetus*
109			遗欧	*Larus relictus*
110	鸥形目		红嘴鸥	*Larus ridibundus*
111		鸥科	棕头鸥*	*Larus brunnicephalus*
112			小鸥*	*Larus minutus*
113			白翅浮鸥	*Chlidonias leucoptera*
114			须浮鸥	*Chlidonias hybrida*
115			普通燕鸥	*Sterna hirundo*
116			白额燕鸥	*Sterna albifrons*

（续）

序号	目	科	种	
			中文名	拉丁名
117	佛法僧目	翠鸟科	冠鱼狗	*Ceryle lugubris*
118			普通翠鸟	*Alcedo atthis*
119			蓝翡翠	*Halcyon pileata*
120	雀形目	河乌科	褐河乌	*Cinclus pallasii*
121		雀科	苇鹀	*Emberiza pallasi*
122			芦鹀	*Emberiza schoeniclus*
123		鹟科	白顶溪鸲	*Chaimarrornis leucocephalus*
124			黑背燕尾	*Enicurus immaculatus*
125			紫啸鸫	*Myiophoneus caeruleus*
126			红尾水鸲	*Rhyacornis fuliginosus*
127		莺科	黑眉苇莺	*Acrocephalus bistrigiceps*
128			钝翅稻田苇莺	*Acrocephalus concinens*
129			东方大苇莺	*Acrocephalus orientalis*
（五）哺乳类				
1	食虫目	猬科	刺猬	*Erinaccus europaeus*
2			林猬*	*Hemiechinus hughi*
3			达乌尔猬*	*Hemiechinus dauricus*
4		鼩鼱科	喜马拉雅水麝鼩•	*Chimarrogale himalayica*
5			北小麝鼩	*Crocidura suaveolens*
6			麝鼹*	*Scaptochirus moschatus*
7	翼手目	菊头蝠科	马铁菊头蝠*	*Rhinolophus ferrumequinum*
8		蝙蝠科	鬣鼠耳蝠*	*Myotis mystacinus*
9			大鼠耳蝠*	*Myotis myotis*
10			大足鼠耳蝠*•	*Myotis ricketti*
11			东方蝙蝠*	*Vespertilio superans*
12			大棕蝠*	*Eptesicus serotinus*
13			普通伏翼*	*Pipistrellus abramus*
14			普通长耳蝠*	*Plecotus auritus*
15			白腹管鼻蝠*	*Murina leucogaster*
16	灵长目	猴科	猕猴*	*Macaca mulatta*
17	食肉目	犬科	狼*	*Canis lupus*
18			赤狐	*Vulpes vulpes*
19		鼬科	石貂*	*Martes foina*
20			青鼬	*Martes flavigula*
21			香鼬*	*Mustela altaica*

（续）

序号	目	科	种	
			中文名	拉丁名
22	食肉目	鼬科	黄鼬	*Mustela sibirica*
23			艾鼬	*Putorius eversmanni*
24			虎鼬*	*Vormela peregusna*
25			鼬獾*	*Melogale moschata*
26			狗獾	*Meles meles*
27			猪獾	*Arctonyx collaris*
28			水獭•	*Lutra lutra*
29		灵猫科	花面狸（果子狸）	*Paguma larvata*
30		猫科	豹猫	*Prionailurus bengalensis*
31			金钱豹*	*Panthera pardus*
32	偶蹄目	猪科	野猪	*Sus scrofa*
33		麝科	原麝*	*Moschus moschiferus*
34		鹿科	西伯利亚狍	*Capreolus pygargus Siberian*
35		牛科	斑羚*	*Naemorhedus goral*
36	啮齿目	松鼠科	复齿鼯鼠*	*Trogopterus xanthipes*
37			飞鼠*	*Pteramys volans*
38			隐纹花松鼠*	*Tamiops swinhoei*
39			岩松鼠	*Sciurotamias davidianus*
40			花鼠	*Eutamias sibiricus*
41			达乌尔黄鼠*	*Citellus dauricus*
42		跳鼠科	五趾跳鼠*	*Allactaga sibirica*
43		仓鼠科	长尾仓鼠*	*Cricetulus longicaudatus*
44			大仓鼠*	*Cricetulus triton*
45			黑线仓鼠*	*Cricetulus barabensis*
46			小毛足鼠*	*Phodapus roborovskii*
47			中华鼢鼠*	*Myospalax fontanieri*
48			草原鼢鼠*	*Myospalax aspalax*
49			东北鼢鼠*	*Myospalax psilurus*
50			棕背䶄*	*Clethrionomys rufocanus*
51			山西绒鼠*	*Eothenomys shanseius*
52			苛岚绒鼠*	*Eothenomys inez*
53			棕色田鼠*	*Microtus mandarinus*
54			长爪沙鼠*	*Meriones unguiculatus*
55			子午沙鼠*	*Meriones meridianus*
56		鼠科	大林姬鼠*	*Apodemus peninsulae*

（续）

序号	目	科	种	
			中文名	拉丁名
57	啮齿目	鼠科	黑线姬鼠*	*Apodemus agrarius*
58			褐家鼠*	*Rattus norvegicus*
59			社鼠*	*Rattus niviventer*
60			黄胸鼠*	*Rattus flavipectus*
61			小家鼠*	*Mus musculus*
62	兔形目	兔科	草兔	*Lepus capensis*
63		鼠兔科	西藏鼠兔*	*Ochotona thibetana*
64			达乌尔鼠兔*	*Ochotona daurica*
65			黄河鼠兔*	*Ochotona huangensis*

注：*表示文献记载种（湿地调查中发现的种类未标注“*”号），★表示外来种，·表示湿地爬行类/哺乳类。

附录3　山西重点调查湿地概况

根据国家第二次湿地资源调查《技术规程》和山西省《实施细则》要求，山西省重点调查湿地共涉及74个单位。其中：自然保护区38个(国家级6个、省级32个)，湿地公园36个(国家级3个、省级33个)。共划分湿地斑块425块，涉及全省11个市级行政区，分布于黄河、海河两大流域。重点调查湿地总面积53752.12公顷，占全省湿地总面积的35.38%。其中：天然湿地面积31954.77公顷，占重点调查湿地总面积的59.45%；人工湿地面积21797.35公顷，占重点调查湿地总面积的40.55%。74个重点调查湿地的植被面积为15324.44公顷，占重点调查湿地总面积的28.51%。现将各重点调查湿地情况概述如下：

1. 山西运城湿地省级自然保护区重点调查湿地

山西运城湿地省级自然保护区重点调查湿地范围面积86861公顷，湿地面积37258公顷，主要湿地类型为河流湿地、湖泊湿地、沼泽湿地、人工湿地4种湿地类湿地(湖泊为淡水湖)。地理坐标为东经110°17′02″~112°47′00″、北纬34°36′51″~35°39′30″；位于河津、万荣、临猗、永济、芮城、平陆、夏县、垣曲等8个县(市)内。

湿地高等植物2门63科176属306种。国家重点保护野生植物1种，其中国家Ⅱ级保护野生植物1种。

湿地植被划分为4个植被型组，9个植被型，57个群系。

湿地内脊椎动物5纲20目32科79种。其中，鱼类5目8科18种，两栖类1目2科4种，爬行类2目3科6种，鸟类9目15科45种，哺乳类3目4科6种。

国家重点保护野生动物18种。其中，国家Ⅰ级保护野生动物4种，国家Ⅱ级保护野生动物14种。在国家重点保护野生动物中，湿地鸟类6种，其中国家Ⅰ级保护鸟类2种，为黑鹳、遗鸥；国家Ⅱ级保护鸟类4种，为白琵鹭、大天鹅、鸳鸯、灰鹤。

记录到外来动物物种2门3纲4目4科7种，其中无脊椎动物1门1纲1目1科1种，脊椎动物1门2纲3目3科6种。

于2001年建立省级自然保护区，受林业部门管理，成立了专门的管理机构。

主要受到围垦、水污染、基建和城市化、水利工程负面影响的威胁。

2. 山西古城国家湿地公园重点调查湿地

山西古城国家湿地公园重点调查湿地范围面积2907公顷，湿地面积1545公顷，主要湿地类

注：①本附录中的湿地高等植物、湿地内脊椎动物数据是指本次湿地资源调查所得数据。

②本附录中的国家重点保护野生植物、动物数据是指重点调查湿地所在的自然保护区(湿地公园)所分布的国家重点保护野生植物、动物。

型为河流湿地和人工湿地2种湿地类湿地。地理坐标为东经111°49′47″~111°54′34″，北纬35°04′12″~35°08′47″；位于垣曲县内。

湿地高等植物1门33科71属111种。

湿地植被划分为2个植被型组，3个植被型，7个群系。

湿地内脊椎动物5纲15目17科45种。其中，鱼类3目4科10种，两栖类1目2科3种，爬行类2目2科6种，鸟类7目7科24种，哺乳类2目2科2种。

国家重点保护野生动物12种。其中，国家Ⅰ级保护野生动物2种，国家Ⅱ级保护野生动物10种。在国家重点保护野生动物中，湿地鸟类2种，其中国家Ⅰ级保护鸟类1种，为黑鹳；国家Ⅱ级保护鸟类1种，为白琵鹭。

记录到外来动物物种1门1纲1目科2种，其中脊椎动物1门1纲1目1科2种。

于2009年建立国家湿地公园(试点)，直接受垣曲县人民政府领导，成立了专门的管理机构。

主要受到生活垃圾污染的威胁。

3. 山西芦芽山国家级自然保护区重点调查湿地

山西芦芽山国家级自然保护区重点调查湿地范围面积21453公顷，湿地面积279.5公顷，主要湿地类型为河流湿地、沼泽湿地2种湿地类湿地。地理坐标为东经111°50′00″~112°05′30″，北纬38°35′40″~38°45′00″；位于宁武县内。

湿地高等植物3门51科159属256种。国家重点保护野生植物1种，其中国家Ⅱ级保护野生植物有野大豆1种。

湿地植被划分为4个植被型组、7个植被型、42个群系。

湿地内脊椎动物4纲14目18科28种。其中，鱼类3目4科10种，两栖类1目2科3种，鸟类8目10科13种，哺乳类2目2科2种。

国家重点保护野生动物15种。其中，国家Ⅰ级保护野生动物3种，国家Ⅱ级保护野生动物12种。在国家重点保护野生动物中，湿地鸟类1种，为国家Ⅰ级保护鸟类黑鹳。

未记录到外来动物物种。

于1980年建立省级自然保护区，1997年晋升为国家级自然保护区，受林业部门管理，成立了专门的管理机构。

主要受到过牧的威胁。

4. 山西庞泉沟国家级自然保护区重点调查湿地

山西庞泉沟国家级自然保护区重点调查湿地范围面积10444公顷，湿地面积72.3公顷，主要湿地类型为河流湿地1种湿地类湿地。地理坐标为东经111°22′33″~111°32′22″，北纬37°47′45″~37°55′50″；位于交城和方山县内。

湿地高等植物3门52科167属251种。

湿地植被划分为4个植被型组、6个植被型、26个群系。

湿地内脊椎动物3纲11目16科23种。其中，鱼类1目2科5种，两栖类1目2科3种，爬行类1目2科3种，鸟类8目10科12种。

国家重点保护野生动物15种。其中，国家Ⅰ级保护野生动物4种，国家Ⅱ级保护野生动物11种。在国家重点保护野生动物中，湿地鸟类2种，其中国家Ⅰ级保护鸟类1种，为黑鹳；国家Ⅱ级保护鸟类1种，为鸳鸯。

未记录到外来动物物种。

于1980年建立省级自然保护区，1986年晋升为国家级自然保护区，受林业部门管理，成立了专门的管理机构。

主要受到旅游垃圾污染、放牧的威胁。

5. 山西黑茶山国家级自然保护区重点调查湿地

山西黑茶山国家级自然保护区重点调查湿地范围面积24415公顷，湿地面积232公顷，主要湿地类型为河流湿地和人工湿地2种湿地类湿地。地理坐标为东经111°53′~111°46′，北纬37°53′~38°44′；位于岚县、兴县和方山县内。

湿地高等植物2门43科123属195种。国家重点保护野生植物1种，其中国家Ⅱ级保护野生植物野大豆1种。

湿地植被划分为2个植被型组、5个植被型、21个群系。

湿地内脊椎动物4纲6目9科13种。其中，鱼类1目2科4种，两栖类1目2科3种，鸟类3目4科5种，哺乳类1目1科1种。

国家重点保护野生动物15种。其中，国家Ⅰ级保护野生动物4种，国家Ⅱ级保护野生动物11种。在国家重点保护野生动物中，湿地鸟类1种，为国家Ⅰ级保护鸟类黑鹳。

未记录到外来动物物种。

于2002年建立省级自然保护区，2011年晋升为国家级自然保护区，受林业部门管理，成立了专门的管理机构。

主要受到生活垃圾的威胁。

6. 山西历山国家级自然保护区重点调查湿地

山西历山国家级自然保护区重点调查湿地范围面积24200公顷，湿地面积148公顷，主要湿地类型为河流湿地、人工湿地2种湿地类湿地。地理坐标为东经111°51′10″~112°31′35″，北纬35°16′30″~35°27′20″；位于垣曲、阳城、沁水、翼城县内。

湿地高等植物3门62科169属276种。国家重点保护野生植物1种，其中国家Ⅱ级保护野生植物野大豆1种。

湿地植被划分为3个植被型组、4个植被型、28个群系。

湿地内脊椎动物5纲15目20科38种。其中，鱼类2目3科11种，两栖类2目3科5种，爬行类2目2科5种，鸟类8目11科16种，哺乳类1目1科1种。

国家重点保护野生动物20种。其中，国家Ⅰ级保护野生动物5种，国家Ⅱ级保护野生动物15种。在国家重点保护野生动物中，湿地鸟类2种，其中国家Ⅰ级保护鸟类1种，为黑鹳；国家Ⅱ级保护鸟类1种，为鸳鸯。

未记录到外来动物物种。

于1983年建立省级自然保护区，1988年晋升为国家级自然保护区，受林业部门管理，成立了专门的管理机构。

主要受到旅游垃圾污染的威胁。

7. 山西阳城蟒河猕猴国家级自然保护区重点调查湿地

山西阳城蟒河猕猴国家级自然保护区重点调查湿地范围面积5573公顷，湿地面积61公顷，主要湿地类型为河流湿地、人工湿地2种湿地类湿地。地理坐标为东经112°22′10″～112°31′35″，北纬35°12′30″～35°17′20″；位于阳城县内。

湿地高等植物3门54科134属214种。国家重点保护野生植物2种，其中国家Ⅰ级保护野生植物南方红豆杉1种，国家Ⅱ级保护野生植物野大豆1种。

湿地植被划分为3个植被型组、4个植被型、9个群系。

湿地内脊椎动物5纲12目16科23种。其中，鱼类2目3科6种，两栖类2目3科4种，爬行类2目3科3种，鸟类5目6科9种，哺乳类1目1科1种。

国家重点保护野生动物16种。其中，国家Ⅰ级保护野生动物3种，国家Ⅱ级保护野生动物13种。在国家重点保护野生动物中，湿地鸟类1种，为国家Ⅰ级保护鸟类黑鹳。

未记录到外来动物物种。

于1983年建立省级自然保护区，1998年晋升为国家级自然保护区，受林业部门管理，成立了专门的管理机构。

主要受到旅游开发中基础设施建设、旅游垃圾污染的威胁。

8. 山西五鹿山国家级自然保护区重点调查湿地

山西五鹿山国家级自然保护区重点调查湿地范围面积20617公顷，湿地面积61公顷，主要湿地类型为河流湿地和人工湿地2种湿地类湿地。地理坐标为东经111°08′～111°18′，北纬36°23′45″～36°38′20″；位于蒲县县内。

湿地高等植物2门44科128属205种。国家重点保护野生植物1种，其中国家Ⅱ级保护野生植物野大豆1种。

湿地植被划分为2个植被型组、4个植被型、11个群系。

湿地内脊椎动物3纲4目6科10种。其中，鱼类1目1科2种，两栖类1目2科3种，鸟类2目3科5种。

国家重点保护野生动物18种。其中，国家Ⅰ级保护野生动物4种，国家Ⅱ级保护野生动物14种。在国家重点保护野生动物中，湿地鸟类2种，其中国家Ⅰ级保护鸟类1种，为黑鹳；国家Ⅱ级保护鸟类1种，为鸳鸯。

未记录到外来动物物种。

于1993年建立省级自然保护区，2006年晋升为国家级自然保护区，受林业部门管理，成立了专门的管理机构。

主要受到水污染的威胁。

9. 山西桑干河省级自然保护区重点调查湿地

山西桑干河省级自然保护区重点调查湿地范围面积73528公顷，湿地面积2943公顷，主要湿地类型为河流湿地、沼泽湿地、人工湿地3种湿地类湿地。地理坐标为东经112°50′~114°31′，北纬39°50′~40°30′；位于朔城区、怀仁、大同、阳高及天镇县内。

湿地高等植物3门49科148属254种。

湿地植被划分为4个植被型组、8个植被型、37个群系。

湿地内脊椎动物5纲18目22科50种。其中，鱼类3目4科10种，两栖类1目2科3种，爬行类2目2科2种，鸟类11目13科34种，哺乳类1目1科1种。

国家重点保护野生动物23种。其中，国家Ⅰ级保护野生动物3种，国家Ⅱ级保护野生动物20种。在国家重点保护野生动物中，湿地鸟类5种，其中国家Ⅰ级保护鸟类2种，为黑鹳、斑嘴鹈鹕；国家Ⅱ级保护鸟类3种，为白琵鹭、大天鹅、灰鹤。

未记录到外来动物物种。

于2002年建立省级自然保护区，受林业部门管理，成立了专门的管理机构。

主要受到基建和城市化、盐碱化、过牧、水污染的威胁。

10. 山西壶流河湿地省级自然保护区重点调查湿地

山西壶流河湿地省级自然保护区重点调查湿地范围面积11234万公顷，湿地面积581公顷，主要湿地类型为河流湿地、沼泽湿地、人工湿地3种湿地类湿地。地理坐标为东经114°14′39″~114°24′57″，北纬39°38′06″~39°46′16″；位于广灵县内。

湿地高等植物2门43科111属178种。

湿地植被划分为2个植被型组、4个植被型、15个群系。

湿地内脊椎动物5纲22目32科51种。其中，鱼类4目5科11种，两栖类2目3科3种，爬行类3目3科3种，鸟类10目18科30种，哺乳类3目3科4种。

国家重点保护野生动物11种。其中，国家Ⅰ级保护野生动物3种，国家Ⅱ级保护野生动物8种。在国家重点保护野生动物中，湿地鸟类3种，其中国家Ⅰ级保护鸟类1种，为黑鹳；国家Ⅱ级保护鸟类2种，为白琵鹭和大天鹅。

记录到外来动物物种1门2纲2目2科3种，均属于脊椎动物。

于2007年建立省级自然保护区，受县人民政府直接领导，成立了专门的管理机构。

主要受到城市化、旅游垃圾污染、围垦、外来物种入侵的威胁。

11. 山西灵丘黑鹳省级自然保护区重点调查湿地

山西灵丘黑鹳省级自然保护区重点调查湿地范围面积71592公顷，湿地面积445万公顷，主要湿地类型为河流湿地1种湿地类湿地。地理坐标为东经113°56′~114°29′，北纬39°02′~39°24′；位于灵丘县内。

湿地高等植物2门42科117属191种。国家重点保护野生植物1种，其中国家Ⅱ级保护野生植物野大豆1种。

湿地植被划分为2个植被型组、4个植被型、15个群系。

湿地内脊椎动物5纲8目12科17种。其中，鱼类1目2科5种，两栖类1目1科1种，爬行类2目2科2种，鸟类3目6科8种，哺乳类1目1科1种。

国家重点保护野生动物13种。其中，国家Ⅰ级保护野生动物3种，国家Ⅱ级保护野生动物10种。在国家重点保护野生动物中，湿地鸟类1种，为国家Ⅰ级保护鸟类黑鹳。

未记录到外来动物物种。

于2002年建立省级自然保护区，受县人民政府直接领导，成立了专门的管理机构。

主要受到基建、围垦的威胁。

12. 山西应县南山省级自然保护区重点调查湿地

山西应县南山省级自然保护区重点调查湿地范围面积27426万公顷，湿地面积26公顷，主要湿地类型为河流湿地1种湿地类湿地。地理坐标为东经113°08′~113°34′，北纬39°17′~39°27′；位于应县县内。

湿地高等植物2门42科115属188种。

湿地植被划分为2个植被型组、3个植被型、7个群系。

湿地内脊椎动物4纲6目7科8种。其中，鱼类1目1科1种，两栖类1目1科2种，鸟类2目3科3种，哺乳类2目2科2种。

国家重点保护野生动物9种。其中，国家Ⅰ级保护野生动物2种，国家Ⅱ级保护野生动物7种。在国家重点保护野生动物中，湿地鸟类1种，为国家Ⅰ级保护野生动物黑鹳。

未记录到外来动物物种。

于2002年建立省级自然保护区，受林业部门管理。

主要受到过牧的威胁。

13. 山西云中山省级自然保护区重点调查湿地

山西云中山省级自然保护区重点调查湿地范围面积39800公顷，湿地面积334公顷，主要湿地类型为河流湿地、沼泽湿地、人工湿地3种湿地类湿地。地理坐标为东经112°15′28″~112°33′36″，北纬38°16′36″~38°40′52″；位于忻府区内。

湿地高等植物3门63科163属271种。国家重点保护野生植物2种，其中国家Ⅱ级保护野生植物绶草、野大豆2种。

湿地植被划分为5个植被型组、8个植被型、50个群系。

湿地内脊椎动物4纲8目11科20种。其中，鱼类1目2科5种，两栖类1目2科3种，鸟类5目6科11种，哺乳类1目1科1种。

国家重点保护野生动物10种。其中，国家Ⅰ级保护野生动物2种，国家Ⅱ级保护野生动物8种。在国家重点保护野生动物中，没有湿地鸟类物种。

未记录到外来动物物种。

于2002年建立省级自然保护区，受林业部门管理，成立了专门的管理机构。

14. 山西臭冷杉省级自然保护区重点调查湿地

山西臭冷杉省级自然保护区重点调查湿地范围面积25049公顷，湿地面积135公顷，主要湿地类型为河流湿地1种湿地类湿地。地理坐标为东经113°19′～113°37′，北纬39°02′～39°13′；位于繁峙县内。

湿地高等植物3门54科153属249种。

湿地植被划分为4个植被型组、6个植被型、38个群系。

湿地内脊椎动物5纲11目17科27种。其中，鱼类2目3科6种，两栖类1目2科4种，爬行类1目2科4种，鸟类4目6科7种，哺乳类3目4科6种。

国家重点保护野生动物13种。其中，国家Ⅰ级保护野生动物3种，国家Ⅱ级保护野生动物10种。在国家重点保护野生动物中，湿地鸟类1种，为国家Ⅰ级保护野生动物黑鹳。

未记录到外来动物物种。

于2002年建立省级自然保护区，受林业部门管理，成立了专门的管理机构。

主要受到开矿的威胁。

15. 山西贺家山省级自然保护区重点调查湿地

山西贺家山省级自然保护区重点调查湿地范围面积18870公顷，湿地面积30公顷，主要湿地类型为河流湿地1种湿地类湿地。地理坐标为东经111°09′20″～111°19′40″，北纬38°42′58″～38°56′30″；位于保德县内。

湿地高等植物2门44科126属192种。

湿地植被划分为1个植被型组、2个植被型、7个群系。

湿地内脊椎动物4纲7目9科18种。其中，鱼类1目2科8种，两栖类1目2科3种，鸟类3目3科5种，哺乳类2目2科2种。

国家重点保护野生动物9种。其中，国家Ⅰ级保护野生动物1种，国家Ⅱ级保护野生动物8种。在国家重点保护野生动物中，没有湿地鸟类。

未记录到外来动物物种。

于2005年建立省级自然保护区，受林业部门管理，成立了专门的管理机构。

主要受到生活垃圾污染的威胁。

16. 山西天龙山省级自然保护区重点调查湿地

山西天龙山省级自然保护区重点调查湿地范围面积2867公顷，湿地面积19公顷，主要湿地类型为河流湿地1种湿地类湿地。地理坐标为东经112°19′15″～112°24′01″，北纬37°40′06″～37°53′01″；位于太原市内。

湿地高等植物2门43科115属182种。

湿地植被划分为3个植被型组、4个植被型、7个群系。

湿地内脊椎动物4纲12目13科27种。其中，鱼类1目1科3种，两栖类1目2科2种，爬行类1目1科1种，鸟类9目9科21种。

国家重点保护野生动物7种。其中，国家Ⅰ级保护野生动物1种，国家Ⅱ级保护野生动物6

种。在国家重点保护野生动物中，没有湿地鸟类。

未记录到外来动物物种。

于 1993 年建立省级自然保护区，受林业部门管理，成立了管理机构。

主要受到旅游开发的威胁。

17. 山西凌井沟省级自然保护区重点调查湿地

山西凌井沟省级自然保护区重点调查湿地范围面积 10515 公顷，湿地面积 52 公顷，主要湿地类型为河流湿地 1 种湿地类湿地。地理坐标为东经 112°14′11″～112°28′30″，北纬 38°01′39″～38°16′56″；位于阳曲县内。

湿地高等植物 2 门 40 科 112 属 175 种。国家重点保护野生植物 1 种，其中国家Ⅱ级保护野生植物野大豆 1 种。

湿地植被划分为 3 个植被型组、5 个植被型、16 个群系。

湿地内脊椎动物 3 纲 7 目 8 科 11 种。其中，两栖类 1 目 2 科 3 种，鸟类 3 目 3 科 4 种，哺乳类 3 目 3 科 4 种。

国家重点保护野生动物 14 种。其中，国家Ⅰ级保护野生动物 2 种，国家Ⅱ级保护野生动物 12 种。在国家重点保护野生动物中，湿地鸟类 1 种，为国家Ⅱ级保护鸟类鸳鸯。

未记录到外来动物物种。

于 2002 年建立省级自然保护区，受林业部门管理，成立了管理机构。

主要受到基建、水利工程负面影响的威胁。

18. 山西汾河上游省级自然保护区重点调查湿地

山西汾河上游省级自然保护区重点调查湿地范围面积 42523 公顷，湿地面积 81 公顷，主要湿地类型为河流湿地 1 种湿地类湿地。地理坐标为东经 111°31′～112°02′，北纬 37°51′～38°13′；位于娄烦县内。

湿地高等植物 2 门 46 科 131 属 214 种。国家重点保护野生植物 1 种，其中国家Ⅱ级保护野生植物野大豆 1 种。

湿地植被划分为 3 个植被型组、6 个植被型、31 个群系。

湿地内脊椎动物 3 纲 11 目 15 科 30 种。其中，鱼类 3 目 4 科 12 种，两栖类 1 目 2 科 3 种，鸟类 7 目 9 科 15 种。

国家重点保护野生动物 14 种。其中，国家Ⅰ级保护野生动物 3 种，国家Ⅱ级保护野生动物 11 种。在国家重点保护野生动物中，湿地鸟类 3 种，其中国家Ⅰ级保护鸟类 1 种，为黑鹳；国家Ⅱ级保护鸟类 2 种，为白琵鹭和大天鹅。

记录到外来动物物种 1 门 1 纲 2 目 3 科 4 种，均为脊椎动物。

于 2002 年建立省级自然保护区，受林业部门管理，成立了专门的管理机构。

主要受到开矿、生活垃圾污染、外来物种入侵的威胁。

19. 山西薛公岭省级自然保护区重点调查湿地

山西薛公岭省级自然保护区重点调查湿地范围面积 19976 公顷，湿地面积 30 公顷，主要湿地类型为河流湿地 1 种湿地类湿地。地理坐标为东经 111°13′11″ ~ 111°27′33″，北纬 37°18′52″ ~ 37°27′50″；位于离石区和中阳县内。

湿地高等植物 2 门 52 科 146 属 237 种。

湿地植被划分为 3 个植被型组、5 个植被型、28 个群系。

湿地内脊椎动物 4 纲 5 目 5 科 6 种。其中，鱼类 1 目 1 科 1 种，两栖类 1 目 1 科 2 种，鸟类 2 目 2 科 2 种，哺乳类 1 目 1 科 1 种。

国家重点保护野生动物 11 种。其中，国家Ⅰ级保护野生动物 2 种，国家Ⅱ级保护野生动物 9 种。在国家重点保护野生动物中，没有湿地鸟类物种。

未记录到外来动物物种。

于 2002 年建立省级自然保护区，受林业部门管理，成立了专门的管理机构。

主要受到非法猎捕、放牧、水利工程负面影响的威胁。

20. 山西云顶山省级自然保护区重点调查湿地

山西云顶山省级自然保护区重点调查湿地范围面积 23029 公顷，湿地面积 134 公顷，主要湿地类型为河流湿地 1 种湿地类湿地。地理坐标为东经 111°30′33″ ~ 111°47′10″，北纬 37°50′49″ ~ 38°02′15″；位于娄烦县内。

湿地高等植物 3 门 49 科 141 属 222 种。国家重点保护野生植物 1 种，其中国家Ⅱ级保护野生植物野大豆 1 种。

湿地植被划分为 4 个植被型组、6 个植被型、23 个群系。

湿地内脊椎动物 3 纲 7 目 9 科 13 种。其中，鱼类 1 目 2 科 3 种，两栖类 1 目 2 科 3 种，鸟类 5 目 5 科 7 种。

国家重点保护野生动物 12 种。其中，国家Ⅰ级保护野生动物 3 种，国家Ⅱ级保护野生动物 9 种。在国家重点保护野生动物中，湿地鸟类 2 种，其中国家Ⅰ级保护鸟类 1 种，为黑鹳；国家Ⅱ级保护鸟类 1 种，为鸳鸯。

未记录到外来动物物种。

于 2002 年建立省级自然保护区，受林业部门管理，成立了专门的管理机构。

主要受到旅游开发、开矿、放牧的威胁。

21. 山西蔚汾河省级自然保护区重点调查湿地

山西蔚汾河省级自然保护区重点调查湿地范围面积 17661 公顷，湿地面积 161 公顷，主要湿地类型为河流湿地、人工湿地 2 种湿地类湿地。地理坐标为东经 111°15′02″ ~ 111°25′06″，北纬 38°24′31″ ~ 38°36′15″；位于兴县县内。

湿地高等植物 2 门 43 科 122 属 196 种。国家重点保护野生植物 1 种，其中国家Ⅱ级保护野生植物野大豆 1 种。

湿地植被划分为 3 个植被型组、6 个植被型、24 个群系。

湿地内脊椎动物4纲8目9科12种。其中，鱼类1目2科3种，两栖类1目1科2种，鸟类3目3科4种，哺乳类3目3科3种。

国家重点保护野生动物7种。均为国家Ⅱ级保护野生动物物种。在国家重点保护野生动物中，没有湿地鸟类物种。

未记录到外来动物物种。

于2002年建立省级自然保护区，受林业部门管理。

主要受到放牧、生活垃圾污染的威胁。

22. 山西八缚岭省级自然保护区重点调查湿地

山西八缚岭省级自然保护区重点调查湿地范围面积15267公顷，湿地面积69公顷，主要湿地类型为河流湿地1种湿地类湿地。地理坐标为东经112°54′~113°05′，北纬37°23′~37°34′；位于榆次区内。

湿地高等植物2门41科113属186种。

湿地植被划分为3个植被型组、5个植被型、11个群系。

湿地内脊椎动物3纲5目6科10种。其中，鱼类1目1科3种，两栖类1目2科3种，鸟类3目3科4种。

国家重点保护野生动物8种。其中，国家Ⅰ级保护野生动物1种，国家Ⅱ级保护野生动物7种。在国家重点保护野生动物中，湿地鸟类1种，为国家Ⅱ级保护鸟类鸳鸯。

未记录到外来动物物种。

于2002年建立省级自然保护区，受林业部门管理，成立了管理机构。

主要受到生活垃圾污染的威胁。

23. 山西孟信垴省级自然保护区重点调查湿地

山西孟信垴省级自然保护区重点调查湿地范围面积39046公顷，湿地面积49公顷，主要湿地类型为河流湿地1种湿地类湿地。地理坐标为东经113°22′56″~113°39′16″，北纬36°52′08″~37°12′31″；位于左权县内。

湿地高等植物2门41科111属180种。国家重点保护野生植物1种，其中国家Ⅱ级保护野生植物野大豆1种。

湿地植被划分为1个植被型组、3个植被型、10个群系。

湿地内脊椎动物5纲10目15科23种。其中，鱼类1目2科8种，两栖类1目2科2种，爬行类1目1科1种，鸟类6目9科11种，哺乳类1目1科1种。

国家重点保护野生动物12种。其中，国家Ⅰ级保护野生动物2种，国家Ⅱ级保护野生动物10种。在国家重点保护野生动物中，湿地鸟类2种，其中国家Ⅰ级保护鸟类1种，为黑鹳；国家Ⅱ级保护鸟类1种，为鸳鸯。

未记录到外来动物物种。

于2002年建立省级自然保护区，受林业部门管理，成立了专门的管理机构。

主要受到水污染、水利工程负面影响的威胁。

24. 山西铁桥山省级自然保护区重点调查湿地

山西铁桥山省级自然保护区重点调查湿地范围面积35351公顷，湿地面积331公顷，主要湿地类型为河流湿地、沼泽湿地、人工湿地3种湿地类湿地。地理坐标为东经113°05′~113°35′，北纬37°13′~37°34′；位于和顺县内。

湿地高等植物2门51科149属238种。国家重点保护野生植物1种，其中国家Ⅱ级保护野生植物野大豆1种。

湿地植被划分为3个植被型组、6个植被型、36个群系。

湿地内脊椎动物3纲8目10科15种。其中，鱼类1目2科4种，两栖类1目1科1种，鸟类6目7科10种。

国家重点保护野生动物11种。其中，国家Ⅰ级保护野生动物2种，国家Ⅱ级保护野生动物9种。在国家重点保护野生动物中，湿地鸟类2种，其中国家Ⅰ级保护鸟类1种，为黑鹳；国家Ⅱ级保护鸟类1种，为鸳鸯。

未记录到外来动物物种。

于2002年建立省级自然保护区，受林业部门管理，成立了专门的管理机构。

主要受到放牧、水利工程负面影响威胁。

25. 山西四县垴省级自然保护区重点调查湿地

山西四县垴省级自然保护区重点调查湿地范围面积16000公顷，湿地面积23公顷，主要湿地类型为河流湿地1种湿地类湿地。地理坐标为东经112°32′38″~112°40′55″，北纬37°04′35″~37°17′10″；位于祁县县内。

湿地高等植物2门45科116属188种。国家重点保护野生植物1种，其中国家Ⅱ级保护野生植物野大豆1种。

湿地植被划分为2个植被型组、5个植被型、15个群系。

湿地内脊椎动物4纲7目11科15种。其中，鱼类1目2科2种，两栖类1目2科3种，鸟类4目6科9种，哺乳类1目1科1种。

国家重点保护野生动物15种。其中，国家Ⅰ级保护野生动物2种，国家Ⅱ级保护野生动物13种。在国家重点保护野生动物中，湿地鸟类1种，为国家Ⅰ级保护鸟类黑鹳。

未记录到外来动物物种。

于2002年建立省级自然保护区，受林业部门管理，成立了专门的管理机构。

主要受到生活垃圾的威胁。

26. 山西超山省级自然保护区重点调查湿地

山西超山省级自然保护区重点调查湿地范围面积18560公顷，湿地面积55公顷，主要湿地类型为河流湿地1种湿地类湿地。地理坐标为东经112°17′23″~112°27′26″，北纬36°55′10″~37°06′50″；位于平遥县内。

湿地高等植物2门44科121属196种。国家重点保护野生植物1种，其中国家Ⅱ级保护野生植物绶草1种。

湿地植被划分为3个植被型组、5个植被型、12个群系。

湿地内脊椎动物3纲5目7科9种。其中，鱼类1目2科3种，两栖类1目2科3种，鸟类3目3科3种。

国家重点保护野生动物15种。其中，国家Ⅰ级保护野生动物2种，国家Ⅱ级保护野生动物13种。在国家重点保护野生动物中，湿地鸟类1种，为国家Ⅰ级保护鸟类黑鹳。

未记录到外来动物物种。

于2002年建立省级自然保护区，受林业部门管理，成立了专门的管理机构。

主要受到生活垃圾、旅游开发的威胁。

27. 山西韩信岭省级自然保护区重点调查湿地

山西韩信岭省级自然保护区重点调查湿地范围面积16265公顷，湿地面积17公顷，主要湿地类型为河流湿地1种湿地类湿地。地理坐标为东经110°36′30″～111°54′20″，北纬36°42′52″～36°49′51″；位于灵石县内。

湿地高等植物2门44科113属181种。

湿地植被划分为2个植被型组、3个植被型、8个群系。

湿地内脊椎动物5纲5目7科7种。其中，鱼类1目2科2种，两栖类1目2科2种，爬行类1目1科1种，鸟类1目1科1种，哺乳类1目1科1种。

国家重点保护野生动物13种。其中，国家Ⅰ级保护野生动物2种，国家Ⅱ级保护野生动物11种。在国家重点保护野生动物中，没有湿地鸟类。

未记录到外来动物物种。

于2002年建立省级自然保护区，受林业部门管理，成立了专门的管理机构。

主要受到工矿企业、生活垃圾的威胁。

28. 山西霍山省级自然保护区重点调查湿地

山西霍山省级自然保护区重点调查湿地范围面积17851公顷，湿地面积36公顷，主要湿地类型为河流湿地1种湿地类湿地。地理坐标为东经111°47′24″～111°58′32″，北纬36°23′36″～36°33′51″；位于洪洞、霍州、古县3县县内。

湿地高等植物2门47科122属199种。国家重点保护野生植物1种，其中国家Ⅱ级保护野生植物野大豆1种。

湿地植被划分为2个植被型组、3个植被型、13个群系。

湿地内脊椎动物3纲5目6科8种。其中，鱼类1目1科1种，两栖类1目1科2种，鸟类3目4科5种。

国家重点保护野生动物18种。其中，国家Ⅰ级保护野生动物3种，国家Ⅱ级保护野生动物15种。在国家重点保护野生动物中，湿地鸟类1种，为国家Ⅰ级保护鸟类黑鹳。

未记录到外来动物物种。

于2002年建立省级自然保护区，受林业部门管理，成立了专门的管理机构。

主要受到水利工程负面影响的威胁。

29. 山西绵山省级自然保护区重点调查湿地

山西绵山省级自然保护区重点调查湿地范围面积17827公顷，湿地面积26公顷，主要湿地类型为河流湿地1种湿地类湿地。地理坐标为东经111°56′06″～112°06′42″，北纬36°49′27″～37°01′15″；位于介休、沁源县内。

湿地高等植物2门40科112属178种。

湿地植被划分为2个植被型组、3个植被型、8个群系。

湿地内脊椎动物3纲5目8科8种。其中，鱼类1目1科1种，两栖类1目2科2种，鸟类3目5科5种。

国家重点保护野生动物17种。其中，国家Ⅰ级保护野生动物4种，国家Ⅱ级保护野生动物13种。在国家重点保护野生动物中，湿地鸟类1种，为国家Ⅰ级保护鸟类黑鹳。

未记录到外来动物物种。

于2002年建立省级自然保护区，受林业部门管理，成立了专门的管理机构。

主要受到工矿企业的威胁。

30. 山西药林寺冠山省级自然保护区重点调查湿地

山西药林寺冠山省级自然保护区重点调查湿地范围面积11017公顷，湿地面积9公顷，主要湿地类型为河流湿地1种湿地类湿地。分为药林寺区和秋林区2个区，药林寺区地理坐标为东经113°26′00″～113°35′12″，北纬37°40′07″～37°51′08″；秋林区地理坐标为东经113°44′18″～113°50′00″，北纬38°02′33″～38°06′31″；位于平定县内。

湿地高等植物2门48科128属200种。国家重点保护野生植物1种，其中国家Ⅱ级保护野生植物野大豆1种。

湿地植被划分为3个植被型组、3个植被型、15个群系。

湿地内脊椎动物3纲8目10科15种。其中，鱼类1目2科3种，两栖类1目2科3种，鸟类6目6科9种。

国家重点保护野生动物13种。其中，国家Ⅰ级保护野生动物1种，国家Ⅱ级保护野生动物12种。在国家重点保护野生动物中，没有湿地鸟类。

未记录到外来动物物种。

于2002年建立省级自然保护区，受林业部门管理，成立了管理机构。

主要受到煤矿企业废水、旅游开发的威胁。

31. 山西浊漳河源头省级自然保护区重点调查湿地

山西浊漳河源头省级自然保护区重点调查湿地范围面积14200公顷，湿地面积29公顷，主要湿地类型为河流湿地1种湿地类。地理坐标为东经112°28′～112°44′，北纬36°29′～36°59′；位于沁县县内。

湿地高等植物2门45科125属199种。国家重点保护野生植物1种，其中国家Ⅱ级保护野生植物野大豆1种。

湿地植被划分为4个植被型组、6个植被型、15个群系。

湿地内脊椎动物5纲16目20科30种。其中，鱼类1目2科4种，两栖类1目2科3种，爬行类2目2科2种，鸟类10目12科19种，哺乳类2目2科2种。

国家重点保护野生动物13种。其中，国家Ⅰ级保护野生动物2种，国家Ⅱ级保护野生动物11种。在国家重点保护野生动物中，没有湿地鸟类。

未记录到外来动物物种。

于2002年建立省级自然保护区，受林业部门管理，成立了管理机构。

主要受到生活垃圾、放牧的威胁。

32. 山西崦山省级自然保护区重点调查湿地

山西崦山省级自然保护区重点调查湿地范围面积8893公顷，湿地面积20公顷，主要湿地类型为河流湿地1种湿地类湿地。地理坐标为东经112°16′47″～112°27′59″，北纬35°34′12″～35°41′13″；位于阳城县内。

湿地高等植物2门43科121属191种。国家重点保护野生植物1种，其中国家Ⅱ级保护野生植物野大豆1种。

湿地植被划分为4个植被型组、5个植被型、8个群系。

湿地内脊椎动物5纲8目10科13种。其中，鱼类1目2科2种，两栖类1目1科2种，爬行类1目1科3种，鸟类2目3科3种，哺乳类3目3科3种。

国家重点保护野生动物6种。均为国家Ⅱ级保护野生动物。在国家重点保护野生动物中，没有湿地鸟类。

未记录到外来动物物种。

于2002年建立省级自然保护区，受林业部门管理，成立了管理机构。

主要受到基建的威胁。

33. 山西南方红豆杉省级自然保护区重点调查湿地

山西南方红豆杉省级自然保护区重点调查湿地范围面积21439公顷，湿地面积164公顷，主要湿地类型为河流湿地和人工湿地2种湿地类湿地。地理坐标为东经113°19′44″～113°33′02″、北纬35°29′51″～35°41′37″；位于陵川县内。

湿地高等植物3门43科125属204种。国家重点保护野生植物1种，其中国家Ⅰ级保护野生植物南方红豆杉1种。

湿地植被划分为2个植被型组、3个植被型、20个群系。

湿地内脊椎动物5纲15目17科20种。其中，鱼类1目1科2种，两栖类1目2科2种，爬行类2目2科4种，鸟类8目9科9种，哺乳类3目3科3种。

国家重点保护野生动物16种。其中，国家Ⅰ级保护野生动物2种，国家Ⅱ级保护野生动物14种。在国家重点保护野生动物中，没有湿地鸟类。

未记录到外来动物物种。

于2002年建立省级自然保护区，受林业部门管理，成立了管理机构。

主要受到水利工程负面影响、旅游开发的威胁。

34. 山西泽州猕猴省级自然保护区重点调查湿地

山西泽州猕猴省级自然保护区重点调查湿地范围面积93775公顷，湿地面积389公顷，主要湿地类型为河流湿地和人工湿地2种湿地类湿地。地理坐标为东经112°35′38″～113°13′20″，北纬35°11′26″～35°35′29″；位于泽州县内。

湿地高等植物2门53科139属221种。国家重点保护野生植物1种，其中国家Ⅱ级保护野生植物野大豆1种。

湿地植被划分为4个植被型组、6个植被型、25个群系。

湿地内脊椎动物5纲14目18科34种。其中，鱼类1目2科7种，两栖类1目2科3种，爬行类3目3科4种，鸟类7目9科18种，哺乳类2目2科2种。

国家重点保护野生动物18种。其中，国家Ⅰ级保护野生动物4种，国家Ⅱ级保护野生动物14种。在国家重点保护野生动物中，湿地鸟类2种，其中国家Ⅰ级保护鸟类1种，为黑鹳，国家Ⅱ级保护鸟类1种，为鸳鸯。

未记录到外来动物物种。

于2002年建立省级自然保护区，受林业部门管理，成立了管理机构。

主要受到旅游开发的威胁。

35. 山西人祖山省级自然保护区重点调查湿地

山西人祖山省级自然保护区重点调查湿地范围面积15940公顷，湿地面积15公顷，主要湿地类型为河流湿地1种湿地类湿地。地理坐标为东经110°33′20″～110°43′01″，北纬36°10′02″～36°19′30″；位于吉县县内。

湿地高等植物2门41科113属181种。国家重点保护野生植物1种，其中国家Ⅱ级保护野生植物野大豆1种。

湿地植被划分为1个植被型组、2个植被型、5个群系。

湿地内脊椎动物3纲5目5科6种。其中，两栖类1目1科2种，，鸟类2目2科2种，哺乳类2目2科2种。

国家重点保护野生动物11种。其中，国家Ⅰ级保护野生动物1种，国家Ⅱ级保护野生动物10种。在国家重点保护野生动物中，没有湿地鸟类。

未记录到外来动物物种。

于2002年建立省级自然保护区，受林业部门管理，成立了专门的管理机构。

主要受到旅游开发的威胁。

36. 山西红泥寺省级自然保护区重点调查湿地

山西红泥寺省级自然保护区重点调查湿地范围面积20700公顷，湿地面积268公顷，主要湿地类型为河流湿地1种湿地类湿地。地理坐标为东经112°22′～112°33′，北纬36°02′～36°13′；位于安泽县内。

湿地高等植物2门43科114属182种。国家重点保护野生植物1种，其中国家Ⅱ级保护野生植物野大豆1种。

湿地植被划分为2个植被型组、4个植被型、8个群系。

湿地内脊椎动物4纲8目10科16种。其中，鱼类1目2科3种，两栖类1目2科3种，鸟类5目5科9种，哺乳类1目1科1种。

国家重点保护野生动物13种。其中，国家Ⅰ级保护野生动物1种，国家Ⅱ级保护野生动物12种。在国家重点保护野生动物中，湿地鸟类1种，为国家Ⅱ级保护鸟类鸳鸯。

未记录到外来动物物种。

于2002年建立省级自然保护区，受林业部门管理，成立了管理机构。

主要受到生活污水的威胁。

37. 山西管头山省级自然保护区重点调查湿地

山西管头山省级自然保护区重点调查湿地范围面积10140公顷，湿地面积53公顷，主要湿地类型为河流湿地1种湿地类湿地。地理坐标为东经110°30′01″～110°40′45″，北纬36°06′32″～36°13′05″；位于吉县县内。

湿地高等植物1门13科35属53种。

湿地植被划分为1个植被型组、3个植被型、6个群系。

湿地内脊椎动物3纲5目5科6种。其中，鱼类1目1科1种，两栖类1目1科2种，鸟类3目3科3种。

国家重点保护野生动物12种。其中，国家Ⅰ级保护野生动物2种，国家Ⅱ级保护野生动物10种。在国家重点保护野生动物中，没有湿地鸟类。

未记录到外来动物物种。

于2002年建立省级自然保护区，受林业部门管理，成立了专门的管理机构。

主要受到旅游开发的威胁。

38. 山西涑水河源头省级自然保护区重点调查湿地

山西涑水河源头省级自然保护区重点调查湿地范围面积23144公顷，湿地面积114公顷，主要湿地类型为河流湿地和人工湿地2种湿地类湿地。地理坐标为东经111°34′～111°51′，北纬35°22′～35°29′；位于绛县县内。

湿地高等植物2门48科125属202种。

湿地植被划分为1个植被型组、2个植被型、14个群系。

湿地内脊椎动物3纲7目8科12种。其中，鱼类1目1科3种，两栖类1目1科1种，鸟类5目6科8种。

国家重点保护野生动物14种。其中，国家Ⅰ级保护野生动物1种，国家Ⅱ级保护野生动物13种。在国家重点保护野生动物中，没有湿地鸟类。

未记录到外来动物物种。

于2002年建立省级自然保护区，受林业部门管理，成立了专门的管理机构。

主要受到水利工程负面影响的威胁。

39. 山西太宽河省级自然保护区重点调查湿地

山西太宽河省级自然保护区重点调查湿地范围面积23947公顷，湿地面积110公顷，主要湿地类型为河流湿地1种湿地类湿地。地理坐标为东经111°20′~111°33′，北纬34°57′15″~35°07′00″；位于夏县县内。

湿地高等植物2门52科131属209种。国家重点保护野生植物2种，其中国家Ⅱ级保护野生植物绶草、野大豆2种。

湿地植被划分为3个植被型组、5个植被型、13个群系。

湿地内脊椎动物5纲17目25科43种。其中，鱼类1目1科5种，两栖类1目2科3种，爬行类3目4科7种，鸟类9目13科21种，哺乳类3目5科7种。

国家重点保护野生动物17种。其中，国家Ⅰ级保护野生动物3种，国家Ⅱ级保护野生动物14种。在国家重点保护野生动物中，湿地鸟类3种，其中国家Ⅰ级保护鸟类2种，为东方白鹳、黑鹳，国家Ⅱ级保护鸟类1种，为鸳鸯。

未记录到外来动物物种。

于2002年建立省级自然保护区，受林业部门管理，成立了专门的管理机构。

主要受到旅游开发的威胁。

40. 山西昌源河国家湿地公园重点调查湿地

山西昌源河国家湿地公园重点调查湿地范围面积892公顷，湿地面积155公顷，主要湿地类型为河流湿地、沼泽湿地和人工湿地3种湿地类湿地。地理坐标为东经112°21′28″~112°31′06″，北纬37°10′01″~37°23′58″；位于祁县县内。

湿地高等植物2门41科114属187种。国家重点保护野生植物2种，其中国家Ⅱ级保护野生植物绶草、野大豆2种。

湿地植被划分为3个植被型组、4个植被型、16个群系。

湿地内脊椎动物5纲10目12科17种。其中，鱼类1目3科4种，两栖类1目1科1种，爬行类1目1科2种，鸟类5目5科8种，哺乳类2目2科2种。

国家重点保护野生动物9种。其中，国家Ⅰ级保护野生动物1种，国家Ⅱ级保护野生动物8种。在国家重点保护野生动物中，湿地鸟类2种，其中国家Ⅰ级保护鸟类1种，为黑鹳，国家Ⅱ级保护鸟类1种，为大天鹅。

未记录到外来动物物种。

于2011年建立省级湿地公园，2011年晋升为国家湿地公园(试点)，受林业部门管理，成立了专门的管理机构。

主要受到水利工程负面影响、沙化、旅游开发的威胁。

41. 山西千泉湖国家湿地公园重点调查湿地

山西千泉湖国家湿地公园重点调查湿地范围面积2000公顷，湿地面积451公顷，主要湿地类型为河流湿地、沼泽湿地、人工湿地3种湿地类湿地。地理坐标为东经112°27′32″~112°53′44″，北纬36°25′50″~36°58′23″；位于沁县县内。

湿地高等植物2门46科131属216种。国家重点保护野生植物1种，其中国家Ⅱ级保护野生植物野大豆1种。

湿地植被划分为3个植被型组、5个植被型、28个群系。

湿地内脊椎动物5纲11目13科27种。其中，鱼类1目2科8种，两栖类1目2科3种，爬行类2目2科3种，鸟类5目5科11种，哺乳类2目2科2种。

国家重点保护野生动物7种。其中，国家Ⅰ级保护野生动物1种，国家Ⅱ级保护野生动物6种。在国家重点保护野生动物中，湿地鸟类4种，其中国家Ⅰ级保护鸟类1种，为黑鹳，国家Ⅱ级保护鸟类3种，为白琵鹭、大天鹅、鸳鸯。

未记录到外来动物物种。

于2009年建立省级湿地公园，2011年晋升为国家湿地公园(试点)，受林业部门管理，成立了专门的管理机构。

主要受到水利工程负面影响、基建和城市化的威胁。

42. 山西大同市文瀛湖省级湿地公园重点调查湿地

山西大同市文瀛湖省级湿地公园重点调查湿地范围面积674公顷，湿地面积496公顷，主要湿地类型为人工湿地1种湿地类湿地。地理坐标为东经113°21′44″~113°23′13″，北纬40°04′07″~40°06′01″；位于大同市内。

湿地高等植物2门39科109属173种。

湿地植被划分为1个植被型组、2个植被型、3个群系。

湿地内脊椎动物5纲8目10科12种。其中，鱼类1目3科4种，两栖类1目1科1种，爬行类1目1科1种，鸟类4目4科5种，哺乳类1目1科1种。

国家重点保护野生动物6种。均为国家Ⅱ级保护野生动物。在国家重点保护野生动物中，湿地鸟类2种，为国家Ⅱ级保护鸟类白琵鹭、大天鹅。

记录到外来动物物种1门1纲1目1科1种，为脊椎动物。

于2011年建立省级湿地公园，受城建部门管理，成立了管理机构。

主要受到城市化、外来种的威胁。

43. 山西浑源县神溪省级湿地公园重点调查湿地

山西浑源县神溪省级湿地公园重点调查湿地范围面积778公顷，湿地面积237公顷，主要湿地类型为河流湿地、沼泽湿地、人工湿地3种湿地类湿地。地理坐标为东经113°33′34″~113°43′51″，北纬39°30′26″~39°38′27″；位于浑源县内。

湿地高等植物2门39科109属178种。国家重点保护野生植物1种，其中国家Ⅱ级保护野生植物野大豆1种。

湿地植被划分为1个植被型组、3个植被型、7个群系。

湿地内脊椎动物5纲16目23科48种。其中，鱼类1目3科9种，两栖类1目2科3种，爬行类1目1科2种，鸟类11目15科32种，哺乳类2目2科2种。

国家重点保护野生动物8种。其中，国家Ⅰ级保护野生动物1种，国家Ⅱ级保护野生动物7种。在国家重点保护野生动物中，湿地鸟类3种，其中国家Ⅰ级保护鸟类1种，为黑鹳，国家Ⅱ级保护鸟类2种，为白琵鹭、大天鹅。

记录到外来动物物种1门1纲1目1科4种，均为脊椎动物。

于2009年建立省级湿地公园，2013年晋升为国家湿地公园(试点)，受林业部门管理。

主要受到围垦、基建、水利工程负面影响的威胁。

44. 山西左云县十里河省级湿地公园重点调查湿地

山西左云县十里河省级湿地公园重点调查湿地范围面积2760公顷，湿地面积145公顷，主要湿地类型为河流湿地1种湿地类湿地。地理坐标为东经112°40′50″～112°56′39″，北纬40°00′20″～40°06′06″；位于左云县内。

湿地高等植物2门39科116属189种。

湿地植被划分为3个植被型组、5个植被型、7个群系。

湿地内脊椎动物4纲4目5科5种。其中，鱼类1目1科1种，两栖类1目2科2种，鸟类1目1科1种，哺乳类1目1科1种。

国家重点保护野生动物6种。均为国家Ⅱ级保护野生动物物种。在国家重点保护野生动物中，没有湿地鸟类物种。

未记录到外来动物物种。

于2011年建立省级湿地公园，受林业部门管理。

主要受到基建和城市化、污染的威胁。

45. 山西大同县土林省级湿地公园重点调查湿地

山西大同县土林省级湿地公园重点调查湿地范围面积261公顷，湿地面积84公顷，主要湿地类型为河流湿地1种湿地类湿地。地理坐标为东经113°27′49″～113°29′32″，北纬39°56′31″～39°57′45″；位于大同县内。

湿地高等植物2门38科111属180种。

湿地植被划分为1个植被型组、2个植被型、7个群系。

湿地内脊椎动物5纲8目12科17种。其中，鱼类2目3科7种，两栖类1目2科3种，爬行类2目2科2种，鸟类2目4科4种，哺乳类1目1科1种。

国家重点保护野生动物6种。均为国家Ⅱ级保护野生动物物种。在国家重点保护野生动物中，湿地鸟类1种，为国家Ⅱ级保护鸟类大天鹅。

未记录到外来动物物种。

于2011年建立省级湿地公园，受林业部门管理。

主要受到盐碱化的威胁。

46. 山西朔城区恢河省级湿地公园重点调查湿地

山西朔城区恢河省级湿地公园重点调查湿地范围面积730公顷，湿地面积599公顷，主要湿地类型为河流湿地、沼泽湿地、人工湿地3种湿地类湿地。地理坐标为东经112°22′47″～112°31′02″，北纬39°15′18″～39°20′27″；位于朔州市朔城区内。

湿地高等植物2门40科116属192种。

湿地植被划分为3个植被型组、5个植被型、16个群系。

湿地内脊椎动物5纲6目8科9种。其中，鱼类1目2科2种，两栖类1目2科3种，爬行类1目1科1种，鸟类2目2科2种，哺乳类1目1科1种。

国家重点保护野生动物4种。均为国家Ⅱ级保护野生动物物种。在国家重点保护野生动物中，没有湿地鸟类物种。

记录到外来动物物种1门1纲1目1科1种，为脊椎动物。

于2009年建立省级湿地公园，受城建部门管理。

主要受到基建和城市化、污染、水利工程负面影响的威胁。

47. 山西忻府区滹沱河省级湿地公园重点调查湿地

山西忻府区滹沱河省级湿地公园重点调查湿地范围面积3400公顷，湿地面积835公顷，主要湿地类型为河流湿地、人工湿地2种湿地类湿地。地理坐标为东经112°41′59″～112°52′29″，北纬38°30′49″～38°37′30″；位于忻府区内。

湿地高等植物2门42科127属209种。国家重点保护野生植物1种，其中国家Ⅱ级保护野生植物野大豆1种。

湿地植被划分为3个植被型组、6个植被型、26个群系。

湿地内脊椎动物4纲8目12科15种。其中，鱼类1目2科3种，两栖类1目2科2种，爬行类1目2科3种，鸟类3目3科4种，哺乳类2目3科3种。

国家重点保护野生动物6种。其中，国家Ⅰ级保护野生动物1种，国家Ⅱ级保护野生动物5种。在国家重点保护野生动物中，湿地鸟类2种，其中国家Ⅰ级保护鸟类1种，为黑鹳，国家Ⅱ级保护鸟类1种，为白琵鹭。

未记录到外来动物物种。

于2009年建立省级湿地公园，受林业部门管理。

主要受到围垦、盐碱化、水利工程负面影响的威胁。

48. 山西宁武县马营海省级湿地公园重点调查湿地

山西宁武县马营海省级湿地公园重点调查湿地范围面积2125公顷，湿地面积253公顷，主要湿地类型为河流湿地、湖泊湿地、沼泽湿地、人工湿地4种湿地类。地理坐标为东经112°10′01″～112°20′01″、北纬38°48′17″～38°55′46″；位于宁武县内。

湿地高等植物2门52科143属231种。

湿地植被划分为3个植被型组、6个植被型、28个群系。

湿地内脊椎动物5纲13目17科30种。其中，鱼类1目2科5种，两栖类1目1科1种，爬行类2目2科2种，鸟类7目9科19种，哺乳类2目3科3种。

国家重点保护野生动物8种。其中，国家Ⅰ级保护野生动物1种，国家Ⅱ级保护野生动物7种。在国家重点保护野生动物中，湿地鸟类3种，其中国家Ⅰ级保护鸟类1种，为黑鹳，国家Ⅱ级保护鸟类2种，为白琵鹭、大天鹅。

记录到外来动物物种1门1纲1目1科2种，均为脊椎动物。

于2010年建立省级湿地公园，受林业部门管理。

主要受到围垦、旅游开发的威胁。

49. 山西神池县西海子省级湿地公园重点调查湿地

山西神池县西海子省级湿地公园重点调查湿地范围面积50公顷，湿地面积30公顷，主要湿地类型为人工湿地1种湿地类湿地。地理坐标为东经112°10′26″～112°10′50″，北纬39°05′02″～39°05′27″；位于神池县内。

湿地高等植物2门38科104属166种。

湿地植被划分为1个植被型组、1个植被型、1个群系。

湿地内脊椎动物5纲9目10科15种。其中，鱼类1目2科4种，两栖类1目1科2种，爬行类2目2科3种，鸟类3目3科4种，哺乳类2目2科2种。

国家重点保护野生动物2种。均为国家Ⅱ级保护野生动物物种。在国家重点保护野生动物中，没有湿地鸟类物种。

未记录到外来动物物种。

于2009年建立省级湿地公园，受林业部门管理。

主要受到基建和城市化、污染的威胁。

50. 山西离石区东川河省级湿地公园重点调查湿地

山西离石区东川河省级湿地公园重点调查湿地范围面积100公顷，湿地面积22公顷，主要湿地类型为河流湿地1种湿地类湿地。地理坐标为东经111°11′18″～111°14′21″，北纬37°31′20″～37°31′52″；位于离石区内。

湿地高等植物2门40科108属171种。

湿地植被划分为1个植被型组、1个植被型、1个群系。

湿地内脊椎动物4纲7目8科10种。其中，鱼类1目2科3种，两栖类1目1科1种，爬行类1目1科1种，鸟类4目4科5种。

国家重点保护野生动物2种。均为国家Ⅱ级保护野生动物物种。在国家重点保护野生动物中，没有湿地鸟类物种。

未记录到外来动物物种。

于2010年建立省级湿地公园，受城建部门管理。

主要受到基建和城市化、水利工程和引排水负面影响的威胁。

51. 山西关帝林局梅洞沟省级湿地公园重点调查湿地

山西关帝林局梅洞沟省级湿地公园重点调查湿地范围面积200万公顷，湿地面积9万公顷，主要湿地类型为河流湿地1种湿地类湿地。地理坐标为东经111°19′56″~111°22′40″，北纬37°49′58″~37°50′35″；位于方山县内。

湿地高等植物3门44科115属175种。

湿地植被划分为3个植被型组、3个植被型、7个群系。

湿地内脊椎动物3纲5目6科9种。其中，鱼类1目1科3种，两栖类1目2科2种，鸟类3目3科4种。

国家重点保护野生动物6种。均为国家Ⅱ级保护野生动物物种。在国家重点保护野生动物中，没有湿地鸟类物种。

未记录到外来动物物种。

于2010年建立省级湿地公园，受林业部门管理。

主要受到旅游开发的威胁。

52. 山西文水县世泰湖省级湿地公园重点调查湿地

山西文水县世泰湖省级湿地公园重点调查湿地范围面积87公顷，湿地面积57公顷，主要湿地类型为沼泽湿地和湖泊湿地2种湿地类湿地（湖泊为淡水湖）。地理坐标为东经112°13′04″~112°13′55″，北纬37°21′44″~37°22′29″；位于文水县内。

湿地高等植物2门41科109属177种。

湿地植被划分为2个植被型组、2个植被型、4个群系。

湿地内脊椎动物4纲10目12科22种。其中，鱼类2目3科9种，两栖类1目2科3种，爬行类1目1科1种，鸟类4目4科7种，哺乳类2目2科2种。

国家重点保护野生动物4种。均为国家Ⅱ级保护野生动物物种。在国家重点保护野生动物中，湿地鸟类2种，为国家Ⅱ级保护鸟类大天鹅、小天鹅。

记录到外来动物物种1门2纲2目2科2种，均为脊椎动物。

于2009年建立省级湿地公园，受林业部门管理。

主要受到水利工程负面影响、外来种入侵的威胁。

53. 山西交城县华鑫湖省级湿地公园重点调查湿地

山西交城县华鑫湖省级湿地公园重点调查湿地范围面积147公顷，湿地面积127公顷，主要湿地类型为湖泊湿地和沼泽湿地2种湿地类湿地（湖泊为淡水湖）。地理坐标为东经112°11′53″~112°12′59″，北纬37°32′36″~37°33′31″；位于交城县内。

湿地高等植物2门44科116属181种。

湿地植被划分为3个植被型组、5个植被型、8个群系。

湿地内脊椎动物5纲8目11科14种。其中，鱼类1目3科6种，两栖类1目2科2种，爬行类1目1科1种，鸟类4目4科4种，哺乳类1目1科1种。

国家重点保护野生动物4种。均为国家Ⅱ级保护野生动物物种。在国家重点保护野生动物中，湿地鸟类1种，为国家Ⅱ级保护鸟类大天鹅。

记录到外来动物物种1门1纲1目1科1种，为脊椎动物。

于2011年建立省级湿地公园，受林业部门管理。

主要受到水利工程负面影响的威胁。

54. 山西柳林县三川河省级湿地公园重点调查湿地

山西柳林县三川河省级湿地公园重点调查湿地范围面积153公顷，湿地面积62公顷，主要湿地类型为河流湿地1种湿地类湿地。地理坐标为东经110°52′14″～110°54′47″，北纬37°25′36″～37°26′44″；位于柳林县内。

湿地高等植物2门39科107属172种。

湿地植被划分为1个植被型组、2个植被型、8个群系。

湿地内脊椎动物5纲8目9科10种。其中，鱼类1目2科2种，两栖类1目1科1种，爬行类1目1科1种，鸟类3目3科4种，哺乳类2目2科2种。

国家重点保护野生动物4种。均为国家Ⅱ级保护野生动物物种。在国家重点保护野生动物中，没有湿地鸟类物种。

未记录到外来动物物种。

于2010年建立省级湿地公园，受城建部门管理。

主要受到基建和城市化、水利工程负面影响的威胁。

55. 山西方山县南阳沟省级湿地公园重点调查湿地

山西方山县南阳沟省级湿地公园重点调查湿地范围面积149公顷，湿地面积18公顷，主要湿地类型为河流湿地和人工湿地2种湿地类湿地。地理坐标为东经111°23′56″～111°25′40″，北纬37°56′01″～37°57′54″；位于方山县内。

湿地高等植物2门44科119属189种。国家重点保护野生植物1种，其中国家Ⅱ级保护野生植物野大豆1种。

湿地植被划分为2个植被型组、4个植被型、13个群系。

湿地内脊椎动物5纲10目12科15种。其中，鱼类1目2科3种，两栖类1目2科3种，爬行类1目1科2种，鸟类4目4科4种，哺乳类3目3科3种。

国家重点保护野生动物8种。其中，国家Ⅰ级保护野生动物3种，国家Ⅱ级保护野生动物5种。在国家重点保护野生动物中，湿地鸟类1种，为国家Ⅰ级保护鸟类黑鹳。

未记录到外来动物物种。

于2009年建立省级湿地公园，受林业部门管理。

主要受到旅游开发的威胁。

56. 山西中阳县陈家湾省级湿地公园重点调查湿地

山西中阳县陈家湾省级湿地公园重点调查湿地范围面积1032公顷，湿地面积104公顷，主要湿地类型为河流湿地和人工湿地2种湿地类湿地。地理坐标为东经111°10′17″～111°17′23″，北纬

37°03′03″~37°17′18″；位于中阳县内。

湿地高等植物2门44科120属197种。国家重点保护野生植物2种，其中国家Ⅱ级保护野生植物绶草、野大豆2种。

湿地植被划分为2个植被型组、4个植被型、13个群系。

湿地内脊椎动物5纲9目10科18种。其中，鱼类1目1科7种，两栖类1目2科3种，爬行类1目1科2种，鸟类3目3科3种，哺乳类3目3科3种。

国家重点保护野生动物6种。均为国家Ⅱ级保护野生动物物种。在国家重点保护野生动物中，湿地鸟类1种，为国家Ⅱ级保护鸟类鸳鸯。

记录到外来动物物种1门1纲1目1科3种，均为脊椎动物。

于2010年建立省级湿地公园，受水利部门管理。

主要受到水利工程负面影响的威胁。

57. 山西榆次区田家湾省级湿地公园重点调查湿地

山西榆次区田家湾省级湿地公园重点调查湿地范围面积100公顷，湿地面积66公顷，主要湿地类型为沼泽湿地和人工湿地2种湿地类湿地。地理坐标为东经112°46′11″~112°47′34″，北纬37°48′19″~37°49′03″；位于榆次区内。

湿地高等植物2门40科108属174种。

湿地植被划分为3个植被型组、5个植被型、16个群系。

湿地内脊椎动物5纲9目11科12种。其中，鱼类1目2科3种，两栖类1目2科2种，爬行类1目1科1种，鸟类5目5科5种，哺乳类1目1科1种。

国家重点保护野生动物5种。均为国家Ⅱ级保护野生动物物种。在国家重点保护野生动物中，湿地鸟类2种，为国家Ⅱ级保护鸟类白琵鹭、大天鹅。

未记录到外来动物物种。

于2009年建立省级湿地公园，受林业部门管理。

主要受到围垦、水利工程负面影响、城市化的威胁。

58. 山西太行林局海眼寺省级湿地公园重点调查湿地

山西太行林局海眼寺省级湿地公园重点调查湿地范围面积1080公顷，湿地面积2公顷，主要湿地类型为河流湿地1种湿地类湿地。地理坐标为东经113°45′52″~113°46′39″，北纬37°11′38″~37°12′28″；位于和顺县内。

湿地高等植物2门42科115属184种。国家重点保护野生植物1种，其中国家Ⅱ级保护野生植物野大豆1种。

湿地植被划分为1个植被型组、3个植被型、8个群系。

湿地内脊椎动物4纲9目11科15种。其中，鱼类2目3科7种，两栖类1目1科1种，鸟类5目6科6种，哺乳类1目1科1种。

国家重点保护野生动物4种。均为国家Ⅱ级保护野生动物物种。在国家重点保护野生动物中，湿地鸟类1种，为国家Ⅱ级保护鸟类鸳鸯。

未记录到外来动物物种。

于2011年建立省级湿地公园，受林业部门管理。

主要受到基建的威胁。

59. 山西太谷县棋盘山省级湿地公园重点调查湿地

山西太谷县棋盘山省级湿地公园重点调查湿地范围面积389公顷，湿地面积156公顷，主要湿地类型为河流湿地和人工湿地2种湿地类湿地。地理坐标为东经112°49′36″~113°00′42″，北纬37°21′14″~37°26′46″；位于太谷县内。

湿地高等植物2门40科111属178种。

湿地植被划分为2个植被型组、4个植被型、7个群系。

湿地内脊椎动物4纲6目7科11种。其中，鱼类1目1科3种，两栖类1目2科3种，鸟类3目3科4种，哺乳类1目1科1种。

国家重点保护野生动物4种。均为国家Ⅱ级保护野生动物物种。在国家重点保护野生动物中，湿地鸟类1种，为国家Ⅱ级保护鸟类大天鹅。

未记录到外来动物物种。

于2011年建立省级湿地公园，受林业部门管理。

主要受到基建、水利工程和引排水负面影响的威胁。

60. 山西平遥县惠济省级湿地公园重点调查湿地

山西平遥县惠济省级湿地公园重点调查湿地范围面积407公顷，湿地面积227公顷，主要湿地类型为沼泽湿地和人工湿地2种湿地类湿地。地理坐标为东经112°12′38″~112°14′39″，北纬37°09′35″~37°11′20″；位于平遥县内。

湿地高等植物1门33科79属114种。

湿地植被划分为1个植被型组、2个植被型、5个群系。

湿地内脊椎动物5纲9目11科17种。其中，鱼类1目2科5种，两栖类1目2科3种，爬行类1目1科2种，鸟类4目4科5种，哺乳类2目2科2种。

国家重点保护野生动物8种。其中，国家Ⅰ级保护野生动物1种，国家Ⅱ级保护野生动物7种。在国家重点保护野生动物中，湿地鸟类4种，其中国家Ⅰ级保护鸟类1种，为黑鹳，国家Ⅱ级保护鸟类3种，为白琵鹭、大天鹅、小天鹅。

未记录到外来动物物种。

于2009年建立省级湿地公园，受林业部门管理。

主要受到污染、水利工程和引排水的负面影响、围垦的威胁。

61. 山西介休市汾河省级湿地公园重点调查湿地

山西介休市汾河省级湿地公园重点调查湿地范围面积200公顷，湿地面积14公顷，主要湿地类型为河流湿地1种湿地类湿地。地理坐标为东经111°53′53″~111°54′31″，北纬37°04′29″~37°05′07″；位于介休市内。

湿地高等植物2门43科116属184种。

湿地植被划分为2个植被型组、5个植被型、9个群系。

湿地内脊椎动物5纲11目13科22种。其中，鱼类2目3科8种，两栖类1目2科2种，爬行类1目1科2种，鸟类4目4科7种，哺乳类3目3科3种。

国家重点保护野生动物4种。均为国家Ⅱ级保护野生动物物种。在国家重点保护野生动物中，没有湿地鸟类物种。

记录到外来动物物种1门1纲1目1科1种，为脊椎动物。

于2009年建立省级湿地公园，2012年晋升为国家湿地公园(试点)，受城建部门管理，成立了管理机构。

主要受到基建和城市化、水利工程负面影响的威胁。

62. 山西太岳林局七里峪省级湿地公园重点调查湿地

山西太岳林局七里峪省级湿地公园重点调查湿地范围面积75公顷，湿地面积15公顷，主要湿地类型为河流湿地1种湿地类湿地。地理坐标为东经111°57′10″~112°01′01″，北纬36°36′08″~36°41′31″；位于霍州市内。

湿地高等植物2门46科132属208种。

湿地植被划分为2个植被型组、4个植被型、9个群系。

湿地内脊椎动物4纲9目13科14种。其中，鱼类1目1科1种，两栖类1目1科1种，鸟类5目9科10种，哺乳类2目2科2种。

国家重点保护野生动物11种。其中，国家Ⅰ级保护野生动物3种，国家Ⅱ级保护野生动物8种。在国家重点保护野生动物中，湿地鸟类1种，为国家Ⅰ级保护鸟类黑鹳。

未记录到外来动物物种。

于2010年建立省级湿地公园，受林业部门管理。

主要受到旅游垃圾污染的威胁。

63. 山西太岳林局沁河源省级湿地公园重点调查湿地

山西太岳林局沁河源省级湿地公园重点调查湿地范围面积6487公顷，湿地面积37公顷，主要湿地类型为河流湿地1种湿地类湿地。地理坐标为东经111°58′25″~112°09′09″，北纬36°42′47″~36°49′59″；位于沁源县内。

湿地高等植物1门29科73属107种。

湿地植被划分为1个植被型组、2个植被型、7个群系。

湿地内脊椎动物5纲8目11科15种。其中，鱼类1目2科4种，两栖类1目2科2种，爬行类1目1科1种，鸟类3目4科6种，哺乳类2目2科2种。

国家重点保护野生动物8种。其中，国家Ⅰ级保护野生动物2种，国家Ⅱ级保护野生动物6种。在国家重点保护野生动物中，湿地鸟类1种，为国家Ⅱ级保护鸟类鸳鸯。

未记录到外来动物物种。

于2011年建立省级湿地公园，2013年晋升为国家湿地公园(试点)，受林业部门管理，成立了管理机构。

主要受到放牧的威胁。

64. 山西阳泉市桃河省级湿地公园重点调查湿地

山西阳泉市桃河省级湿地公园重点调查湿地范围面积 667 公顷，湿地面积 172 公顷，主要湿地类型为河流湿地 1 种湿地类湿地。地理坐标为东经 113°26′28″ ~ 113°36′40″，北纬 37°51′21″ ~ 37°52′37″；位于阳泉市郊区内。

湿地高等植物 2 门 42 科 115 属 181 种。国家重点保护野生植物 1 种，其中国家Ⅱ级保护野生植物野大豆 1 种。

湿地植被划分为 1 个植被型组、2 个植被型、7 个群系。

湿地内脊椎动物 4 纲 9 目 10 科 15 种。其中，鱼类 3 目 3 科 6 种，两栖类 1 目 2 科 2 种，爬行类 1 目 1 科 2 种，鸟类 4 目 4 科 5 种。

国家重点保护野生动物 3 种。均为国家Ⅱ级保护野生动物物种。在国家重点保护野生动物中，没有湿地鸟类物种。

未记录到外来动物物种。

于 2011 年建立省级湿地公园，受城建部门管理。

主要受到基建和城市化、污染、水利工程和引排水的负面影响威胁。

65. 山西盂县梁家寨省级湿地公园重点调查湿地

山西盂县梁家寨省级湿地公园重点调查湿地范围面积 567 公顷，湿地面积 402 公顷，主要湿地类型为河流湿地和人工湿地 2 种湿地类湿地。地理坐标为东经 113°14′45″ ~ 113°33′03″，北纬 38°14′53″ ~ 38°27′25″；位于盂县县内。

湿地高等植物 2 门 42 科 116 属 187 种。国家重点保护野生植物 1 种，其中国家Ⅱ级保护野生植物野大豆 1 种。

湿地植被划分为 3 个植被型组、4 个植被型、11 个群系。

湿地内脊椎动物 5 纲 11 目 13 科 20 种。其中，鱼类 1 目 2 科 5 种，两栖类 1 目 2 科 3 种，爬行类 2 目 2 科 3 种，鸟类 6 目 6 科 8 种，哺乳类 1 目 1 科 1 种。

国家重点保护野生动物 7 种。其中，国家Ⅰ级保护野生动物 1 种，国家Ⅱ级保护野生动物 6 种。在国家重点保护野生动物中，湿地鸟类 2 种，其中国家Ⅰ级保护鸟类 1 种，为黑鹳，国家Ⅱ级保护鸟类 1 种，为鸳鸯。

未记录到外来动物物种。

于 2009 年建立省级湿地公园，受水利部门管理。

主要受到围垦、沙化、水利工程负面影响的威胁。

66. 山西屯留县绛河省级湿地公园重点调查湿地

山西屯留县绛河省级湿地公园重点调查湿地范围面积 1578 公顷，湿地面积 377 公顷，主要湿地类型为河流湿地、沼泽湿地和人工湿地 3 种湿地类湿地。地理坐标为东经 112°51′36″ ~

113°01′55″，北纬36°16′43″～36°20′15″；位于屯留县内。

湿地高等植物2门45科120属195种。国家重点保护野生植物1种，其中国家Ⅱ级保护野生植物野大豆1种。

湿地植被划分为3个植被型组、5个植被型、14个群系。

湿地内脊椎动物5纲12目14科24种。其中，鱼类1目2科6种，两栖类1目2科2种，爬行类1目1科2种，鸟类6目6科11种，哺乳类3目3科3种。

国家重点保护野生动物8种。均为国家Ⅱ级保护野生动物物种。在国家重点保护野生动物中，湿地鸟类1种，为国家Ⅱ级保护鸟类白琵鹭。

未记录到外来动物物种。

于2010年建立省级湿地公园，受林业部门管理。

主要受到围垦、水利工程和引排水的负面影响的威胁。

67. 山西平顺县太行水乡省级湿地公园重点调查湿地

山西平顺县太行水乡省级湿地公园重点调查湿地范围面积9122公顷，湿地面积412公顷，主要湿地类型为河流湿地和人工湿地2种湿地类湿地。地理坐标为东经113°23′10″～113°44′11″，北纬36°20′06″～36°23′44″；位于平顺县内。

湿地高等植物2门43科118属193种。国家重点保护野生植物1种，其中国家Ⅱ级保护野生植物野大豆1种。

湿地植被划分为2个植被型组、3个植被型、11个群系。

湿地内脊椎动物5纲15目18科41种。其中，鱼类2目3科5种，两栖类1目2科3种，爬行类1目1科3种，鸟类9目10科28种，哺乳类2目2科2种。

国家重点保护野生动物6种。其中，国家Ⅰ级保护野生动物1种，国家Ⅱ级保护野生动物5种。在国家重点保护野生动物中，湿地鸟类2种，其中国家Ⅰ级保护鸟类1种，为黑鹳，国家Ⅱ级保护鸟类1种，为鸳鸯。

未记录到外来动物物种。

于2010年建立省级湿地公园，受林业部门管理。

主要受到围垦、水利工程负面影响的威胁。

68. 山西高平市丹河省级湿地公园重点调查湿地

山西高平市丹河省级湿地公园重点调查湿地范围面积132公顷，湿地面积131公顷，主要湿地类型为河流湿地和沼泽湿地2种湿地类湿地。地理坐标为东经112°48′39″～112°56′11″，北纬35°45′48″～35°57′34″；位于高平市内。

湿地高等植物2门46科123属196种。国家重点保护野生植物1种，其中国家Ⅱ级保护野生植物野大豆1种。

湿地植被划分为2个植被型组、5个植被型、10个群系。

湿地内脊椎动物3纲5目8科9种。其中，鱼类1目3科4种，两栖类1目2科2种，鸟类3目3科3种。

国家重点保护野生动物 2 种。均为国家 Ⅱ 级保护野生动物物种。在国家重点保护野生动物中，没有湿地鸟类物种。

未记录到外来动物物种。

于 2009 年建立省级湿地公园，受城建部门管理。

主要受到基建和城市化、污染、水利工程和引排水负面影响的威胁。

69. 山西尧都区东郭省级湿地公园重点调查湿地

山西尧都区东郭省级湿地公园重点调查湿地范围面积 147 公顷，湿地面积 34 公顷，主要湿地类型为人工湿地 1 种湿地类湿地。地理坐标为东经 111°30′47″ ~ 111°32′25″，北纬 36°11′47″ ~ 36°13′12″；位于临汾市尧都区内。

湿地高等植物 2 门 43 科 112 属 184 种。国家重点保护野生植物 1 种，其中国家 Ⅱ 级保护野生植物野大豆 1 种。

湿地植被划分为 2 个植被型组、3 个植被型、5 个群系。

湿地内脊椎动物 4 纲 9 目 11 科 16 种。其中，鱼类 1 目 2 科 4 种，两栖类 1 目 2 科 2 种，鸟类 5 目 5 科 8 种，哺乳类 2 目 2 科 2 种。

国家重点保护野生动物 2 种。均为国家 Ⅱ 级保护野生动物物种。在国家重点保护野生动物中，没有湿地鸟类物种。

未记录到外来动物物种。

于 2009 年建立省级湿地公园，受村委会管理。

主要受到围垦、水利工程和引排水的负面影响威胁。

70. 山西曲沃县浍河省级湿地公园重点调查湿地

山西曲沃县浍河省级湿地公园重点调查湿地范围面积 2640 公顷，湿地面积 476 公顷，主要湿地类型为人工湿地 1 种湿地类湿地。地理坐标为东经 111°33′23″ ~ 111°37′05″，北纬 35°37′56″ ~ 35°39′32″；位于曲沃县内。

湿地高等植物 2 门 41 科 112 属 180 种。

湿地植被划分为 1 个植被型组、3 个植被型、8 个群系。

湿地内脊椎动物 5 纲 9 目 12 科 24 种。其中，鱼类 1 目 1 科 7 种，两栖类 1 目 2 科 2 种，爬行类 1 目 1 科 2 种，鸟类 5 目 7 科 12 种，哺乳类 1 目 1 科 1 种。

国家重点保护野生动物 5 种。均为国家 Ⅱ 级保护野生动物物种。在国家重点保护野生动物中，湿地鸟类 2 种，为国家 Ⅱ 级保护鸟类白琵鹭、大天鹅。

记录到外来动物物种 1 门 1 纲 1 目 1 科 3 种，均为脊椎动物。

于 2011 年建立省级湿地公园，受水利部门管理。

主要受到围垦、水利工程负面影响的威胁。

71. 山西襄汾县双龙湖省级湿地公园重点调查湿地

山西襄汾县双龙湖省级湿地公园重点调查湿地范围面积 1080 公顷，湿地面积 410 公顷，主要湿地类型为人工湿地1种湿地类湿地。地理坐标为东经111°18′45″~111°22′30″，北纬35°43′47″~35°48′44″；位于襄汾县内。

湿地高等植物2门43科116属182种。

湿地植被划分为2个植被型组、3个植被型、9个群系。

湿地内脊椎动物4纲7目7科15种。其中，鱼类2目2科8种，两栖类1目1科1种，鸟类3目3科5种，哺乳类1目1科1种。

国家重点保护野生动物8种。均为国家Ⅱ级保护野生动物物种。在国家重点保护野生动物中，湿地鸟类2种，为国家Ⅱ级保护鸟类白琵鹭、大天鹅。

记录到外来动物物种1门1纲1目1科2种，均为脊椎动物。

于2010年建立省级湿地公园，2012年晋升为国家湿地公园(试点)，受林业部门管理，成立了专门管理机构。

主要受到基建、水利工程负面影响的威胁。

72. 山西安泽县府城省级湿地公园重点调查湿地

山西安泽县府城省级湿地公园重点调查湿地范围面积145公顷，湿地面积127公顷，主要湿地类型为河流湿地1种湿地类湿地。地理坐标为东经112°13′41″~112°15′13″，北纬36°06′08″~36°10′03″；位于安泽县内。

湿地高等植物2门42科116属183种。国家重点保护野生植物1种，其中国家Ⅱ级保护野生植物野大豆1种。

湿地植被划分为2个植被型组、5个植被型、9个群系。

湿地内脊椎动物5纲16目21科32种。其中，鱼类2目3科6种，两栖类1目4科4种，爬行类1目1科3种，鸟类9目10科16种，哺乳类3目3科3种。

国家重点保护野生动物5种。均为国家Ⅱ级保护野生动物物种。在国家重点保护野生动物中，湿地鸟类1种，为国家Ⅱ级保护鸟类鸳鸯。

未记录到外来动物物种。

于2009年建立省级湿地公园，受城建部门管理。

主要受到基建和城市化、污染、水利工程负面影响的威胁。

73. 山西侯马市香邑湖省级湿地公园重点调查湿地

山西侯马市香邑湖省级湿地公园重点调查湿地范围面积937公顷，湿地面积273公顷，主要湿地类型为河流湿地、沼泽湿地和人工湿地3种湿地类湿地。地理坐标为东经111°11′48″~111°15′42″，北纬35°35′34″~35°37′20″；位于侯马市内。

湿地高等植物2门45科117属187种。

湿地植被划分为2个植被型组、4个植被型、9个群系。

湿地内脊椎动物3纲9目11科15种。其中，鱼类1目1科4种，两栖类1目2科2种，鸟类7目8科9种。

国家重点保护野生动物5种。均为国家Ⅱ级保护野生动物物种。在国家重点保护野生动物中，湿地鸟类2种，为国家Ⅱ级保护鸟类白琵鹭、大天鹅。

记录到外来动物物种1门1纲1目1科1种，为脊椎动物。

于2009年建立省级湿地公园，受林业部门管理。

主要受到围垦、污染、水利工程负面影响的威胁。

74. 山西新绛县汾河省级湿地公园重点调查湿地

山西新绛县汾河省级湿地公园重点调查湿地范围面积2260公顷，湿地面积324公顷，主要湿地类型为河流湿地和人工湿地2种湿地类湿地。地理坐标为东经111°01′36″~111°20′26″，北纬35°27′29″~35°49′18″；位于新绛县内。

湿地高等植物1门42科114属184种。国家重点保护野生植物1种，其中国家Ⅱ级保护野生植物野大豆1种。

湿地植被划分为3个植被型组、4个植被型、8个群系。

湿地内脊椎动物4纲7目9科11种。其中，鱼类1目2科2种，两栖类1目2科2种，鸟类3目3科5种，哺乳类2目2科2种。

国家重点保护野生动物4种。均为国家Ⅱ级保护野生动物物种。在国家重点保护野生动物中，没有湿地鸟类物种。

未记录到外来动物物种。

于2009年建立省级湿地公园，受林业部门管理。

主要受到围垦、水利工程和引排水负面影响的威胁。

参考文献

Andrew T. Smith，解焱．中国兽类野外手册[M]．长沙：湖南教育出版社，2009.

《中国湿地百科全书》编辑委员会．中国湿地百科全书[M]．北京：北京科学技术出版社，2009.

《中条山树木志》编委会．中条山树木志[M]．北京：中国林业出版社，1995.

白海艳，铁军．蟒河自然保护区两栖爬行动物[J]．长治学院学报，2005，22(5)：8～10.

蔡其侃．北京鸟类志[M]．北京：北京出版社，1988.

陈宜瑜．中国湿地研究[M]．长春：吉林科学技术出版社，1995.

崔顺昌，郭美云，于吉祥．山西省级珍稀濒危保护植物[J]．山西林业科技，1993(4)：36～42.

崔顺昌．我省分布的中国珍稀濒危植物[J]．山西林业科技，1987(2)：19～21.

樊杰，上官铁梁，宋伯为．黄河中游(禹门口—桃花峪)河漫滩种子植物区系地理研究[J]．武汉植物学研究，2003，21(4)：332～338.

樊龙锁，郭萃文，刘焕金．山西两栖爬行类[M]．北京：中国林业出版社，1998.

樊龙锁，刘焕金．山西兽类[M]．北京：中国林业出版社，1994.

樊龙锁，刘荣，张龙胜．山西省运城硝池盐池冬季游禽调查报告[J]．山西林业科技，1997(1)：31～35.

樊龙锁等．山西鸟类[M]．北京：中国林业出版社，2008.

范堆相．山西水资源评价[M]．北京：中国水利水电出版社，2005.

高晋华．晋阳湖水质与原生动物群落关系的初步研究[J]．太原师范学院学报(自然科学版)，2009，8(4)：140～143.

高耀亭．中国动物志(兽纲第八卷·食肉目)[M]．北京：科学出版社，1987.

郭春燕，冯佳，谢树莲．山西晋阳湖浮游藻类分布的时空格局及水质分析[J]．湖泊科学，2010，22(2)：251～255.

郭萃文，王琰，连丽萍．山西省爬行动物区系及地理区划[J]．四川动物，2002，21(3)：115～117.

郭翠文，樊龙锁，王成伟．山西省两栖动物区系及地理区划[J]．四川动物，1998，17(2)：83～84.

郭建荣．芦芽山自然保护区生物多样性概述[J]．野生动物杂志，2007，28(5)：47～49.

国家林业局等．中国湿地保护行动计划[M]．北京：中国林业出版社，2000.

韩广建．大力推进水产健康养殖是山西渔业可持续发展的必由之路[J]．山西水利，2009(3)：43～70.

郎惠卿，林鹏，陆健健．中国湿地研究和保护[M]．上海：华东师范大学出版社，1998.

郎惠卿等．中国湿地植被[M]．北京：科学出版社，1999.

雷霆，崔国发，卢宝明，等．北京湿地植物研究[M]．北京：中国林业出版社，2010.

李宝堂．山西凌井沟自然保护区生物多样性研究[J]．安徽农业科学，2009，37(17)：8085～8086.

李惠民．山西省经济植物志[M]．北京：中国林业出版社，1990.

李鹏飞，朱军，苏化龙，等．山西省灰鹤的冬季生态研究[J]．四川动物，1988，7(4)：23～24.

李世广，刘焕金．山西省重点保护陆栖脊椎动物调查报告[M]．北京：中国林业出版社，1999.

李晓东．山西省渔业资源养护现状及管理对策[J]．山西水利，2014(12)：9－10.

李英明，潘军峰．山西河流[M]．北京：科学出版社，2004.

李振泉．汾河水库渔业资源调查报告[J]．水库渔业，1984(4)：11～17.
刘焕金，苏化龙，冯敬义，等．山西省黑鹳的数量分布[J]．生态学报，1985，5(2)：193～194.
刘焕金，等．山西省关帝山鸟类垂直分布[J]．生态学杂志，1986，5(5)：38.
刘荣，张护国，贾振虎．山西历山国家级自然保护区夏季鸟类资源[J]．陕西林业科技，2002(4)：69～74.
刘天慰．山西植物志(第一卷至第五卷)[M]．北京：中国科学技术出版社，1992.1～2004.4.
刘小艳．册田水库浮游生物资源调查[J]．山西水利科技，2012(2)：88～94.
刘小艳．晋阳湖夏季浮游生物调查及水质分析[J]．山西水利科技，2011(1)：90～92.
刘月英，黄玉瑶．黄河三门峡水库及其附近地区的淡水贝类[J]．动物学报，1964，16(3)：429～439.
刘作模．山西的鹤类和灰鹤在国内的分布[J]．山西大学学报，1988(3)：96～98.
马禧．山西省渔业发展特点及存在问题探析[J]．山西水利，2011(5)：41～42.
马子清．山西植被[M]．北京：中国科学技术出版社，2001.
牛潞娜．漳河水库渔业生产可持续发展对策探讨[J]．山西水利，2012(8)：32～33.
秦作栋．山西省中条山区鸟类群落结构分析[J]．山地研究，1997，15(2)：73～76.
邱富才，郭建荣，王建萍，等．宁武县天池黑鹳种群数量及其保护[J]．四川动物，2001，20(2)：90.
山西省林业科学研究院．山西树木志[M]．北京：中国林业出版社，2001.
山西省林业厅，山西省林业科学研究院．山西省珍稀濒危保护植物[M]．太原：山西科学技术出版社，1999.
山西省林业厅等．山西省湿地保护工程规划(2005－2030)[R].2006.
山西省统计局．山西省2011年国民经济和社会发展统计公报[EB/OL]. http://www.stats-sx.gov.cn/html/2012-2/20122279271328300646 7. html.
山西省统计局．山西省统计年鉴(2010－2012)[M].2013.
上官铁梁，贾志力，许念．汾河河漫滩草地植物群落的分类及其多样性分析[J]．中国草地，2000(4)：9～15.
上官铁梁，贾志力，张峰．汾河河岸植被类型及其利用与保护[J]．河南科学，17(专集)：1999，83～86.
上官铁梁，贾志力，张红，等．汾河河漫滩三种草本植物群落的生物量研究[J]．草业科学，2000，17(6)：39～47.
上官铁梁，张峰，张金屯．滹沱河流域湿地植被类型及保护利用对策[J]．农业环境保护，2001，20(1)：59～61.
上官铁梁，张峰，张龙胜，等．山西湿地维管植物区系多样性研究[J]．植物研究，2000，20(3)：275～281.
石瑛，钟海秀，谢树莲．后湾水库的浮游植物及水质评价[J]．太原师范学院学报(自然科学版)，2006，5(2)：118～121.
宋伯为，王汝清，连俊强，等．壶流河湿地自然保护区生物多样性研究[J]．山西大学学报(自然科学版)，2009，32(1)：144～147.
宋伯为，周哲峰．山西水鸟[M]．太原：山西人民出版社，2012
苏化龙，刘焕金．山西省繁峙县下茹越水库水禽状况调查[J]．动物学杂志，1995，30(6)：15～20.
唐蟾珠，马勇，王家俊，等．山西省中条山地区的鸟兽区系[J]．动物学报，1965，17(1)：86～101.
田随味，田德雨，张锁荣．蟒河自然保护区鸟类调查初报[J]．山西林业科技，1998(2)：9～13.
田随味，杨潞潞．蟒河保护区冠鱼狗繁殖生态[J]．山西林业科技，2002(4)：22～25.
王福麟．山西野生动物资源现状[J]．山西生物科学，1979(1)：17～21.
王银娥，崔春香．山西珍稀濒危植物(2)[M]．太原：山西科学技术出版社，2014.
王银娥，张军．山西省珍稀濒危野生植物保护对策[J]．山西林业科技，2006(3)：4～6.
王银娥，张秋明．山西珍稀濒危植物(1)[M]．北京：中国林业出版社，2004.
吴国庆，刘作模，杨懋琛．山西省硝池游禽类初步调查[C]//中国动物学会．中国动物学会30周年学术研讨会论文摘要汇编．北京：科学出版社，1965，227.
吴征镒，王荷生．中国自然地理——植物地理(上册)[M]．北京：科学出版社，1983.
徐树文，白埃堤．山西省林木种质资源及区划[M]．北京：中国林业出版社，2000.
薛克玮．山西省水库渔业特点及发展意见[J]．水库渔业，1984(4)：6～10.
殷源洪，蒋位金，杨懋琛．山西省爬行动物初查[M]．北京：科学出版社，1965.
于振海，丁建华，靖莹，等．山西冷水性鱼类养殖发展现状调研[J]．湖南农业科学，2011(21)：112～115.
约翰．马敬能(John MacKinnon)，卡伦·菲利普斯(Karen Phillipps)，何芬奇．中国鸟类野外手册[M]．长沙：湖南教育出版社，2000.
张峰，高翠莲，上官铁梁，等．滹沱河湿地狭叶香蒲群落生物量研究[J]．山西大学学报(自然科学版)，2000，23(4)：347～349.
张峰，上官铁梁．山西湿地资源及可持续利用研究[J]．地理研究，1999.
张怀玉，韩广建．山西渔业品种结构现状与调整对策[J]．中国水产，2000(11)：74.
张军，田随味．蟒河自然保护区野生植物资源调查分析[J]．山西林业科，2004(4)：27～29.
张军，杨凤英．山西省国家重点保护野生植物地理分布与数量调查[J]．山西农业大学学报，2002(2)：144～147.
张军，杨凤英．山西省分布的中国特有属植物[J]．山西林业科技，2002(3)：36～41.
张俊，刘焕金，冯敬义．山西省汾河流域啮齿动物生态地理分布的研究[J]．山西生物科学(动物专辑)，1981，12～38.
张俊，周保华．山西动物地理区划[J]．生物研究通报，1984，2(4)：31～39.
张龙胜．山西河津市黄河滩涂灰鹤越冬数量调查[J]．山西大学学报(自然科学版))，1998，21(2)：183～187.
张龙胜．山西省水鸟资源调查[J]．山西林业科技，1999(1)：29～37.
张荣祖．中国动物地理[M]．北京：科学出版社，2011.
张树棠，高尚文．灰鹤在山西省河津县越冬情况[J]．野生动物，1987(1)：18～19.
张树棠，刘焕金，冯敬义．五台山地区鸟兽区系调查[J]．生物研究通报(动植物专辑)，1984(18)：56～80.
张树棠，岳成保，张俊．山西省动物资源保护与利用的研究[J]．山西生物科学(动物专辑)，1981，1～10.
赵尔宓．中国蛇类[M]．合肥：安徽科学技术出版社，2006.
赵天樑．运城湿地自然保护区生物多样性及其保护[J]．山西大学学报(自然科学版)，2005，28(1)：101～105.
郑光美，张词祖．中国野鸟[M]．北京：中国林业出版社，2002.
郑光美．中国鸟类分类与分布名录[M]．北京：科学出版社，2005.
郑作新，等．中国动物志(鸟纲第四卷·鸡形目)[M]．北京：科学出版社，1978.
中国情报网．2011 年上半年中国水力发电量分省市产量数据统计[EB/OL]．http：//www. adkci. com/data/2011/07/2610434944866. shtml.
中国野生动物保护协会．中国两栖动物图鉴[M]．郑州：河南科学技术出版社，1999.
中国野生动物保护协会．中国爬行动物图鉴[M]．郑州：河南科学技术出版社，2002.
中华人民共和国濒危物种进出口管理办公室．常见龟鳖类识别手册[M]．北京：中国林业出版社，2002.
朱莉香，曳红玉．贺家山自然保护区自然资源现状评价[J]．山西林业科技，2009，38(4)：45～53.

附　件

山西省湿地资源调查参加人员(816 人)

省级队伍(95 人):

山西省自然保护区管理站(14 人):

张福计　任小顺　宋伯为　张　军　张龙胜　刘建林　仝　英　王汝清　杨凤英
王　艳　李新平　张引盛　马俏飞　郭　平

山西省林业调查规划院(58 人):

崔本义　朱世忠　王　弟　李翠平　邸富宏　冯建成　赵树楷　白景萍　赵亚飞
刘兴旺　刘　培　赵　蓉　赵　君　王　琼　杜志斌　郝少英　高　澜　崔文举
卢景龙　赵天梁　梁林峰　李　沁　刘春辉　李宝堂　侯德恒　王建强　马晓俊
朱莉香　郭福则　韩建平　王　黎　魏清华　崔素萍　吴萍萍　白日军　王庆云
孙俊平　曳红玉　安守文　李双全　孙克勤　王云霞　王柯芸　李　茂　李　佳
张慧娟　张　俊　吴宏杰　张志娟　王彩霞　冯苗苗　赵艳芳　赵东霞　陆建国
蔡强亭　马一瑞　郭芬芬　崔志强

山西大学(15 人):

上官铁梁 郭东龙　郭东罡　刘卫华　王丽媛　田晓波　郭　微　闫柳青　焦文婧
卢辰宇　杨干田　王　云　赵文强　赵冰清　薛彩峰

山西省水文水资源勘测局(4 人):

李　谦　韩　静　赵艳锋　史伟生

清华大学 3S 研究中心(4 人):

马洪兵　王　侠　谢　磊　李树伟

市县级队伍(721 人):

大同市(25 人):

马全顺　师丙海　冯桂萍　张庆庆　张利芳　张东石　苏莲英　李广生　李　勇
康清伟　王晓阳　郭　庆　宋丽清　温占全　范珍梅　董　李　任利民　郑永平
裴志海　胡德全　荆宝林　乔森林　庞志军　曹志全　刘伟民

朔州市(26 人):

张建功　李志荣　卢　超　刘占义　罗柱军　王　晋　寇德银　刘文成　白　晋
张歆德　王正贤　丰　杰　王天通　杨明胜　乔宏成　宿晓烨　曹宏伟　贺生义
王广清　吴守文　杨晓梅　李　山　刘万军　闫学理　燕子荣　郭殿卿

忻州市(110人):

秦存玉 张俊书 张增财 刘耀喜 郝慧龙 张奎文 祁国良 朱汉华 张淑琴
朱江萍 孔宝秀 范海义 刘 浩 付培林 赵光明 常 峰 王银录 王建伟
李志武 张海龙 段海宽 刘清堂 武计平 刘润存 曹玉红 杨虎威 梁国正
杨秀喜 谢文先 杨志兰 闫春亮 郝秀龙 赵金霞 辛秀川 方志伟 李保田
张志伟 刘艳云 樊俊丽 张继吕 邓占银 杨贵平 杨彩欣 陈瑞芳 郝 勇
梁 桢 魏庆花 张跃兰 赵效伟 杨文光 朱献荣 王建国 曾志光 张 锐
郑素良 张 景 刘效文 程十美 贾宝英 仁俊福 原国栋 郎珺琦 秦彩凤
刘 峰 段素梅 李计春 张永明 马应宽 胡万春 李星星 余金财 吕首平
赵建光 韩宝莲 吕凤龙 刘彩萍 段祥瑞 范志勇 殷全德 王建平 郭 庆
郭鸿瑞 张荣仙 张建荣 贾玉金 吴秀丽 徐翠萍 亢建军 周爱萍 张玉梅
高永生 卫斌峰 罗建荣 贾艳红 刘飞明 姚爱荣 贾永生 刘忠元 王建文
王部林 崔双存 马晋林 梁 震 郭俊鹏 冯 军 郭 秀 董二万 范淑珍
石燕芳 李国栋

太原市(38人):

郭永会 褚鹏飞 张 鹏 杨建明 张晓星 杨文平 牛嗣元 马红缨 牛建斌
张孙炳 王学文 王文旭 柏全斌 赵延枢 冯智富 郭晋晋 李 明 王跃文
张景平 张 鑫 王保明 武 强 王绍伟 陈晓君 韩永斌 荀俊杰 史 哲
刘金明 郭 强 于 娜 张国胜 王 鹏 李建忠 张栓成 张俏林 韩 成
宋晋国 吴城玉

吕梁市(70人):

刘凤平 赵明毅 任 洁 刘 雯 杨存海 王朝峰 兰俊杰 张云峰 李 清
任灵忠 郝定常 刘志国 刘 娟 李 翰 曹新强 姜忠亮 李广荣 郭绍杰
刘 峰 郭崇明 侯凯元 陈自刚 王根有 刘小强 尚兴杰 王丕峰 苗文兵
李 勇 李晓明 唐五顺 高 瑞 张艳阳 刘林海 白族明 甄建国 葛俊生
王云会 王艳军 燕建平 花桂文 周新华 刘效强 胡丽华 燕亚娟 王瑞平
穆桂平 刘秋香 张裕民 刘海林 杜海旺 高金海 白海宁 王有会 杜锦耀
高旭梅 冯志刚 王保明 张玉平 梁永强 雒卫武 韩奋勤 原全保 雒志亮
马保明 高海平 杨景保 张正贵 田中明 曹瑞霞 李晋强

晋中市(85人):

韩文茂 岂现伟 原成云 董亚峰 杨春山 陈建富 张安长 王长青 徐东明
牛亚忠 毕珩哲 刘玉琴 李 江 张士亮 温廷山 张晋凯 范永宏 段家军
万建安 王兆祁 吴宝明 郭忠宝 闫维丽 杨勇刚 李冠英 张增贵 王大茂
高增忠 宋国俊 耿峰云 张永亮 赵发辉 杨宏泰 邵维杰 王利军 韩建辉
仝国亮 温建勇 李昌顺 张五灵 马绍荣 韩建平 张经伟 王家林 武明生
朱明德 温丽红 陈贵斌 史卫芳 王存银 聂 敏 张晓敏 乔秋锁 陈玉明
张 珍 张彦臣 侯爱萍 宋蝉录 冯素斌 梁 彦 赵海斌 王向东 韩旭平

蔡兴旺 郑占江 翟向东 范建明 药文生 宋建荣 孙效忠 张 蓉 康建全
王树文 石新华 李左云 王彦柱 张玉伟 郝跃刚 王水明 孟利君 马海芳
张奋义 牛俊林 陈永恒 岳利忠

阳泉市(45 人):

尹宝珍 杜义明 王树生 申 慧 范志波 刘嘉英 石慧林 张春明 王凤林
白雪飞 赵 健 潘海平 魏建刚 任海军 董 明 李建明 韩贵成 孙凤鸣
张 军 石建华 王九元 李海滨 刘宝平 张林珍 王铁玉 侯计文 李秋德
闫爱青 刘双印 李晋如 崔玉文 万献明 白玉兵 杨贵如 郭 庆 史慧芳
史雪琴 李志刚 邓文全 石 瑞 梁志国 刘 力 张利英 王建新 赵文兴

长治市(65 人):

原俊敏 范晓晋 张国清 秦红良 牛俊民 郭 飞 冯 波 赵韶艳 元双英
刘振华 王 敏 李作东 琚已栋 杨四明 贾 晋 张林虎 申俊平 张红斌
侯建斌 闫光明 王 蕾 张育军 张爱斌 杨志云 陈剑玲 吴 昊 陈仁先
胡红霞 牛 群 宋利兵 宋安民 刘彦彪 王岩花 孙 霞 郭 丽 王素芳
李彩霞 张爱东 董新枝 呼育玲 谷庆龙 荣 毅 王瑞刚 赵广军 李凤龙
王效如 陈爱军 崔 珺 姚 欣 王建伟 成全堂 郭 筠 李瑞军 张 慧
卫振宏 赵红兵 刘炎红 李利军 任丽峰 李晓霞 靳 伟 王龙文 杨怀忠
王丽娜 张 杰

晋城市(46 人):

杜建莲 牛海金 张巍纬 王慧强 田小苟 师爱华 申刚军 程旭东 秦云龙
刘太平 茹小忠 牛晋胜 杨积才 阎秀珍 张进红 李国明 张文斌 张 惠
王学平 武建国 吕雨平 张 鑫 贾保刚 宋红光 秦宝龙 张长明 李志昌
李学文 郎晋鹏 都培源 李 鹏 阎海政 侯文庆 王伍强 蔡一峰 王 宇
杨 帅 李爱荣 杨国英 李原飞 王志刚 赵苏玲 吕春社 武新建 张冬冬
李前进

临汾市(62 人):

张全国 张成勇 刘晓峰 徐晋伟 李洪生 郝青云 解 萍 周 林 王金龙
吴拴狮 刘朝亮 孙伟林 赵 琴 芦 伟 孙艳艳 陈 海 盖沿斌 段红义
雷华荣 李 燕 杨春利 王志平 王志华 贺阿平 王晓宇 赵更旺 贺建华
闫希晋 闫永昌 杨 凯 刘福德 杨志杰 冯 星 王江峰 张彦勤 文万荣
郅天飞 高志国 杨亚奇 段立峰 刘保平 李 萍 常 鹏 陈甲红 李洪龙
李 亭 韩庆华 安 磊 韩 凯 卫 荣 张金辉 裴建爱 王爱民 任永旺
杜小勇 王文平 田凤琴 周栓柱 李伟君 周栓柱 李伟君 张 玮

运城市(66 人):

张 弛 杨晓宏 樊宏武 刘林峰 卫志勇 姚 川 卫晨阳 霍国宁 贺社东
宁朝阳 李启胜 李 峰 王张俊 李登远 张妍芳 宁晓勇 卫建红 朱小勇
吴彦菊 原加喜 卫世真 杨小玲 韩 东 王红斌 师晓辉 任智慧 杜仙当

崔峰智 韩振杰 杨 晋 刘晓凯 李晓波 张 恒 连全程 杨英杰 刘文波
师传颖 张 炜 弟伟平 王小争 谭春霞 宋东升 李安荣 张会娟 李 杰
邓志义 张景山 李虎群 李朝阳 孙 杰 于伟伟 朱亚东 曹福定 关兵役
卫克选 赵保东 翟晓红 曹晓翠 平鸿鸽 贠红中 关 倩 乔社茹 李小平
景庆波 李伟泽 张丽娜

山西省杨树丰产林实验局(9人)：

温 根 吴 强 张明福 周玉泉 陈光德 秦日东 闫星达 康宏平 尹雪峰

山西省五台山国有林管理局(5人)：

李田彬 郭俊平 曹 芹 武建军

山西省管涔山国有林管理局(6人)：

邱富才 高瑞东 郭建荣 宫素龙 王建萍 吴丽荣

山西省黑茶山国有林管理局(3人)：

王永琳 白利云 关志明

山西省关帝山国有林管理局(11人)：

高荣胜 刘建生 刘雪梅 要经德 邹小根 梁小明 闫 斌 李建忠 薛林海
刘建荣 郝 君

山西省太行山国有林管理局(12人)：

杜建明 秦建国 刘卓彦 邢华文 刘春华 光 宁 祁 军 樊玉文 樊树青
宋志生 樊德青 秦臻

山西省太岳山国有林管理局(10人)：

盖 强 阴成芳 郜东星 陈 雄 常 健 郭富民 徐 峰 郭俊杰 郝士成
李海峰

山西省吕梁山国有林管理局(9人)：

杨 帆 刘跃进 于海军 曹 刚 段张锁 李俊峰 赵海军 贾建华 张林花

山西省中条山国有林管理局(19人)：

陈跃进 王东明 陈 达 赵 磊 杨彦龙 张 垚 陈树明 尹俊旗 王建军
史荣耀 王天录 李立民 吕高阳 马 平 田随味 马胜利 张青霞 张锋林
茹李军

后 记

经过近两年的艰苦努力，《中国湿地资源·山西卷》这部凝结了山西数百名林业工作者心血与汗水的著作终于完成了。

在本卷编写过程中，我们按照编写大纲要求，努力确保资料、数据的准确性和权威性，力求达到内容真实、全面系统的目的。但由于卷中内容数据涉及面广、工作量大，有些数据、资料与第二次湿地资源调查的方法、技术、要求等有很大变化，加之编写水平有限，使得该卷中仍有不尽如人意之处，有待今后进一步完善。

《中国湿地资源·山西卷》主要数据来源于山西省第二次全国湿地资源调查。本次调查从2011年8月起到2013年8月结束，历时两年。全省共抽调工程技术人员800余人，外业历时近150天，调查湿地区119处、湿地斑块2462块，其中零星湿地区117处，一般调查湿地斑块2037块、湿地面积9.82万公顷；单独区划的湿地区2处，重点调查湿地74处，重点调查区域面积118.11万公顷、湿地斑块425块、湿地面积5.37万公顷，布设植物样方(地)1552个、动物样方(点)108个；收集湿地自然环境调查、水环境调查、保护与利用调查、受威胁调查、植物调查、动物调查等资料1922份，并采集了大量的动植物标本、图片资料。

调查显示，山西省湿地总面积15.19万公顷，占全省国土面积的0.97%。共有河流湿地、湖泊湿地、沼泽湿地、人工湿地4大类中的12个湿地型。其中自然湿地面积10.82万公顷，占湿地总面积的71.22%；人工湿地4.37万公顷，占湿地总面积的28.87%。全省湿地率为0.97%。

根据本丛书确定的湿地动植物名录，山西省有湿地维管束植物609种，隶属于79科298属，其中蕨类植物6科6属12种；裸子植物1科1属1种；被子植物72科291属596种(单子叶植物17科76属147种；双子叶植物55科215属449种)，其中国家Ⅰ级重点保护野生植物有1种，国家Ⅱ级重点保护野生植物有7种，山西省重点保护野生植物有2种。

山西省有湿地脊椎动物26目52科232种，其中，鱼类9目17科82种；两栖类2目5科13种；爬行类2目2科5种；湿地鸟类10目25科129种；哺乳类3目3科3种。其中国家Ⅰ级保护动物有3种，国家Ⅱ级保护动物有13种，山西省重点保护野生动物8种。

2014年4月，国家林业局湿地保护管理中心在北京召开了《中国湿地资源》系列图书编写工作布置会，为完成好《中国湿地资源·山西卷》编写工作，山西省林业厅专门成立了以李永林厅长为主任、分管领导为副主任，相关单位为委员的编写委员会，并确定山西省自然保护区管理站和山西省林业调查规划院具体承担编写工作。本卷编写的具体分工为：赵树楷、白景萍负责“第一章基本情况”“第二章 湿地类型”，张军负责“第三章 湿地生物资源”中“第一节 湿地植物和植被”及“附录1 山西湿地调查区域植物名录”，张龙胜负责“第三章 湿地生物资源”中“第二节 湿地动物资源”、“第五章 湿地资源评价”及“附录2 山西湿地调查区域动物名录”，仝英负责“第四章 湿地资源利用”，宋伯为负责“第六章 湿地保护与管理”及全书统稿，刘建林负责校对、清样打印。编写过程中，编委会对编写工作及时给予指导，确保了编写工作的顺利进行。

在本书即将付印之际，感谢国家林业局湿地保护管理中心对山西省第二次全国湿地资源调查的正确指导，感谢山西省财政厅为山西省第二次全国湿地资源调查安排的专项经费支持，感谢清华大学3S研究中心、国家林业局西北林业调查规划设计院、山西大学、山西省水文水资源勘测局等单位的专家、工程技术人员和学者对山西省第二次全国湿地资源调查给予的技术支撑，特别感谢全省各级林业部门技术人员为山西省第二次全国湿地资源调查付出的辛勤劳动。正是由于他们的关心、支持和帮助，《中国湿地资源·山西卷》才得以顺利出版。

《中国湿地资源·山西卷》编写组
2015年12月